Simone Kauffeld

Nachhaltige Weiterbildung

Betriebliche Seminare und Trainings entwickeln, Erfolge messen, Transfer sichern

Simone Kauffeld

Nachhaltige Weiterbildung

Betriebliche Seminare und Trainings entwickeln,
Erfolge messen, Transfer sichern

Mit 43 Abbildungen, 26 Tabellen und 24 Checklisten

Univ.-Prof. Dr. Simone Kauffeld
Technische Universität Braunschweig
Institut für Psychologie
Arbeits-, Organisations- und Sozialpsychologie
Spielmannstr. 19
38106 Braunschweig

ISBN 978-3-540-95953-3 Heidelberg Springer-Verlag Berlin Heidelberg New York

Bibliografische Information der Deutschen Bibliothek
Die Deutsche Bibliothek verzeichnet diese Publikation in der Deutschen Nationalbibliografie;
detaillierte bibliografische Daten sind im Internet über http://dnb.ddb.de abrufbar.

Dieses Werk ist urheberrechtlich geschützt. Die dadurch begründeten Rechte, insbesondere die der Übersetzung, des Nachdrucks, des Vortrags, der Entnahme von Abbildungen und Tabellen, der Funksendung, der Mikroverfilmung oder der Vervielfältigung auf anderen Wegen und der Speicherung in Datenverarbeitungsanlagen, bleiben, auch bei nur auszugsweiser Verwertung, vorbehalten. Eine Vervielfältigung dieses Werkes oder von Teilen dieses Werkes ist auch im Einzelfall nur in den Grenzen der gesetzlichen Bestimmungen des Urheberrechtsgesetzes der Bundesrepublik Deutschland vom 9. September 1965 in der jeweils geltenden Fassung zulässig. Sie ist grundsätzlich vergütungspflichtig. Zuwiderhandlungen unterliegen den Strafbestimmungen des Urheberrechtsgesetzes.

Springer Medizin
Springer-Verlag GmbH
ein Unternehmen von Springer Science+Business Media
springer.de

© Springer-Verlag Berlin Heidelberg 2010

Die Wiedergabe von Gebrauchsnamen, Handelsnamen, Warenbezeichnungen usw. in diesem Werk berechtigt auch ohne besondere Kennzeichnung nicht zu der Annahme, dass solche Namen im Sinne der Warenzeichen- und Markenschutz-Gesetzgebung als frei zu betrachten wären und daher von jedermann benutzt werden dürften.

Produkthaftung: Für Angaben über Dosierungsanweisungen und Applikationsformen kann vom Verlag keine Gewähr übernommen werden. Derartige Angaben müssen vom jeweiligen Anwender im Einzelfall anhand anderer Literaturstellen auf ihre Richtigkeit überprüft werden.

Planung: Joachim Coch
Projektmanagement: Michael Barton
Copyediting: Angela Wirsig-Wolf, Wolfenbüttel
Umschlaggestaltung: deblik Berlin
Fotonachweis der vorderen Umschlagseite: © imagesource.com
Satz und Digitalisierung der Abbildungen: Fotosatz-Service Köhler GmbH – Reinhold Schöberl, Würzburg

SPIN 11859901

Gedruckt auf säurefreiem Papier   26 – 5 4 3 2 1 0

Vorwort

Weiterbildung – teuer und nutzlos? Furiose Rundumschläge gegen Seminare, erbarmungslose Einsichten in die Weiterbildungspraxis erschüttern. In Unternehmen wächst der Druck, den Beitrag der Weiterbildung zum strategischen Unternehmenserfolg messbar zu machen. Wie ist dies zu bewerten? Die Diskussion ist eine große Chance für alle, die an wirksamer und nachhaltiger Weiterbildung interessiert sind. Die Zeiten der Zwangsbeglückung ganzer Belegschaften mit dubiosen »rot, grün, gelb«-Seminaren gehören so (hoffentlich) bald der Vergangenheit an. Allen, die an einer Weiterbildung teilnehmen – und auch denjenigen, die sie konzipieren, vorschlagen, genehmigen oder bezahlen, muss klar sein, dass es mit den ein oder zwei Tagen, an denen neue Fähigkeiten oder Wissen vermittelt werden, nicht getan ist. Der Ausweg des in den letzten Jahren vielfach propagierten arbeitsintegrierten Lernens hat sich vielfach als Sackgasse erwiesen: Es verkam zum Lernen nebenbei und war willkommener Anlass, Weiterbildungsbudgets zu streichen.

Wie sieht die Zukunft der Weiterbildung aus? Die Frage ist nicht, **ob** sondern vielmehr, **wie** in Weiterbildung investiert werden muss, damit sie einerseits einen Beitrag zur Unternehmens- und andererseits einen zur Kompetenzentwicklung jedes Einzelnen leisten kann. Unter welchen Voraussetzungen profitieren Mitarbeiter und Unternehmen von Seminaren? Wie sieht Weiterbildung aus, die wirklich nützt? Interessierte Leserinnen und Leser werden bei der Lektüre des Buches möglicherweise auf den ein oder anderen Hinweis stoßen. Um diese Anregungen direkt für die Paxis nutzbar zu machen, sind im Buch zahlreiche Checklisten zu finden, die darüber hinaus in einer ausdruckbaren und teilweise individuell bearbeitbaren Form im Internet zum Download angeboten werden.

Vor der Lektüre bleibt der Dank an Joachim Coch und Michael Barton vom Springer-Verlag für ihren Langmut und ihre Hartnäckigkeit bei dem Entstehen des Buches. Mein herzlicher Dank gilt darüber hinaus v.a. Jessica Willard und Sandra Adam für die Recherche und Zusammenstellung zahlreicher Infoboxen und Abbildungen.

Simone Kauffeld
Braunschweig, 2010

Inhaltsverzeichnis

1	Standard Betriebliche Weiterbildung	1
1.1	Weiterbildung in Zahlen	4
1.2	Weiterbildung als Wettbewerbsvorteil	6
1.3	Nachhaltige Weiterbildung	11
1.4	Überblick über das Buch	13
2	Entwicklung von Trainingsprogrammen	15
2.1	Strategische Anbindung von Trainings	16
2.2	Systematische Planung und Durchführung von Trainings	17
2.2.1	Stufe 1: Analyse des Trainingsbedarfs	18
2.2.2	Stufe 2: Festlegung der Trainingsziele	26
2.2.3	Stufe 3a: Bewertungskriterien festlegen	27
2.2.4	Stufe 3b: Berücksichtigung der Erfolgsfaktoren für den Transfer	29
2.2.5	Stufe 3c: Entwicklung und Selektion der Trainingsmethoden	30
2.2.6	Stufe 4: Implementierung des Trainingsprogramms	34
2.2.7	Stufe 5: Messung und Evaluation der Trainingsergebnisse	34
2.3	Software-Unterstützung: Learning-Management-Systeme	35
3	Lerntheorien	37
3.1	Behavioristische Ansätze	38
3.2	Kognitivistische Ansätze	41
3.2.1	Theorie des sozialen Lernens	41
3.2.2	Zielsetzungstheorie	44
3.2.3	Erwartungs-Mal-Wert-Theorie	45
3.2.4	Informationsverarbeitungstheorie	46
3.3	Motivationstheoretische Ansätze	47
3.3.1	Die Bedürfnispyramide	48
3.3.2	Das Rubikon-Modell	49
3.4	Handlungsorientierte Ansätze	53
3.4.1	Handlungsregulationstheorie	53
3.4.2	Handlungslernen	56
3.5	Konstruktivistische Lernansätze	59
3.6	Selbstorganisationstheorie	65
3.7	Neurobiologische Lerntheorien	67
3.8	Lernen im Erwachsenenalter	69
4	Trainings in Organisationen	71
4.1	Der Zeitpunkt des Trainings im Lebenszyklus des Mitarbeiters	75
4.2	Trainingsformen	79
4.2.1	Die Struktur von Trainingsprogrammen	79
4.2.2	Seminar	80
4.2.3	E-Learning	94
4.3	Der Lernort im Training	106
4.3.1	Training on-the-job	106
4.3.2	Training off-the-job	107
4.3.3	Training near-the-job	107
4.4	Nachhaltige Trainingsgestaltung	107
5	Ergebnisbezogene Evaluation: Bildungscontrolling fundiert und ökonomisch	109
5.1	Evaluationsstrategien	110
5.2	Evaluationsmodell	111
5.2.1	Das Vier-Ebenen-Modell von Kirkpatrick	112
5.2.2	Was muss bei der Evaluation berücksichtigt werden?	115
5.2.3	Maßnahmen-Erfolgs-Inventar (MEI)	119
5.2.4	Adaptive Evaluation System for Training	122
5.2.5	Evaluation der Programmeffizienz: Return on Investment (ROI)	124
5.3	Trainingsevaluation und Mikropolitik	127
6	Prozessbezogene Evaluation: Erfolgsfaktoren für den Transfer	129
6.1	Das Lerntransfer-System-Inventar	131
6.2	Potenzielle Ansatzpunkte für Optimierungen	138
6.3	Integration ergebnis- und prozessbezogener Evaluation	148
7	Die Zukunft von Trainings in Organisationen	153
Literatur		163
Sachverzeichnis		171

1 Standard Betriebliche Weiterbildung

1.1 Weiterbildung in Zahlen – 4

1.2 Weiterbildung als Wettbewerbsvorteil – 6

1.3 Nachhaltige Weiterbildung – 11

1.4 Überblick über das Buch – 13

> **Beispiel: Wie nachhaltig ist die Schulung?**
> Herr M. ist seit 2 Jahren im Einkauf eines großen Unternehmens der Konsumgüterindustrie beschäftigt. Er hat den Eindruck, dass er den Anforderungen gewachsen ist, möchte sich aber perspektivisch weiterentwickeln. Dies spricht er im Mitarbeitergespräch mit seinem Vorgesetzten an. Sein Vorgesetzter möchte ihn gern halten und verspricht, sich um eine Projektmanagementschulung für ihn zu bemühen, da eine Gehaltserhöhung im Moment nicht möglich ist. Im Arbeitsbereich von Herrn M. wird kaum in Projekten gearbeitet.

Weiterbildung ist in vielen Unternehmen zum Standard geworden. Routinemäßig kann im jährlichen Mitarbeitergespräch Weiterbildungsbedarf diagnostiziert werden. In Schulungskatalogen kann nach geeigneten Maßnahmen geforscht werden. Für nahezu jeden Bedarf gibt es in großen Unternehmen ein Standard-Seminar, in kleineren Unternehmen muss bei externen Anbietern Ausschau gehalten werden. Für Vorgesetzte und Personalverantwortliche ist es oft einfach, Mitarbeiter auf Schulungen zu schicken. Doch sind diese auch nützlich? Im günstigsten Fall wird ein Seminar zur interkulturellen Kommunikation als Vorbereitung auf eine längere Dienstreise ins Ausland vereinbart. Zweifelhafter erscheint die Vereinbarung einer Projektmanagementschulung, ohne dass in Projekten gearbeitet wird. Wie nachhaltig wird das interkulturelle Training und wie nachhaltig wird die Projektmanagementschulung sein? Die oben geschilderte Situation ist kein Einzelfall. Daher verwundert es kaum, dass die Meinungen zur Weiterbildungspraxis auseinander gehen.

Die Ambivalenz in der Weiterbildungsdiskussion spiegelt sich in der Presse wider (Tab. 1.1). **Einerseits** dominiert der Imperativ des **lebenslangen Lernens:** Weiterbildung wird mit Innovation, Fortschritt und stetigem Wachstum in Verbindung gebracht. Der zukünftige Erfolg von Unternehmen hängt davon ab, wie schnell Mitarbeiter lernen und neue Ideen und Informationen in die Praxis umsetzen. Unternehmen versprechen sich von der Weiterbildung eine erhöhte Wettbewerbsfähigkeit, die Anpassung der Qualifikationen der Mitarbeiter an veränderte Gegebenheiten und eine erhöhte Flexibilität ihrer Mitarbeiter. Dem Einzelnen hilft die Weiterbildung, vorhandene Qualifikationen an die Ansprüche des Arbeitsplatzes anzupassen, wodurch sie zur Arbeitsplatzsicherheit beiträgt. Weiterbildung dient der Sicherung der erreichten Stellung im Beruf und des Arbeitseinkommens und geht im Idealfall mit persönlicher und beruflicher Entfaltung einher. Gesellschaftlich wird mit Weiterbildung »bildungsidealistischen« Zielen – wie dem allgemeinen Recht auf Bildung und Ausgleich von Benachteiligungen – nachgekommen. Volkswirt-

Tab. 1.1. Berufliche Weiterbildung in der Presse

Einerseits	Andererseits
– Betriebliche Weiterbildung wird immer öfter angeboten (Rhein Zeitung, 27.01.2009) – Weiterbildung per Fernunterricht legt zu (Saarbrücker Zeitung, 22.02.2009) – Immer schön weiterlernen! (Die Zeit, 29.11.2007) – Boom in der Weiterbildung (Die Zeit, 20.08.2005) – Weiterbildung trotz Wirtschaftsflaute gefragt (Saarbrücker Zeitung, 17.12.2008) – Weiterbildung: Das kannst du! Weg mit den Blockaden: Lernen lässt sich lernen (FAZ, 22.02.2007) – Trotz Krise nicht auf Weiterbildung verzichten (Saarbrücker Zeitung, 10.02.2009)	– Diskussion um Weiterbildung: Zu Tode gesiegt. Die berufliche Weiterbildung stirbt – und mit ihr eine ganze Denkschule (Süddeutsche Zeitung, 30.06.2005) – Weiterbildung steht nicht hoch im Kurs (Westdeutsche Allgemeine Zeitung, 20.04.2007) – Berufliche Weiterbildung in Deutschland krankt an der Umsetzung (Die Welt, 25.09.2004) – Hürden für die Weiterbildung (Die Welt, 12.11.2005) – Weiterbildung: Jedes dritte Unternehmen hält sich raus (FAZ, 06.08.2007) – Beim Arbeiten schlauer werden: Weiterbildung ist nicht per se eine lohnende Sache (FAZ, 16.11.2004) – Gütesiegel soll Verbrauchern bei der Wahl der Weiterbildung helfen (Die Welt, 06.11.2004)

schaftliche, arbeitsmarkt- und strukturpolitische Aspekte sowie die Entwicklung internationaler Wettbewerbsfähigkeit legen Weiterbildung nahe. Finanzmarktkrise, Rezession, Arbeitsplatzgefährdung – selten war die Zukunft so unsicher, der Drang zur Anpassung an den Wandel so groß. Kompetenzen sind heute der entscheidende Wettbewerbsfaktor, sowohl für die Unternehmen als auch für jeden Einzelnen. Der Mitarbeiter, sein Verhalten und sein Wissen werden wichtiger. Kompetenzen werden zum Schlüssel für den zukünftigen Erfolg des Einzelnen, der Unternehmen und sogar der Gesellschaft (Kauffeld, 2006). Was können Unternehmen tun, um die Kompetenzen ihrer Mitarbeiter zu entwickeln, zu fördern und nachhaltig zu pflegen (▶ Übersicht »Kompetenzentwicklungsmaßnahmen«)? Eine Antwort ist Weiterbildung (Kauffeld, 2006). Dies verdeutlichen aktuelle Pressezitate treffend (◘ Tab. 1.1).

> **Übersicht: Kompetenzentwicklungsmaßnahmen**
> **Weiterbildung** umfasst allgemein sämtliche Maßnahmen zur Fortsetzung und Vertiefung der fachlich-beruflichen Ausbildung. Weiterbildung schließt Aktivitäten, die dem Erhalt, der Erweiterung und der Anpassung beruflicher Kenntnisse, Fertigkeiten und Fähigkeiten dienen und einen beruflichen Aufstieg ermöglichen, ein (vgl. § 1 Absatz 3 und 4 BBiG). Dazu zählen Fortbildungen und Umschulungen von Arbeitslosen, betriebliche, d. h. vom Arbeitgeber finanzierte, und berufliche, d. h. vom Arbeitnehmer finanzierte, Weiterbildungen. Eine Weiterbildung kann 1 oder 2 Tage dauern, mehrere Wochen oder gar ein mehrsemestriges nebenberufliches Masterstudium umfassen. Gemäß dem Deutschen Bildungsrat ist Weiterbildung die »Fortsetzung oder Wiederaufnahme organisierten Lernens nach Abschluss einer unterschiedlich ausgedehnten ersten Ausbildungsphase und in der Regel nach Aufnahme einer Berufs- oder Familientätigkeit« (Deutscher Bildungsrat, S. 197). Weiterbildung kann in Präsenzform, in Form von
> ▼
> Fernlehre, als computergestütztes Lernen, als selbstgesteuertes Lernen oder in kombinierter Form stattfinden. Der Begriff »Training« wird im Folgenden genutzt, wenn eine einzelne Trainingsmaßnahme in Unternehmen angesprochen ist. Als Oberbegriff fungiert der Begriff der Weiterbildung.
> Auch die **Fortbildung** dient der berufsbezogenen Kompetenzerweiterung von Mitarbeitern. Nach § 1 des Berufsbildungsgesetzes (BBiG) sollen bereits zuvor in einem Ausbildungsberuf erworbene Qualifikationen durch Fortbildung systematisch erweitert, den technischen Neuerungen angepasst oder aber so ausgebaut werden, dass ein beruflicher Aufstieg möglich wird.
> **Trainings** dienen der systematischen Aneignung von Fähigkeiten, Konzepten oder Einstellungen, die zu verbesserter Leistung in einer anderen Umgebung führen (Goldstein & Ford, 2002).
> **Ein Seminar** ist eine von vielen Trainingsmethoden, bei der ein Lehrender die jeweiligen Lerninhalte mithilfe von Sprache und audiovisueller Unterstützung an eine Gruppe von Lernenden vermittelt. Seminare werden oft genutzt, um eine Fülle von Informationen effizient an eine größere Anzahl von Teilnehmern zu transportieren.

Andererseits existieren **Unsicherheiten über die Effekte** von Weiterbildung: Lohnt sich das Engagement? Rechtfertigt der tatsächliche Nutzen – und nicht nur der angestrebte – die Investitionen? Dies wird in Pressezitaten wie »Weiterbildung ist nicht per se eine lohnende Sache«, »Weiterbildung steht nicht hoch im Kurs« oder »Berufliche Weiterbildung in Deutschland krankt an der Umsetzung« deutlich (◘ Tab. 1.1). Die Weiterbildungs-Zwangsbeglückung ganzer Belegschaften im Ost-West-Transformationsprozess wurde als nicht zielführend und als Kosmetik der Arbeitslosenstatistik entlarvt (Staudt & Kriegesmann, 1999). Wo Stellen fehlen, nützt die beste Qualifizierung nichts.

Von entscheidender Bedeutung ist der Grad, in dem Schulungen wirklich helfen, besser arbeiten zu können. Es kursieren Zahlen, die auch in Forschungsarbeiten aufgegriffen werden, dass nur 10% dessen, was gelernt wird, in die Praxis umgesetzt wird. Eine traditionelle zentralisierte Weiterbildung schafft zwar möglicherweise mehr Wissen, aber kaum Kompetenz, ist oftmals losgelöst vom betrieblichen Verwertungszusammenhang und kommt zudem bei der heutigen Dynamik des wirtschaftlichen Wandels in der Regel viel zu spät: Kompetenzengpässe können so nicht überwunden werden. Andere konstatieren, dass 80% der Seminare und Trainings am nachhaltigen Lerntransfer scheitern, auch wenn die Teilnehmer mit den Veranstaltungen zufrieden sind. In den USA werden nach Angabe der American Society for Training und Development rund 134 Milliarden Dollar in die Weiterbildung gesteckt (Biech, 2008). In dieser Angabe werden nur direkte Kosten berücksichtigt, Ausfallkosten für die Trainingsteilnahme werden nicht einbezogen. Wenn davon nur 10–30% umgesetzt werden, werden ca. 100 Milliarden Dollar jedes Jahr verschwendet. Wenn dabei bedacht wird, dass ein Return on Investment von 8:1 für gute Trainingsprogramme erreicht werden kann, entspricht dies einer Billion Dollar, die jedes Jahr verschwendet wird. In Deutschland werden rund 27 Mrd. Euro jährlich in betriebliche Weiterbildung investiert, 21,6 Mrd. Euro, wenn man auf die Angaben vertraut, umsonst (Gris & Gutbrod, 2009). Wenn man den erreichbaren Return on Investment berücksichtigt, wird auch in Deutschland ein Vielfaches verschwendet.

Die berufliche Weiterbildung fällt der um sich greifenden **Kostenreduzierungsstrategie vieler Unternehmen** zum Opfer. Personalverantwortliche müssen zunehmend für ihre Budgets kämpfen und die Effektivität der ergriffenen Maßnahmen nachweisen. In Zeiten, in denen Sparen zum Allheilmittel avanciert, steht die Qualifizierung von Mitarbeitern in vielen Betrieben nicht hoch im Kurs, aller Beschwörungsformeln über die Wichtigkeit des lebenslangen Lernens zum Trotz. In Krisenzeiten werden Kosten reduziert und Investitionen vermieden. Frei werdende zeitliche Ressourcen werden weder für Weiterbildung noch für die arbeitsintegrierte Kompetenzentwicklung genutzt. Soweit die Diskussion. Im Folgenden wird der Frage nachgegangen, welche Position die Zahlen für Weiterbildung stützen. Für die Zukunft wird ein steigender Weiterbildungsbedarf und damit einhergehend eine wachsende Bedeutung der Gestaltung nachhaltiger Kompetenzentwicklungsmaßnahmen prognostiziert und begründet.

1.1 Weiterbildung in Zahlen

Im europäischen Vergleich der betrieblichen Weiterbildung liegt Deutschland nur im Mittelfeld – das zeigt die dritte europäische Erhebung zur betrieblichen Weiterbildung von 2005 (Bundesinstitut für Berufsbildung, 2008). In Ländern wie Dänemark und Schweden ist der Anteil der Unternehmen, die ihren Beschäftigten Weiterbildung bieten, wesentlich höher. Auch bei der Teilnahmequote an betrieblichen Weiterbildungskursen wird Deutschland von Ländern wie Tschechien, Luxemburg, Frankreich und Schweden deutlich überholt (Behringer, Moraal & Schönfeld, 2008). Demgegenüber stoßen unterschiedliche Formen der Weiterbildung wie z. B. externe Seminare oder die Unterweisung durch Kollegen am Arbeitsplatz bei der deutschen Bevölkerung auf großes Interesse und positive Resonanz (Kuwan, Thebis, Gnahs, Sandau & Seidel, 2003).

> Obwohl Zweifel an der Wirksamkeit von Weiterbildung in Form von Seminaren und Trainings bestehen, spielen diese Lernformen in Deutschland eine große Rolle.

In deutschen Wirtschaftsunternehmen werden für Weiterbildungsmaßnahmen jährlich knapp **27 Mrd. Euro** investiert (Werner, 2006). Im Jahr 2004 gaben Unternehmen insgesamt über 1000 Euro pro Beschäftigten für Trainings aus, davon entfielen 366 Euro auf direkte Weiterbildungskosten für Trainer oder Materialien. Der deutlich höhere Teil entfiel auf indirekte Kosten wie z. B. die Lohnzahlungen während externen Lehrgängen. Hochgerechnet auf alle Beschäftigten in Deutschland bedeutet dies, dass über 9 Mrd. Euro in direkte Weiterbildungskosten investiert wurden (Werner, 2006). Da die Kosten der Freistellung und des Arbeitsausfalls den Großteil der Weiterbildungskosten ausmachen, investieren Unternehmen zunehmend in kurze, kompakte Weiterbildungsveranstaltungen.

Im Berichtssystem Weiterbildung (BMBF, 2005) wird seit 1979 die Teilnahmequote an Weiterbil-

1.1 · Weiterbildung in Zahlen

dungsmaßnahmen erfasst. Die **Teilnahmequote** an beruflicher Weiterbildung von 7000 Befragten der **gesamten deutschen Wohnbevölkerung** lag im Jahr 2003 bei **26%**. Damit hat sie sich im Vergleich zum Jahr 2000 um 3 Prozentpunkte verringert. Nach einem rasanten Anstieg in den gesamten 80er und 90er Jahren ist die Teilnahme an beruflicher Weiterbildung im neuen Jahrtausend leicht zurückgegangen. Dieser Rückgang ist insbesondere innerhalb der neuen Bundesländer festzustellen.

Trotz der rückläufigen Entwicklung in den letzten beiden Erhebungen ist die berufliche Weiterbildung in der **längerfristigen Betrachtung** ein **stark wachsender Bereich**. Während 1979 die Teilnahmequote an Weiterbildung 23% betragen hatte, lag sie im Jahr 2003 2,5-fach so hoch. Etwa ein Viertel der Bevölkerung zwischen 19 und 64 Jahren nahm an Kursen oder Lehrgängen zur beruflichen Weiterbildung teil – das sind rund 13 Mio. Teilnehmer (Kuwan et al., 2003; von Rosenbladt & Bilger, 2008). Die Beschäftigten in Deutschland verbrachten im Jahr 2003 etwa 1,24 Mrd. Stunden in beruflichen Weiterbildungsveranstaltungen (Kuwan et al., 2003).

Nach einer Unternehmensbefragung des Instituts der Deutschen Wirtschaft in Köln von 2004 bieten etwa 84% der Unternehmen ihren Beschäftigten berufliche Weiterbildungsmaßnahmen an. Dabei gilt:

> Je größer ein Unternehmen, desto höher die Wahrscheinlichkeit, dass es in der Weiterbildung aktiv ist.

So engagieren sich von den Unternehmen mit mehr als 500 Beschäftigten sogar 93% in der Weiterbildung (Werner, 2006). Dabei wird von knapp 82% der Unternehmen das Lernen in der Arbeitssituation zur Weiterbildung genutzt. Hierunter wird v. a. die Unterweisung durch Kollegen oder Vorgesetzte, die Einarbeitung neuer Mitarbeiter, Job-Rotation sowie Schulung am Arbeitsplatz verstanden. Das selbstgesteuerte Lernen mit Medien setzen rund 80% der befragten Unternehmen ein. Die Teilnahme an Informationsveranstaltungen wie Messen oder Fachtagungen, die auch den Austausch mit Experten außerhalb des Unternehmens ermöglicht, ist in 76% der befragten Unternehmen üblich. Unternehmen unterstützen ihre Mitarbeiter bei der betrieblichen Weiterbildung häufig finanziell, durch Freistellung von der Arbeit, flexible Arbeitszeiten oder durch Bereitstellung von betrieblichen Ressourcen wie z. B. PCs (CVTS3-Zusatzerhebung, BIBB 2008). Ein Viertel aller Unternehmen bietet

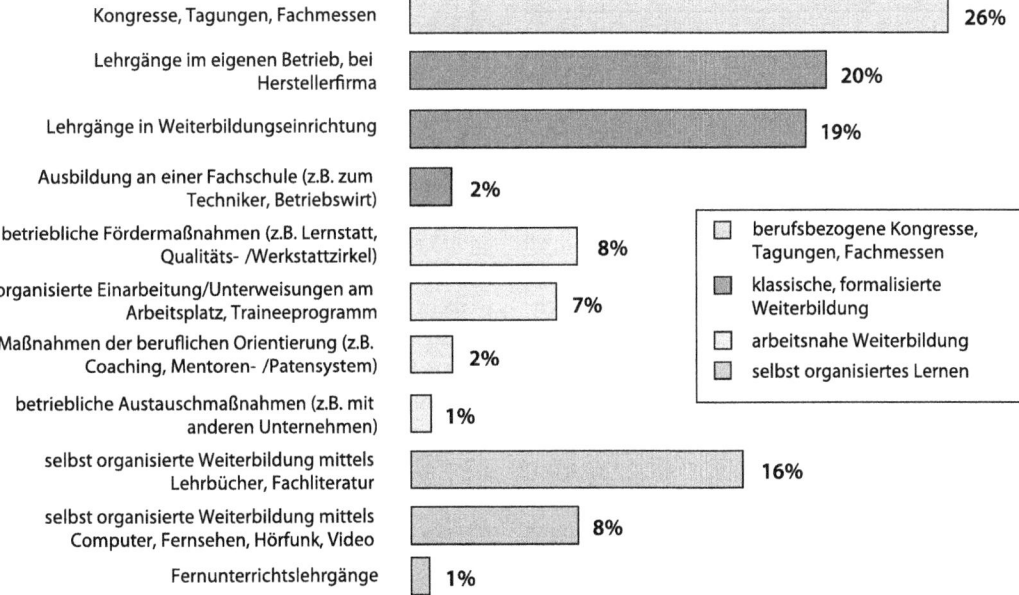

Abb. 1.1. Anteile der Unternehmen an Lernformen. (Aus Bundesinstitut für Berufsbildung, 2005.)

darüber hinaus seinen Kunden Seminare an, 13% der Unternehmen bietet Weiterbildung auch für unternehmensfremde Personen (Werner, 2006).

Eine Studie des Bundesinstituts für Berufsbildung (BIBB, 2008) zeigt, dass klassische Weiterbildungsformen mit 41% nach wie vor den größten Teil der Weiterbildung ausmachen. Wenn Kongresse, Tagungen und Messen hinzu gezählt werden, sind es sogar 67% (◘ Abb. 1.1). Insofern ist es sinnvoll, sich neben dem arbeitsplatznahen und selbstorganisierten Lernen auch mit klassischen Formen der Weiterbildung und ihrer Optimierung zu beschäftigen.

> Die Mehrheit der Unternehmen erwartet, dass der Weiterbildungsbedarf und die Weiterbildungskosten in der Zukunft ansteigen werden und die Weiterbildungsmaßnahmen noch stärker an den speziellen Bedarf der Mitarbeiter angepasst werden (Werner, 2006).

Wie kann diese Einschätzung begründet werden? Was spricht für einen Anstieg des Weiterbildungsbedarfs in der Zukunft? Einige Aspekte sollen im Folgenden beleuchtet werden.

1.2 Weiterbildung als Wettbewerbsvorteil

Der zukünftige Weiterbildungsbedarf lässt sich aus einigen technologischen, ökonomischen und gesellschaftlichen Veränderungen ableiten.

Technologische Veränderungen Paradoxerweise steigen die Anforderungen an den Menschen mit dem Anstieg der Technologisierung. Die sich schnell verändernden Technologien erfordern komplexere kognitive Fähigkeiten von zukünftigen Arbeitnehmern. Die Handhabung von Maschinen erfordert zunehmend metakognitive Fähigkeiten. Statt einfacher, operativer und vorhersehbarer Aufgaben muss der Arbeitnehmer jetzt Schlussfolgerungen ziehen, Diagnosen stellen, Beurteilungen abgeben und Entscheidungen treffen, und das oft unter großem Zeitdruck. Die fortschreitende Entwicklung von Hochtechnologieunternehmen fordert für ihre Belegschaft gut ausgebildete Fachkräfte. Infolgedessen werden die Arbeitsplätze für angelernte oder ungelernte Arbeitskräfte stark einbrechen. Der Bedarf an gering qualifizierten Arbeitnehmern sinkt weiter, der Bedarf an gut qualifizierten Arbeitnehmern für anspruchsvolle Dienstleistungen nimmt ständig zu (Allmendinger & Ebner, 2006). Es zeichnet sich eine Verschiebung von der Industrie- zur Wissensgesellschaft ab. Unternehmen können nur wettbewerbsfähig bleiben, wenn sie ihre Mitarbeiter kontinuierlich weiterbilden. Ein grundlegender Wettbewerbsfaktor liegt somit in der permanenten Aktualisierung des Fachwissens der Mitarbeiter.

Wettbewerbsfaktor Mitarbeiterkompetenz Aus ökonomischer Sicht ist unstrittig, dass Human Resources in Form von einzelnen Mitarbeitern nicht nur einen entscheidenden Beitrag zum wirtschaftlichen Wachstum der Volkswirtschaft, sondern auch zur **Sicherung und Verbesserung der Wettbewerbsfähigkeit** von Unternehmen leisten (Weiß, 1999).

Die »Human Resources« sind der »First Value« eines Unternehmens und damit der entscheidende Faktor, um sich in einer auf Wissen und Dienstleistung basierenden Wirtschaft durchzusetzen. Der Mitarbeiter ist nicht mehr nur das notwendige Mittel zum Zweck, dessen Leistung man für den Arbeitsprozess benötigt, sondern steht nun selbst im Mittelpunkt. Auf ihn gilt es zu setzen, ihn gilt es zu fördern (Rohs, 2002, S. 11).

Die Kompetenz der Mitarbeiter wird zum Wettbewerbsfaktor, dem eine initiierende und limitierende Größe in der Organisation zukommt. Nachhaltigen Schutz vor Konkurrenz kann ein Unternehmen nur dann erreichen, wenn es ihm gelingt, einzigartige und unternehmensspezifische Ressourcen zu entwickeln und zu nutzen (vgl. Resource-based Theory in der Ökonomie; z. B. Wernerfelt, 1984). Der Erfolg von Organisationen wird durch die Kompetenz der in ihr tätigen Personen entscheidend geprägt. **Kompetenz** wird in den nationalen und internationalen Diskussionen **als potenzieller Wettbewerbsfaktor** der Zukunft postuliert. Damit tatsächlich Wettbewerbsvorteile resultieren, müssen Ressourcen knapp, wertvoll, dauerhaft, begrenzt imitierbar, schlecht transferierbar und beschränkt substituierbar sein (Thom & Zaugg, 2001). Mitarbeiterkompetenzen

Tab. 1.2. Vorteile von Mitarbeiterkompetenzen

Aspekt	Erläuterung
Knapp	Sie lassen sich nicht kurzfristig aufbauen, sondern müssen über einen längeren Zeitraum entwickelt werden.
Wertvoll	Ihre Kompetenz kann sich in einer höheren Produkt- und Dienstleistungsqualität niederschlagen. Dies trägt in Folge zu einer Steigerung des Unternehmenserfolgs bei.
Dauerhaft	Die Bedingung stellt eine laufende Pflege und einen langfristigen Ausbau dar.
Beschränkt imitierbar	Je situations- und unternehmensspezifischer sie entwickelt wurden, desto schwerer sind sie imitierbar.
Schwer übertragbar	Kompetenzen sind nicht 1:1 in andere Unternehmen transferierbar. Die Kompetenz des Mitarbeiters muss in einem neuen Unternehmen zuerst den spezifischen Gegebenheiten angepasst werden.
Beschränkt substituierbar	Kompetenzen können v. a. bei hoch qualifizierten Mitarbeitern und einem großen Ausmaß kontinuierlicher unternehmensinterner und arbeitsintegrierter Kompetenzentwicklung kaum durch andere Ressourcenbündel ersetzt werden.

erfüllen diese Forderungen weitgehend (◘ Tab. 1.2; Kauffeld, 2006).

> **Kompetenzen sind ein entscheidender Wettbewerbsfaktor.**

Die Entwicklung von Kompetenzen muss daher von Unternehmen und Mitarbeitern forciert werden.

Mehr als fachliches Know-how In der Vergangenheit stellten Organisationen Mitarbeiter ein, die bestimmte Aufgaben erfüllen konnten, und konzentrierten sich dabei meist auf fachliches Wissen. Diese traditionellen, ausschließlich am Beruf orientierten Auswahl- und Entwicklungsstrategien sind weniger flexibel als kompetenzorientierte Strategien. In einer sich schnell verändernden Wirtschaft erkennen Organisationen zunehmend den Wert einer Belegschaft, die nicht allein von hoch qualifizierten und fachlich versierten Mitarbeitern geprägt ist, sondern zudem lernt, sich **an Veränderungen anzupassen,** effektiv zu kommunizieren und zu kooperieren. Diesen Kompetenzen wird neben dem fachlichen Know-how große Bedeutung für das Überleben der Organisation, die Produktivität und die ständige Verbesserung beigemessen. Neben der fachlichen Qualifizierung steigt demnach der **Bedarf überfachlicher Qualifizierung**.

War for Talents Dem ausschließlichen »Einkauf« von Mitarbeiterkompetenzen sind nicht zuletzt aufgrund des demographischen Wandels Grenzen gesetzt. In vielen Unternehmen tobt der »War for Talents«. Unternehmen arbeiten konsequent an ihrer Außendarstellung, um so für geeignete Bewerber im rechten Licht und attraktiv genug zu erscheinen. Sie lassen sich einen »Brand«, also eine eigene Marke als Arbeitgeber entwickeln. Allerdings haben schon manche Bewerber den Eindruck gewonnen, dass das Interesse von Unternehmensseite in dem Moment nachlässt, in dem sie als neue Mitarbeiter in das Unternehmen eintreten (Kieser, 1999). »**Wahre Schönheit kommt von innen**« (Hauser, 2008), warnen Personalexperten in Anlehnung an den Werbeslogan eines Kosmetikprodukts aus den 80er Jahren. Es droht ein Missverhältnis zwischen dem hohen Einsatz für ein positives Image nach außen im Vergleich zu Aktivitäten im Bereich der systematischen Personalentwicklung und des Kompetenzmanagements.

> **Mit der steigenden Konkurrenz um hoch qualifizierte Bewerber wird eine umfassende betriebliche Weiterbildung die Attraktivität eines Unternehmens zusätzlich erhöhen.**

Der Arbeitgeber profitiert von einer Weiterbildung, weil er so zum einen seine Fachkräfte auf dem Stand der Technik hält und für die Zukunft fit macht und zum anderen für potenzielle Arbeitnehmer attraktiver wird.

Beschäftigungsfähigkeit statt Dauerbeschäftigung Die Normalbiographie, im Sinne langjähriger Vollzeitbeschäftigung im gleichen beruflichen Tätigkeitsbereich oder gar im gleichen Betrieb, ist selten geworden. Moderne Biographien sind stattdessen von einem »Mix« unterschiedlicher Erwerbsbeschäftigung wie kurzfristigen Erwerbsverhältnissen, Telearbeit, Leiharbeit, befristeten Verträgen, Teilzeitarbeit oder temporärer Projektarbeit geprägt. Damit wird die **eigene Qualifizierung** zu einer unternehmerischen Aufgabe für jeden Erwerbstätigen. Weiterbildung hält den Arbeitnehmer beschäftigungsfähig, beugt Arbeitslosigkeit vor und bietet im besten Fall Aufstiegschancen. Darüber hinaus kommen Arbeitsuchende um Weiterbildung nicht herum, wenn sie ihren Status halten wollen. Nach der Definition der Bundesagentur für Arbeit gilt jemand, der 4 Jahre lang nicht im erlernten Beruf gearbeitet hat, wieder als ungelernt (Jülicher, 2005). Beständiges Hinzulernen, Umlernen und Neulernen wird unabdingbar, wenn der Wechsel von Arbeitsplatz, Betrieb und Beruf sowie Nichterwerbsarbeit Normalität werden. Auch innerhalb eines Betriebs werden durch organisationale Umstrukturierungen oder Fusionen Veränderungen von Arbeitsinhalten zum Dauerzustand. Häufig wird sogar davon gesprochen, dass die klassische Berufskarriere an einem einzigen Arbeitsplatz in einem Unternehmen zur Vergangenheit gehöre. Wenn in Zukunft der Wechsel von Job zu Job zum Normalfall werden sollte, wird die berufliche Weiterbildung die Qualifizierung der »Jobhopper« leisten müssen. Die Eigenverantwortlichkeit von Mitarbeitern für ihr Lernen wird in Unternehmen durch Maßnahmen wie selbstgesteuerte Lernprojekte (▶ Methodenüberblick »Selbstgesteuerte Lernprojekte«) oder die Implemen-

---

Methodenüberblick: Selbstgesteuerte Lernprojekte

In selbstgesteuerten Lernprojekten wird Lernen als individueller Prozess verstanden, der durch selbstinitiierte formelle und informelle Lernaktivitäten gekennzeichnet ist, die proaktiv und kontinuierlich zur Entwicklung von berufs- bzw. karrierebezogenen Kompetenzen verfolgt werden (Schaper & Sonntag, 2007). Die Phasen und Einflussfaktoren selbstorganisierter Kompetenzentwicklung sollen im Folgenden dargestellt werden (◘ Abb. 1.2; Schaper, Mann & Hochholdinger, 2009).
Lernprojekte fungieren als individuelle Lernvorhaben zur eigenverantwortlichen und selbstorganisierten Aneignung ausgewählter berufsbezogener Kompetenzen. Diese zeichnen sich durch klar definierte Zielsetzungen, einen Lernplan sowie systematische Schritte zur Umsetzung und Überprüfung des Lernvorhabens aus (Schaper, Mann & Hocholdinger, 2009). Die Schritte zur Durchführung eines Lernprojekts stellen sich wie folgt dar:
- Auswahl des Lernprojekts
- Formulierung des Lernziels
▼

- Sammeln möglicher Maßnahmen zur Erreichung des Lernziels
- Entwurf eines Lernplans
- Klärung von Problemen und Unterstützungsbedarf
- Festhalten aller Vereinbarungen
- Lernphase mit regelmäßigen Lernerfolgskontrollen
- Anwendung des Gelernten
- Reflexion des Lernprojekts
- Positionierung

Chancen und Risiken Aktuelle Trends weisen auf eine steigende Eigenverantwortung der Mitarbeiter in Bezug auf ihre berufliche Kompetenzentwicklung hin. Gleichzeitig mangelt es an konkreten, theoretisch und empirisch fundierten Konzepten, die eine Einbettung entsprechender Ansätze zur Förderung einer selbstorganisierten Kompetenzentwicklung wirkungsvoll gestalten können. Unternehmen sind jedoch bei der Initiierung und Unterstützung von Kompetenzentwicklungsaktivitäten ihrer Mitarbeiter in besonderem

1.2 · Weiterbildung als Wettbewerbsvorteil

Phasen	Personale Einflussfaktoren	Organisationale Einflussfaktoren
(1) Bedarfsfeststellung und Zielsetzung – Erkennen des Lernbedarfs – Formulieren von Lernzielen – Schaffen von Lernvoraussetzungen	– Einstellungen zur Weiterbildung – Lernmotivation – Einholen von Feedback	– Lernförderliche Arbeitsplatzmerkmale – Veränderungsdynamik – Finanzielle und zeitliche Ressourcen – Organisationale Lernkultur
(2) Organisiertes und selbstorganisiertes Lernen – Planen der Lernschritte – Organisiertes und selbstorganisiertes Lernen – Kontrolle des Lernverhaltens	– Selbstwirksamkeit – Selbststeuerungsfähigkeit	– Lernkultur – Qualität der Lernumgebung – Verfügbarkeit von Lernmaterialien
(3) Anwendung, Reflexion und Positionierung – Anwendung des Gelernten – Reflexion und Optimierung der Wissensanwendung – Positionierung der Kompetenz	– Transfermotivation – Ergebniserwartung – Selbstwirksamkeit	– Vorgesetztenverhalten – Gelegenheit zur Wissensanwendung – Soziale Unterstützung – Feedback

Abb. 1.2. Phasen und Einflussfaktoren selbstorganisierter Kompetenzentwicklung. (Aus Kauffeld, Grote & Frieling, 2009 © 2009 Schäffer-Poeschel Verlag für Wirtschaft·Steuern·Recht GmbH & Co. KG in Stuttgart mit freundlicher Genehmigung.)

Maße gefordert, geeignete Rahmenbedingungen für entsprechende Lernaktivitäten bereitzustellen. Darüber hinaus sollten Unternehmen wichtige »Unterstützungssignale« in Form von Ressourcen für entsprechende Lernaktivitäten geben. Eine unternehmensweite Einführung von Konzepten des selbstorganisierten Lernens und der Kompetenzentwicklung sollte langfristig angelegt sein, um mögliche Widerstände schrittweise aufzulösen. Das vorgestellte Konzept kann herkömmliche Formen der Weiterbildung nicht vollständig ersetzen, sondern stellt im Wesentlichen Möglichkeiten zur Ergänzung und Erweiterung schulungsorientierter und anderer fremdgesteuerter Weiterbildungsformen dar. Der Fokus des selbstgesteuerten Ansatzes liegt darauf, das informelle Lernen am Arbeitsplatz zu intensivieren, zu unterstützen und in systematische Personalentwicklungsaktivitäten einzubinden. Das Spektrum der Lerninhalte ist prinzipiell kaum Einschränkungen unterlegen. Erfolgreiches selbstorganisiertes Lernen stellt außerdem relativ hohe Anforderungen an das Selbstmanagement der Mitarbeiter und Führungskräfte. Weiterhin müssen bestimmte Rahmenbedingungen zur Motivierung und Begleitung der selbstorganisierten Lernaktivitäten realisiert werden. Wenn diese Voraussetzungen gegeben sind, kann der beschriebene Ansatz wirkungsvoll zur Intensivierung und Verbesserung der betrieblichen Personalentwicklung beitragen (Schaper, Mann & Hocholdinger, 2009).

tierung von Lernberatern (► Kap. 2) deutlich. Der Mitarbeiter ist gefordert, sich mit der Entwicklung seiner Kompetenzen auseinander zu setzen. Dabei müssen Arbeitnehmer auf der Basis ihrer persönlichen Mitverantwortung für ihre Beschäftigungsfähigkeit zunehmend mehr eigene Beiträge für ihre Weiterbildung erbringen. Während in der Vergangenheit die Kosten der betrieblichen Weiterbildung überwiegend von den Unternehmen allein getragen wurden, sind mittlerweile kombinierte Finanzierungsmodelle die Regel. Den Mitarbeitern wird eine finanzielle Eigenbeteiligung zugemutet, Mitarbeiter beteiligen sich an der Weiterbildungszeit durch Weiterbildung an freien Tagen oder durch Zeitkonten.

Demographische Entwicklung Der demographische Wandel bedeutet ein immer weiter sinkendes Angebot an nachrückenden jungen Arbeitskräften. Welche Strategien nutzen Unternehmen bislang?

In vielen Unternehmen dominiert die Strategie, das Problem zu ignorieren: Nur 31,3% der Betriebe fühlen sich vom Problem des demographischen Wandels in Deutschland betroffen.

Die zweite Strategie, die in Unternehmen aktiv verfolgt wird, ist, sich zu verjüngen: 43% der Betriebe stellen mehr jüngere Mitarbeiter ein. 17,5% der Betriebe versuchen, sich von älteren Mitarbeitern durch Frühverrentung zu trennen (BIBB, 2008).

Als Konsequenz der Verjüngungskur gibt es in 41% der untersuchten Unternehmen keine Beschäftigten über 50 Jahre (Bellmann, 2002; von Eckardstein, 2005). Im IT-Bereich liegt das Durchschnittsalter seit Jahren zwischen dem 30. und 40. Lebensjahr. Mitarbeiter in der Softwareentwicklung gehören **ab 40 zu den Älteren**. Über 40-Jährige sind in der Belegschaft in diesem Bereich praktisch nicht vorhanden (Hien, 2008).

Dass diese Strategien nur noch kurzfristig greifen werden, ist absehbar. Jüngere, gut qualifizierte Arbeitskräfte werden spätestens ab 2015 knapp. Das Rentenalter wird weiter angehoben werden, um die Erwerbstätigenquote Älterer zu erhöhen (◘ Abb. 1.3).

Das Alter wird durch das **Allgemeine Gleichstellungsgesetz (AGG)** auch in Deutschland ein verpöntes Differenzierungsmerkmal (Kocher, 2004; Ilmarinen & Tempel, 2002; Allmendinger & Ebner, 2006, Müntefering, 2006). In einzelnen Bereichen werden Fachkräfte schon jetzt verzweifelt gesucht, so dass Personalabteilungen gezwungen sein werden, eine dritte Strategie anzuwenden: Sie werden auf die Weiterentwicklung vorhandener (auch älterer) Mitarbeiter setzen.

Ein Beispiel für diese dritte Strategie im Umgang mit dem Arbeitskräftemangel lässt sich bereits heute im Ingenieurbereich beobachten. Nach einer Umfrage des Instituts der Deutschen Wirtschaft fehlt es gegenwärtig an 77.000 Ingenieuren in Deutschland (Werner, 2006). Die häufigste personalpolitische Reaktion der Unternehmen ist die Weiterbildung vorhandener Mitarbeiter (van Koppen, 2008).

In diesem Licht erscheint die **Benachteiligung älterer Beschäftigter bei der beruflichen Weiterbildung** besonders gravierend. Auch 2007 nahmen Jüngere eher an beruflicher Weiterbildung teil als Ältere. Bei den 55- bis 64-jährigen Berufstätigen war ein deutlicher Rückgang der Beteiligung an beruflicher Weiterbildung zu beobachten. Interessanterweise war diese bei den Berufstätigen mittleren

◘ Abb. 1.3. Karikatur »Der 90. Geburtstag«

Alters am höchsten (von Rosenbladt & Bilger, 2008).

Maximierung des Arbeitnehmerpotenzials Durch den Rückgang der Erwerbsbevölkerung gewinnt die Maximierung des Potenzials des einzelnen Arbeitnehmers zunehmend an Bedeutung. Dabei ist nicht nur an ältere Mitarbeiter zu denken. Wenn Frauen oder Beschäftigte mit geringerem Bildungsniveau bei der Weiterbildung vernachlässigt werden, werden Leistungspotenziale verschenkt. Die Zukunft von Unternehmen wird davon abhängen, wie effektiv sie möglichst viele Mitglieder der Gesellschaft einsetzen können. Weiterbildungsmöglichkeiten sind dafür unabdingbar. Bisher sind die Zugangschancen zur beruflichen Weiterbildung alles andere als gleich verteilt (◘ Tab. 1.3). **Je höher das Bildungsniveau**, der Berufsabschluss und der Berufsstatus, **desto höher die Chance, an beruflicher Weiterbildung** teilzunehmen. Es gilt das Matthäus-Prinzip »Wer hat, dem wird gegeben« (nach Bellmann & Leber, 2005, S. 34). Erwerbstätige nehmen viel eher an beruflicher Weiterbildung teil als Nichterwerbstätige, Deutsche ohne Migrationshintergrund viel eher als Deutsche mit Migrationshintergrund, Männer eher als Frauen (von Rosenbladt & Bilger, 2008). Auch die Betriebsgröße und die Branche spielen eine Rolle: Mitarbeiter in größeren Betrieben und im öffentlichen Dienst nehmen wesentlich häufiger an beruflicher Weiterbildung teil als in anderen Bereichen. Am niedrigsten ist die Teilnahmequote im Handwerk (von Rosenbladt & Bilger, 2008).

Um die Effekte der Bevölkerungsalterung abzuschwächen, wird über **neue Formen der Migrationssteuerung** nachgedacht, beispielsweise durch ein Punktesystem, das u. a. Alter, Beruf und Qualifikationen der Migranten berücksichtigt. Die Erwerbsquote von Frauen wird voraussichtlich ansteigen (Kühntopf & Tivig, 2008) und damit auch der Weiterbildungsbedarf. Der Arbeitsmarkt wird sich also mit hoher Wahrscheinlichkeit zunehmend diversifizieren. Die berufliche Weiterbildung wird sich stärker auf die **Bedürfnisse von Frauen und Migranten** einstellen müssen.

Ausbildungsdefizite Analysen des Arbeitsmarkts (Reinberg & Hummel, 2003) zeigen, dass der hohe Bedarf an qualifizierten Arbeitskräften in der High-Tech-Branche und im Dienstleistungsgewerbe einer großen Anzahl junger Menschen mit geringer Ausbildung gegenübersteht, die nicht erfolgreich in die Erwerbsbevölkerung eingegliedert werden konnten. Viele von ihnen weisen einen Migrationshintergrund auf. Obwohl es viele Mitglieder aus diesen Minderheitengruppen geschafft haben, erfolgreich die berufliche Laufbahn oder den technischen Karriereweg einzuschlagen, kommen ebenso viele Langzeitarbeitslose aus diesen Minderheitengruppen. Zukünftig wird die Gesellschaft diese Arbeitskräfte jedoch brauchen. Sie können nur dann erfolgreich eingegliedert werden, wenn Unternehmen die Verpflichtung der Weiterbildung auch für diese Gruppen ernst nehmen. Unternehmen werden **Berufsstarter-Ausbildungsprogramme** entwickeln müssen, z. B. Lese- und Schreibtrainings. Sie müssen Kooperationen eingehen, um das überlastete und unterfinanzierte Schulsystem und überforderte Eltern zu unterstützen, die bei ggf. schlecht bezahlten Jobs Familie und Beruf unter einen Hut bringen müssen. Es wird nicht ausreichen, einzig auf die Initiative des Berufsanfängers zu setzen. Aktuell zeigt sich bereits, dass viele Unternehmen mit der Qualifizierung der Berufsanfänger unzufrieden sind und dass sich elementare Fähigkeiten (z. B. mathematische Grundoperationen) im Vergleich zu früher verschlechtert haben.

1.3 Nachhaltige Weiterbildung

Vor diesem Hintergrund erübrigt sich die Frage, ob in (betriebliche) Weiterbildung investiert werden muss. Arbeitgeber werden nicht darum herumkommen, Position zur betrieblichen Weiterbildung zu beziehen. In den Unternehmen geht es um den Beitrag der Weiterbildung zur konkret messbaren Leistungsverbesserung der Mitarbeiter bei der Erledigung ihrer Aufgaben. Unternehmen suchen nach praktikablen Lösungen für brennende Problembereiche wie Arbeitsverdichtung, Reibungsverluste und Orientierungslosigkeit. Viel naheliegender ist daher die Frage, wie Weiterbildung gestaltet werden muss, damit sie wirksam und nachhaltig ist und Problemlösungen bietet.

Wer ist verantwortlich für die Nachhaltigkeit der Weiterbildung im Unternehmen? Wer sind die

Tab. 1.3. Anteil der Teilgruppen (19–64 Jahre), die 2003 an mindestens einer Form der beruflichen Weiterbildung teilnahmen (Kuwan et al., 2003)

Demographisches Merkmal	Teilgruppe	Teilnahmequote
Gesamt		26
Geschlecht	Männlich	28
	Weiblich	24
Alter	19–34 Jahre	29
	35–49 Jahre	31
	50–64 Jahre	17
Schulbildung	Hauptschulabschluss	16
	Mittlere Reife	32
	Abitur	38
Berufsbildung	Keine Berufsausbildung	11
	Lehre/Berufsfachschule	24
	Meister/andere Fachschule	38
	Hochschulabschluss	44
Erwerbstätigkeit	Erwerbstätig	34
	Nicht erwerbstätig	8
Erwerbstätige nach Berufsstatus	Arbeiter	19
	Angestellter	39
	Beamter	59
Erwerbstätige nach Betriebsgröße	1–99 Beschäftigte	26
	100–999 Beschäftigte	33
	1.000 Beschäftigte und mehr	47
Erwerbstätige nach Wirtschaftsbereichen	Industrie	32
	Handwerk	25
	Handel/Dienstleistung	31
	Öffentlicher Dienst	50
Staatszugehörigkeit	Deutsch	27
	Ausländisch	13

Akteure?

1. Natürlich sind es die **Human-Resource- (HR-) und Personalentwicklungsabteilungen** im Unternehmen. Wie können HR-Verantwortliche ihren CEOs erklären, dass 70–90% der Investitionen in den Weiterbildungsbereich verschwendet sind? Um der Verschwendung Einhalt zu gebieten, müssen Fragen nach dem Transfer zufriedenstellend beantwortet werden. HR-Verantwortliche und Personalentwickler sind gefordert, forschungsbasierte Trainings-Transfer-Prozesse im Unternehmen aufzusetzen (vgl. ► Kap. 2, 5 und 6), um ihren Beitrag zum Unternehmenserfolg leisten zu können. In Zeiten der Wissensökonomie ist die Lösung von Transferproblemen nicht nur eine unternehmensinterne, sondern eine essenzielle gesellschaftliche Herausforderung.
2. Es sind aber auch die **Führungskräfte**, die die Mitarbeiterentwicklung als Handlungsfeld identifizieren müssen. Darauf aufbauend gilt es, Führungskräfte für ihre Rolle in Transfer- und Veränderungsprozessen zu sensibilisieren. In unserer aktuellen Leadership-Studie (Kauffeld, Honert, & Siers, 2009) zeigt sich, dass Geschäftsführer und Führungskräfte der 2./3. Ebene ihre Kompetenz Mitarbeiter weiterzuentwickeln genauso wie ihre Kompetenz Veränderungsprozesse zu gestalten als sehr gering einschätzen.
3. Es sind die **Teilnehmer**, die verstehen müssen, dass Lernen und Transfer mit Anstrengung verbunden ist und durchaus unbequem sein kann. Es kann nicht erwartet werden, dass der Praxistest sofort gelingt. Hartnäckigkeit ist gefragt.
4. Und es sind die **externen Weiterbildungsanbieter**, die von 4 von 5 Betrieben mit der Durchführung von Schulungen und Trainings beauftragt werden (Graf, 2009). Die Externen haben dabei oft viel mehr Einflussmöglichkeiten auf den Lernprozess, als sie wahrnehmen oder auch wahrnehmen möchten (vgl. ► Checkliste »Anforderungen an Trainer«; vgl. auch Sonntag, 2009). Die Frage ist, wie die Rollen interpretiert und ausgefüllt werden.

Checkliste: Anforderungen an Trainer
- Kunden- und transferorientierte Trainingskonzeption und Beratung statt angebotsorientierter Seminarkataloge
- Austausch über Business-Ziele und Kompetenzentwicklungsbedarf mit Personalabteilungen **und** Fachabteilungen
- Projekte mit Leistungsversprechen statt Schulungstage
- Lernprozessgestaltung statt pures Trainingsdesign
- Gestaltung von Kompetenzentwicklungsmaßnahmen abseits von Trainings und Seminaren
- Verzahnung von Organisations- und Personalentwicklung
- Ergebnis- und prozessorientierte Evaluation mit Anpassung des Vorgehens im Prozess
- Transferberatung und Optimierung (z. B. Coaching am Arbeitsplatz)

1.4 Überblick über das Buch

Wie sind falsche Teilnehmer in falschen Seminaren, Führungskräfte, die die Verantwortung für die Entwicklung ihrer Mitarbeiter gern an die Personalabteilung delegieren, Teilnehmer, die das Seminarhotel und der Abend an der Bar mehr interessieren als die Inhalte, zu vermeiden? Wie können Trainings, die losgelöst von der Unternehmensstrategie an Spezialisten vergeben werden, oder Trainer, die primär beklatscht werden wollen, der Vergangenheit angehören? Wie sind Trainings zu gestalten, damit sie kein »herausgeschmissenes Geld« bedeuten – wie ein unter Pseudonym schreibender Autor in seinem Buch *Die Weiterbildungslüge*, das monatelang in den Bestsellerlisten der Wirtschaftsliteratur rangierte und von den Medien begeistert aufgegriffen wurde, behauptet (Gris, 2008)?

Das vorliegende Buch gibt Antworten auf diese Fragen: Wie kann Weiterbildung nachhaltig und nutzbringend gestaltet werden?

Nach diesem Überblick zur derzeitigen Lage im Weiterbildungsbereich soll geklärt werden, wann und warum Trainingsmaßnahmen notwendig sind, auf welcher Grundlage ein Trainingsprogramm durchgeführt werden sollte und wie der Trainingsbedarf bestimmt werden kann. Wie gilt es **Trainings im Unternehmen zu konzipieren** (vgl. ▶ Kap. 2)?

In ▶ Kap. 3 werden **lerntheoretische Ansätze** skizziert, die Hinweise darauf geben, was beim Design eines effektiven Trainingsprogramms zu berücksichtigen ist, das eine **langfristige Wirksamkeit** entfalten soll. Es werden konkrete Ideen abgeleitet und erfolgreich praktizierte Ansätze aufgezeigt.

Um Weiterbildung produktiver zu gestalten, werden Wünsche und Anforderungen formuliert, die Blended-Learning-Konzepte, arbeitsplatznahe Maßnahmen einschließlich des Trainings on the job und des Coachings, intern organisierte Trainings und die gezielte Auswahl förderungswürdiger Mitarbeiter betonen (Graf, 2009). In ▶ Kap. 4 werden einzelne **Kompetenzentwicklungsmaßnahmen und Trainingsmethoden** vorgestellt (vgl. auch Kauffeld, Grote & Frieling, 2009).

In den Unternehmen geht es um konkret **messbare Leistungsverbesserungen** der Mitarbeiter bei der Erledigung ihrer Aufgaben. Unternehmen suchen nach praktikablen Lösungen für brennende Problembereiche. Werden die Ziele erreicht? Wie kann bestimmt werden, ob ein Training wirksam war? Antworten auf diese Frage finden sich in ▶ Kap. 5.

In ▶ Kap. 6 wird prozessorientiert aufgezeigt, dass neben dem Training vor allem **Faktoren in der Person und in der Arbeitsumgebung** für den Erfolg eines Trainingsprogramms ausschlaggebend sind. Wie kann ein bestehendes Trainingsprogramm optimiert werden? Wie werden Trainings nachhaltig? Immerhin 16 Erfolgsfaktoren für eine nachhaltige Trainingsgestaltung, die als Katalysatoren und Barrieren wirken können, werden identifiziert. Ideen zur **nachhaltigen Trainingsgestaltung** werden anhand der Optimierung der Erfolgsfaktoren aufgezeigt.

Abschließend werden im letzten Kapitel (▶ Kap. 7) **Trends** bei der Gestaltung betrieblicher Trainings abgebildet: Was ist von der betrieblichen Weiterbildung in Zukunft zu erwarten?

Dieses Buch enthält zahlreiche Checklisten zum Einsatz in der Praxis. Um den Praxisnutzen für die Leser zu erhöhen, werden viele dieser Checklisten in einer ausdruckbaren Form im Internet unter www.springer.com/978-3-540-95953-3 zum Download angeboten. Manche Listen liegen dort als PDF zum Ausfüllen vor, andere als Worddatei, die Sie individuell bearbeiten und an die eigenen Arbeitsanforderungen anpassen können. Im Buch sind die downloadbaren Listen mit dem Symbol ⊙ gekennzeichnet. Eine Überblicks-Liste über alle im Internet angebotenen Checklisten steht auf dem vorderen inneren Buchumschlag. Einige der Checklisten sind im Internet für die Anwendung in der Praxis noch einmal leicht ergänzt bzw. modifiziert worden.

Zusammenfassung

Der zukünftige Erfolg von Unternehmen und Individuen hängt davon ab, wie schnell sie lernen, neue passfähige Ideen entwickeln und in die Praxis umsetzen. Die traditionelle Weiterbildung ist in die Kritik geraten; es wird angezweifelt, dass sie die dafür benötigten Kompetenzen vermitteln kann. Die Frage, ob in (betriebliche) Weiterbildung investiert werden sollte, stellt sich dabei nicht. Die Frage muss viel mehr sein, wie Weiterbildung nachhaltig und nutzbringend gestaltet werden kann. Um dieses Ziel zu erreichen, sind Forscher, Human-Resource- und Personalentwicklungsabteilungen in Organisationen, die Führungskräfte, die Teilnehmer, externen Weiterbildungsanbieter, Trainer gefordert.

2 Entwicklung von Trainingsprogrammen

2.1 Strategische Anbindung von Trainings – 16

2.2 Systematische Planung und Durchführung von Trainings – 17
2.2.1 Stufe 1: Analyse des Trainingsbedarfs – 18
2.2.2 Stufe 2: Festlegung der Trainingsziele – 26
2.2.3 Stufe 3a: Bewertungskriterien festlegen – 27
2.2.4 Stufe 3b: Berücksichtigung der Erfolgsfaktoren für den Transfer – 29
2.2.5 Stufe 3c: Entwicklung und Selektion der Trainingsmethoden – 30
2.2.6 Stufe 4: Implementierung des Trainingsprogramms – 34
2.2.7 Stufe 5: Messung und Evaluation der Trainingsergebnisse – 34

2.3 Software-Unterstützung: Learning-Management-Systeme – 35

Trainingsprogramme existieren nicht in einem Vakuum. Sie werden initiiert, um konkrete Ziele im Unternehmen zu erreichen. Wann und warum ist ein Training notwendig? Wie kann der Trainingsbedarf bestimmt werden? Welche Faktoren müssen bei der Gestaltung eines systematischen Trainingsprogramms berücksichtigt werden? Wie kann ein effektives Trainingsprogramm entwickelt werden? Um diesen Fragestellungen nachzugehen, wird zunächst die Einbindung von Trainingsprogrammen in das Unternehmen beleuchtet. Im Anschluss wird ein Modell des Trainingsprozesses dargestellt, das verdeutlicht, wie Trainingsprogramme von Anfang an am Transfer auszurichten sind. Darüber hinaus wird auf Softwarelösungen verwiesen, die diesen Prozess unterstützen.

2.1 Strategische Anbindung von Trainings

Trainingsprogramme dienen nicht dem Selbstzweck, sondern sollten einen Beitrag zur Unternehmensentwicklung leisten. Dafür müssen Trainingsprogramme aus der Unternehmensstrategie abgeleitet werden. Je nach Unternehmensstrategie lässt sich ein unterschiedlicher Trainingsbedarf erkennen. Vier prototypische Strategien, die Auswirkungen auf den Trainingsbedarf haben, sind internes Wachstum, externes Wachstum, Konzentration und Desinvestition, als Gegenteil von Investition (Noe, 2002). ◘ Tab. 2.1 zeigt, welchen Fokus die jeweilige Strategie setzt und was dies für den Trainingsbedarf bedeuten kann.

> Mit der Anbindung des Trainingsbedarfs an die Unternehmensstrategie verändert sich die Rolle der Personalentwicklung im Unternehmen. Sie ist nicht mehr Lieferant von Trainings- oder Fortbildungsprogrammen, sondern ihre Aufgabe ist es, als Katalysator für den Unternehmenserfolg zu wirken.

Viele Unternehmen binden die Personalentwicklung ihrer Mitarbeiter in ein Kompetenzmanagementsystem ein (Grote, Kauffeld & Frieling, 2006). Kompetenzmanagementsysteme verbinden die Ebene des Mitarbeiters mit der des Unternehmens. Sie umfassen alle Maßnahmen, Methoden und Werkzeuge zur anwendungsorientierten und unternehmensindividuellen Identifikation, dem Transfer sowie der Entwicklung von Mitarbeiterkompetenzen, mit dem Ziel, nachhaltig die wirtschaftliche Handlungskraft der gesamten Organisation zu erhöhen (North & Reinhardt, 2005). Damit wird die systematische Planung, Entwicklung und Pflege der Kompetenzen unterstützt. Konkret umfasst ein Kompetenzmanagementsystem (◘ Abb. 2.1):
1. ein betriebliches Kompetenzmodell,
2. die Möglichkeit individueller Kompetenzeinschätzungen bzw. -messungen sowie
3. auf das Kompetenzmodell ausgerichtete Personalinstrumente (Grote et al., 2006).

◘ Tab. 2.1. Unternehmensstrategie und Trainingsbedarf

Strategie	Internes Wachstum	Externes Wachstum	Konzentration	Desinvestition
Fokus	Innovation, Vermarktung, Erschließung neuer Märkte, Entwicklung neuer Produkte, Joint Ventures	Konkurrenten aufkaufen, Zulieferer und Abnehmer aufkaufen	Marktnische entwickeln oder erhalten, Kosteneinsparung, Marktanteil vergrößern	Umstrukturierung, Freisetzung von Kapital durch Verkauf von Geschäftszweigen und Produktionsmitteln, Investitionen zurückfahren, Umsatzsteigerung, Effizienz
Trainingsbedarf	Mitarbeiter mit neuen Produkten und Dienstleistungen bekannt machen, interkulturelles Training, kreatives Denken fördern	Teamentwicklung, Leistungsbeurteilung eingegliederter Mitarbeiter, Angleichung von Trainingssystemen	Entwicklung der bestehenden Mitarbeiterschaft, Teamentwicklung	Stressbewältigung, Zielsetzungs- und Motivationstraining, Outplacement-Beratung

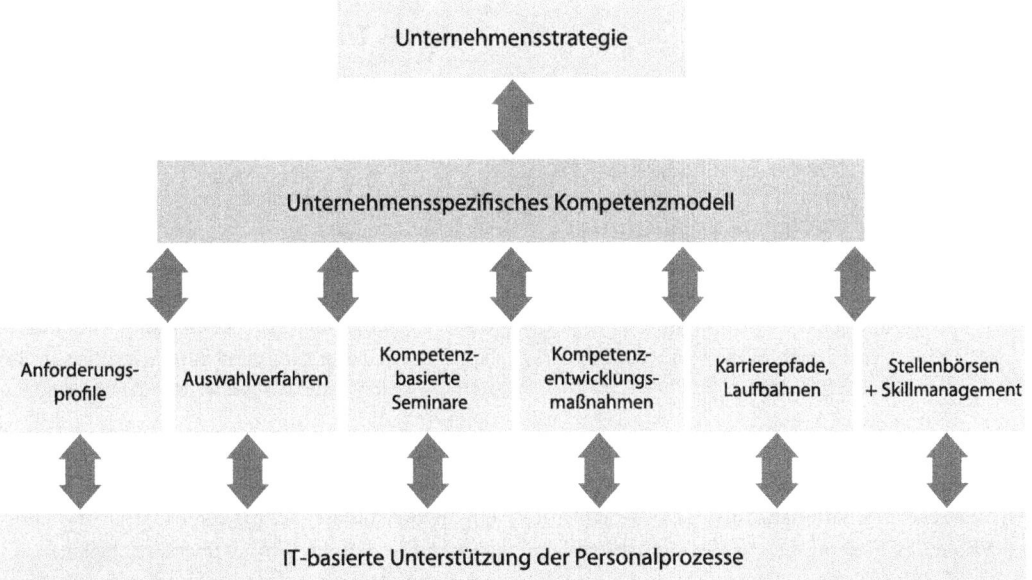

Abb. 2.1. Kompetenzmanagement

Für eine strukturierte Analyse, Bestandsaufnahme und Bewertung des Kompetenzbestands sowie die Anpassung des Kompetenzportfolios unter Berücksichtigung des vorhandenen Potenzials und der zukünftigen Anforderungen (Auf- oder Abbau) ist ein Kompetenzmodell unabdingbar. Die verschiedenen Maßnahmen zur Kompetenzentwicklung erhalten erst durch ein Kompetenzmodell eine inhaltliche Richtung. Kompetenzmodelle stellen einen »Kristallisationspunkt« dar; sie erhöhen die Konsistenz, die Effektivität und die Transparenz der Personalarbeit für Mitarbeiter, Führungskräfte und HR-Verantwortliche. Kompetenzen stellen die gemeinsame Sprache dar, mit der Anforderungen an die Kompetenzentwicklung formuliert, Lern- und Transferziele von Maßnahmen definiert und Evaluationen aufgesetzt werden können. Ein Kompetenzmanagementsystem gibt Antworten auf die Fragen: Soll die Kompetenzentwicklung ressourcen- oder wettbewerbsorientiert erfolgen? Was ist die »richtige« zeitliche Perspektive der Kompetenzmodellierung? Soll die Kompetenzentwicklung an Unternehmenswerten der Vergangenheit, am gegenwärtigen Verhalten der Entscheidungs- und Handlungsträger oder an den Zielen und Strategien des Unternehmens ausgerichtet werden?

Obwohl viele Unternehmen die Notwendigkeit und die Chancen der Entwicklung und Pflege von Mitarbeiterkompetenzen erkannt haben, sind die Möglichkeiten eines systematischen Kompetenzmanagements bei weitem noch nicht ausgeschöpft.

> Trainingsprogramme sind nicht isoliert zu betrachten, sondern stehen in engem Zusammenhang mit anderen Teilsystemen im Unternehmen. Effektive Trainingsprogramme können andere Teilsysteme innerhalb des Unternehmens beeinflussen.

2.2 Systematische Planung und Durchführung von Trainings

Damit Trainingsprogramme dem Unternehmen helfen können, konkrete Ziele zu erreichen, ist eine **systematische Planung und Durchführung** der Trainings unabdingbar. Was ist bei der systematischen Planung und Durchführung eines Trainingsprogramms zu beachten? ◘ Abb. 2.2 zeigt ein Ablaufmodell des Trainingsprozesses. Dieser gliedert sich in 5 Schritte (▶ Übersicht »Der Trainingsprozess«).

Der Trainingsprozess

1. Analyse des Trainingsbedarfs
2. Festlegung der Trainingsziele
3. Entwicklung des Trainings
   a) Entwicklung des Bewertungsprozesses der verwendeten Trainingsansätze
   b) Berücksichtigung der Erfolgsfaktoren des Transfers
   c) Entwicklung bzw. Selektion des Trainings
4. Implementierung des Trainings
5. Evaluation des Trainings

Die Stufen 3a bis 3c müssen gemeinsam entwickelt werden. Das **Evaluationsdesign** gilt es bei der Entwicklung des Trainings ebenso zu berücksichtigen wie die **Erfolgsfaktoren des Transfers**. Anhand des Modells wird im Folgenden dargestellt, wie ein Trainingsprogramm optimal gestaltet werden kann. Die Stufen 3a »Festlegung des Bewertungsprozesses«, 3b »Berücksichtigung der Erfolgsfaktoren für den Transfer« und 5 »Evaluation« werden nur skizziert, da sie in ▶ Kap. 5 und ▶ Kap. 6 ausführlich behandelt werden.

2.2.1 Stufe 1: Analyse des Trainingsbedarfs

Trainings werden oft ohne Bedarfsanalyse aufgesetzt, z. B. als generelle Reaktion auf Leistungseinbußen. Oder es wird einem Trend gefolgt: »Alle fahren in den Hochseilgarten, dann kann es nicht verkehrt sein, also tun wir es auch« (vgl. Kauffeld, Grote & Frieling, 2003). Die **Funktion von Trainings in Unternehmen** liegt demnach nicht notwendigerweise in der Kompetenzentwicklung von Mitarbeitern und der Anwendung von Gelerntem in der Arbeit (▶ Übersicht »Warum werden Trainings durchgeführt?«).

Wozu eine Bedarfsanalyse? Die eingehende Analyse des Trainingsbedarfs einer Organisation ist ein unverzichtbarer Schritt zur erfolgreichen Kompetenzentwicklung. Wird er übersprungen, kann es passieren, dass ein Erfolg versprechendes Training entwickelt wird, das an den Bedürfnissen der Organisation vorbeigeht. Die Trainingsinhalte und -methoden sind für die Organisation ungeeignet. Das Training setzt auf dem falschen Leistungsniveau an und führt nicht zu den gewünschten Ergebnissen. Möglicherweise ist ein Training nicht die angemessene Intervention und Arbeitsgestaltungsmaß-

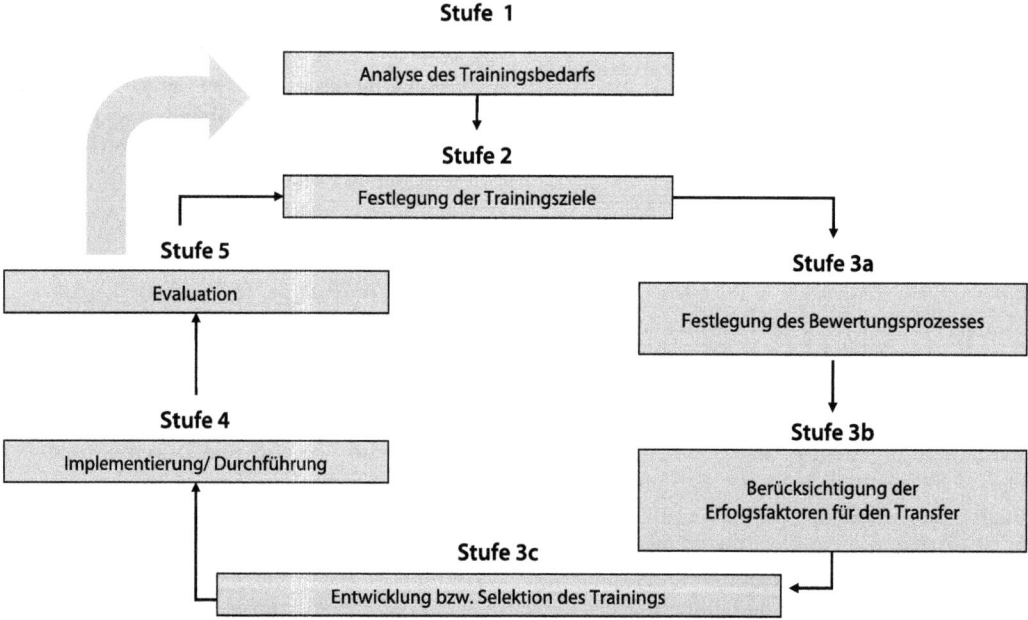

Abb. 2.2. Modell des Trainingsprozesses

Warum werden Trainings durchgeführt?
- **Leistungsdefizite:** Die Leistung ist nicht gut genug, daher ist ein Training auch ohne vorherige Bedarfsanalyse nötig.
- **Belohnung:** Falls eine Gehaltserhöhung nicht möglich ist, dann doch wenigstens ein angenehmes, wenn auch unpassendes Training zur Besänftigung/Bindung der Mitarbeiter.
- **Wertschätzung:** Den Mitarbeitern fehlt Wertschätzung, daher scheint ein Training genau das Richtige zu sein. Damit diese Wertschätzung auch bei den Teilnehmern ankommt, können das Seminarhotel nicht gut genug und der Kaffee nicht warm genug sein.
- **Gewohnheit:** Es wurde schon immer so gemacht. Außerdem gibt es ein Budget dafür.
- **Nachahmung:** Jedes Unternehmen tut es, also tun wir es auch.
- **Unternehmensbindung:** Beim Kunden arbeitet jeder für sich. Zur Identifikation der Mitarbeiter mit dem Unternehmen wird ein gemeinsames Fundament in Form eines Netzwerks und eine gemeinsame, organisationsspezifische Sprache, die es im Training zu erlernen gilt, geschaffen. Die ist besonders wichtig, wenn Mitarbeiter räumlich weit verteilt arbeiten oder weniger in der Organisation als beim Kunden vor Ort arbeiten, z. B. in der Unternehmensberatung.
- **Personalmarketing:** Karriereplanung sowie durchdachte und abgestimmte Kompetenzentwicklungsmaßnahmen sind für das Unternehmen in Zeiten des »War for Talents« unerlässlich. Für potenzielle Bewerber sind Trainings im Unternehmen ein Pluspunkt bei der Auswahl ihres künftigen Arbeitgebers.
- **Networking:** In Trainings können Kontakte in der Organisation geknüpft werden. So können bei neuen Herausforderungen schnell geeignete Ansprechpartner gefunden werden, zu denen im Training ein Vertrauensverhältnis aufgebaut wurde.

nahmen wären angemessener. Die Bedarfsanalyse hilft, Frustration, Unzufriedenheit und unnötige finanzielle Verluste zu vermeiden. Sie beantwortet folgende Fragen:
- Ist ein Training notwendig?
- Was muss trainiert werden?
- Wer muss trainiert werden?

Unterstützung der Organisation

Für den Prozess einer Bedarfsanalyse ist die Unterstützung der Organisation unabdingbar. Eine Bedarfsanalyse ist ein Eingriff in die Abläufe der Organisation. Sie kann daher leicht als Angriff auf »Althergebrachtes« missverstanden werden. Die **Kooperation und das Vertrauen** der Organisationsmitglieder sind notwendig, damit Informationen für die Bedarfsanalyse gewonnen werden können. Gute Voraussetzungen sind **Offenheit und Transparenz** gegenüber allen Beteiligten (Goldstein, 2002). Es sollte ein Austausch über Erwartungen, Ziele und Befürchtungen stattfinden. Die potenziellen Teilnehmer eines in Erwägung gezogenen Trainings sollten aktiv an der Bedarfsanalyse beteiligt sein. Die Entwicklung eines Trainings ist nur möglich, wenn organisationsinterne Konflikte geklärt werden. Ansonsten kann es vorkommen, dass bestimmte Gruppen in der Organisation die Bedarfsanalyse bewusst behindern und später die Implementierung oder den Transfer des Trainings blockieren.

Die **Unterstützung der Organisation zu gewinnen** ist der allererste und bedeutendste Schritt einer Bedarfsanalyse. Dies geschieht im Rahmen einer Organisationsanalyse (▶ Abschn. 2.2.1). Sowohl im Kontakt mit dem Top-Management als auch mit den Mitgliedern der Organisation muss eine **gemeinsame Sprache** gefunden werden. Gemeinsam mit dem Top-Management müssen realistische Ziele und Erwartungen an die Bedarfsanalyse entwickelt werden. Im Gespräch sollte überprüft werden, ob das nötige Commitment gegenüber einer Bedarfsanalyse besteht und ob das Top-Management zur Investition von Ressourcen in die Bedarfsanalyse bereit ist. Ferner sollte vorab geklärt werden, welche Methoden zur Bedarfsanalyse verwendet werden. Um effektiv mit den anderen Mitgliedern der Organisation zu kommunizieren, empfiehlt sich die **Bildung von »Fokusgruppen«**. Fokusgruppen bestehen aus respektierten Vertretern verschiedener Unternehmenseinheiten, dem Betriebsrat und durch das Training betroffenen Mitarbeitern. Die Mitglieder dieser Gruppen sind das Sprachrohr der Organisationsmitglieder. Sie geben Aufschluss über Stimmungen und Ansichten der einzelnen Mitarbeiter. Ihre Vorschläge sind sehr wertvoll. Die Kommunikation ist aber auch in die andere Richtung möglich: Eine Fokusgruppe kann durch die Verbreitung von Informationen in Diskussionen mit den Kollegen dazu beitragen, aus Fehlinformationen entstehenden Unmut und Misstrauen der Bedarfsanalyse gegenüber aufzulösen. Die Einrichtung einer Fokusgruppe signalisiert, dass auf die aktive Beteiligung der Mitarbeiter Wert gelegt wird. Das schafft Vertrauen.

Die Analyseebenen

Die Bedarfsanalyse umfasst mindestens 3 verschiedene Analyseebenen. Bei der **Organisationsanalyse** geht es um die Grundfrage, wie der Organisationskontext für ein Training aussieht. Die **Aufgabenanalyse** identifiziert, welches Wissen, welche Fertigkeiten, Fähigkeiten und Kompetenzen für eine bestimmte Tätigkeit erforderlich sind. Die **Personenanalyse** soll Aufschluss darüber geben, welche Mitarbeiter ein Training benötigen. Dazu kann auch eine demographische Analyse gehören, die den speziellen Trainingsbedarf unterschiedlicher demographischer Gruppen betrachtet. Nur durch die Kombination der 3 Analyseebenen lässt sich ein vollständiges Bild des Trainingsbedarfs einer Organisation gewinnen. Häufig wird zu Beginn die Organisationsanalyse durchgeführt, weil sich aus ihr die grundlegende Entscheidung ergibt, ob das Unternehmen Zeit und Geld in ein Training investieren möchte. Die Personen- und die Aufgabenanalyse werden oft gleichzeitig durchgeführt. Eine anfängliche Organisationsanalyse kann ergeben, dass wenige Ressourcen für Trainingsmaßnahmen vorhanden sind. Wird jedoch aus der anschließenden Personen- und Aufgabenanalyse ein starker Trainingsbedarf deutlich, z. B. weil es Mitarbeitern an für den Unternehmenserfolg zentralen Fertigkeiten mangelt, könnten sich die Verantwortlichen zu einer Umverteilung der Ressourcen zugunsten eines Trainings entschließen. ◘ Abb. 2.3

◘ Abb. 2.3. Zusammenwirken der Analyseebenen: Organisation, Aufgabe, Personen

zeigt, wie die 3 Analyseebenen der Bedarfsanalyse gemeinsam auf die Investition in eine Trainingsmaßnahme wirken. Darüber hinaus ist zunehmend eine demographische Analyse notwendig.

Organisationsanalyse

Im ersten Schritt gilt es, ein komplexes Bild des Ist-Zustands und der Bedürfnisse des Unternehmens auf allen Ebenen zu zeichnen. Ziel einer **Organisationsanalyse** ist es, »Mission«, Zukunftsvision und zentrale Werte zu identifizieren (Noe, 2002; Riggio, 2002). Worin sieht das Unternehmen seinen Daseinszweck, welche Zukunftsvorstellungen gibt es und für welche Werte steht das Unternehmen? Aus diesen Grundvorstellungen leitet das Unternehmen konkrete langfristige Ziele und Strategien zur Zielerreichung ab. Ein erfolgreiches Training orientiert sich an genau diesen Zielen sowie an der Strategie des Unternehmens. Noch detaillierter ist die **SWOT-Analyse** (Strengths, Weaknesses, Opportunities, Threats). Bei einer SWOT-Analyse werden einerseits Stärken und Schwächen unternehmensinterner Faktoren, z. B. bezüglich der Belegschaft oder finanzieller Ressourcen, analysiert. Andererseits werden unternehmensexterne Faktoren wie Veränderungen des Markts oder Globalisierung im Hinblick auf Chancen und Bedrohungen für das Unternehmen thematisiert. Ein weiterer Aspekt ist die Konkurrenz auf dem Marktsektor: Was muss

2.2 · Systematische Planung und Durchführung von Trainings

unternommen werden, um weiterhin konkurrenzfähig zu bleiben und mithalten zu können? Die Organisationsanalyse klärt so den **Kontext für Trainingsmaßnahmen**. Dazu gehört u. a. die Unternehmensstrategie. Es stellen sich die in der ▶ Checkliste »Klärung der Organisationsstrategie« aufgeführten Fragen.

> **Checkliste: Klärung der Organisationsstrategie**
> - Welche kurz- und längerfristigen Ziele hat das Unternehmen und mit welcher Strategie werden diese verfolgt?
> - Ist das Training mit dieser Strategie kompatibel? Beispielsweise wird ein Unternehmen, das nur hoch spezialisierte und erfahrene Bewerber einstellen möchte, unter Umständen ein geringeres Interesse an Trainingsmaßnahmen haben.
> - Welcher Trainingsbedarf ergibt sich aus der Strategie?
> - Wie werden Trends und Entwicklungen diesen Trainingsbedarf beeinflussen? Wie will man z. B. mit einer zunehmend älteren Belegschaft umgehen, interkulturelle Kompetenz fördern und den Konkurrenzkampf um die besten Absolventen gewinnen?

Die **Strategie** beeinflusst, ob, wie oft und welche Art von Training angeboten wird und – besonders wichtig – wie viel Geld für Trainingsmaßnahmen zur Verfügung steht. Beispielsweise wird eine Organisation, die Innovationsfreude und beständiges Lernen zum integralen Teil ihrer Strategie gemacht hat, besonders stark in Trainingsmaßnahmen investieren.

Die für Trainingsmaßnahmen verfügbaren **Ressourcen** auszumachen, ist ein weiterer Aspekt der Organisationsanalyse. Zu den wichtigen Ressourcen gehören Geld, Zeit und die im Unternehmen vorhandene Expertise zur Kompetenzentwicklung. Wenn die Führungsetage nicht in Trainings investieren will oder kann, können Alternativen in einer verbesserten Personalauswahl oder Arbeitsgestaltungsmaßnahmen bestehen. Der Grad der vorhandenen Expertise in der Trainingsentwicklung und Durchführung entscheidet, ob ein Unternehmen selbst ein Training erstellt oder es bei einem externen Anbieter einkauft. Häufig wird eine Ausschreibung an **Trainingsanbieter und Unternehmensberater** versandt, um einen geeigneten Anbieter zu finden. Eine Ausschreibung enthält u. a. Informationen über die gesuchte Trainingsart, die Ziele des Trainings, den gewünschten Abschlusstermin, die Anzahl der zu trainierenden Mitarbeiter und Kriterien für den Trainingserfolg. Zur Auswahl eines Angebots sind Nachweise über die Wirksamkeit, Referenzen von anderen Unternehmen, die Erfahrung und Qualifikation des Anbieters und Beispiele entwickelter Trainings ausschlaggebend. Weiterhin sollte ergründet werden, ob der Anbieter das Training auch tatsächlich an die spezifischen Bedürfnisse der Organisation anpasst oder ein vorgefertigtes »Training aus der Konserve« verwendet.

Ausreichende Ressourcen sind eine wichtige Voraussetzung für die Durchführung von Trainingsmaßnahmen. Doch der Knackpunkt, an dem jedes noch so kostenintensive und gut geplante Training scheitern kann, ist die mangelnde **Unterstützung durch das Management und die Teilnehmer**! Wenn Management und Mitarbeiter dem Training nur halbherzig oder widerwillig gegenüberstehen, ist der Erfolg des Trainings fraglich.

> Ohne die Unterstützung des Managements und der Mitarbeiter ist es kaum möglich, ein hochwertiges Training zu entwickeln und erfolgreich durchzuführen.

Eine zentrale Aufgabe der Organisationsanalyse ist es daher, die Einstellung des Managements und der Mitarbeiter gegenüber Trainingsmaßnahmen zu identifizieren. Es gilt zu erkunden, ob ein Training gewünscht oder abgelehnt wird, welche Erwartungen an das Training gestellt werden und wie die Teilnahmebereitschaft aussieht.

Aufgabenanalyse

Auf einer weiteren Ebene findet die **Aufgabenanalyse** statt. Ziel der Aufgabenanalyse ist eine genaue Beschreibung der einzelnen Aufgaben eines Arbeitsplatzes sowie eine Auflistung der für eine erfolgreiche Aufgabenbewältigung notwendigen Kompetenzen, d. h. des Wissens, der Fertigkeiten, der Fähigkeiten und möglicherweise anderer Eigenschaften, die für eine optimale Aufgabenbewältigung benötigt werden (Noe, 2002).

Bei der Aufgabenanalyse wird die gesamte **Arbeitstätigkeit in einzelne Aufgaben untergliedert**. Zu den klassischen Aufgaben eines Sekretärs gehören z. B. die Terminplanung, das Verfassen von Briefen und das Führen von Telefonaten. Aus der Aufgabenanalyse können mögliche Inhalte eines Trainings abgeleitet werden.

Für die Aufgabenanalyse gilt: Informationen sollten immer von den Personen eingeholt werden, die sich am besten mit dem Arbeitsplatz auskennen. Solche »Experten« sind u. a. genau die Mitarbeiter, die die Arbeit auch ausführen. Wenn möglich, sollten während der gesamten Aufgabenanalyse mehrere Erhebungsmethoden miteinander kombiniert werden, um die Gültigkeit und Aussagekraft der Ergebnisse zu erhöhen. Eine Aufgabenanalyse ist sehr aufwendig. Sie sollte nur durchgeführt werden, wenn das Unternehmen grundsätzlich zur Investition in Trainingsmaßnahmen bereit ist.

Zu Beginn der Aufgabenanalyse wird entschieden, welcher spezifische Arbeitsplatz analysiert werden soll. In multinational agierenden Unternehmen, in denen der »gleiche« Arbeitsplatz in Malaysia und Ostfriesland sehr unterschiedlich aussehen kann, ist das nicht immer ganz eindeutig. Dann werden die einzelnen Aufgaben eines Arbeitsplatzes aufgelistet. Ausgangspunkt dafür kann die **Arbeitsbeschreibung aus einer Arbeitsanalyse** sein, die z. B. anhand von Beobachtungen und Interviews erstellt wurde. Diese Liste wird gemeinsam mit Experten für den speziellen Arbeitsplatz ergänzt und korrigiert. Experten schätzen auch ein, wie häufig eine Aufgabe ausgeführt werden muss und wie bedeutend sie für das Erreichen der Unternehmensziele ist. Nun folgt der schwierigste Schritt der Aufgabenanalyse: Die Aufgabenbeschreibungen müssen in eine **Auflistung von Kompetenzen** übersetzt werden. Welche Kompetenzen werden benötigt, um eine Aufgabe zu erledigen, und welche dieser Kompetenzen sind besonders wichtig? Am Beispiel des Sekretärs: Was muss man wissen, können oder haben, um erfolgreich Briefe zu schreiben? Reichen Rechtschreibkenntnisse, Stilgefühl und Einfühlungsvermögen, EDV-Kenntnisse, Beherrschung von Redewendungen, Höflichkeitsformeln und Ausdrucksvermögen aus? Meist wird versucht, diese Kompetenzen anhand von Beobachtungen, Fragebögen und Interviews zu identifizieren (▶ Checkliste »Aufgabenanalyse«; Noe, 2002; Grote et al., 2006).

Checkliste: Aufgabenanalyse
1. Welche Aufgaben umfasst ein Arbeitsplatz?
2. Wie wichtig sind diese Aufgaben?
3. Welche Kompetenzen sind zur Erledigung dieser Aufgaben entscheidend?

Personenanalyse

Auf einer dritten Ebene wird anhand einer **Personenanalyse** untersucht, welche Mitarbeiter ein Training benötigen, weil ihnen die für ihre Tätigkeit erforderlichen Kompetenzen fehlen oder weil ihre Fähigkeiten für neue Aufgaben entwickelt werden sollen (▶ Checkliste »Personenanalyse«). Wenn eine schwache Leistung eindeutig auf mangelnde Kompetenzen zurückgeht oder wenn für zukünftige Aufgaben neue Kompetenzen benötigt werden, kann ein Training die richtige Lösung sein. Bei unklaren Leistungszielen, fehlender Motivation oder geringer Selbstwirksamkeitsüberzeugung, mangelndem Feedback, ungünstiger Arbeitsumgebung oder ungünstigen Belohnungssystemen müssen erst andere Themen angegangen werden (vgl. auch Stufe 3b, ▶ Kap. 6).

Nicht nur aus Marketingaspekten heraus sollte überlegt werden, für wen Trainings konzipiert werden sollen. Ein Vertriebstraining kann für die Mitarbeiter angeboten werden, die ihren Job nicht »gut genug« ausfüllen, es kann aber auch für die besten 20% im Vertrieb (Top-Performer) konzipiert werden. Im zweiten Fall bekommt das Training nicht nur einen **Belohnungscharakter** und drückt Wertschätzung gegenüber den Besten aus, sondern man verspricht sich hier auch den größten **finanziellen Nutzen**. Verkaufen die Besten nach dem Training 20% mehr, bringt dies einen größeren finanziellen Nutzen, als wenn es die schlechtesten 20% Verkäufer tun.

Checkliste: Personenanalyse

Die Personenanalyse orientiert sich an folgenden Fragen (vgl. Noe, 2002):

- Welche Kompetenzen haben die Mitarbeiter?
- Welche – für den (zukünftigen) Job entscheidenden – Kompetenzen fehlen ihnen? Haben sie die grundlegenden kognitiven Fertigkeiten, um den (zukünftigen) Job auszuführen und ein Training zu durchlaufen?
- Welche Leistung erbringen die Mitarbeiter? Ist die Leistung zu schwach? Oder verändern sich die Anforderungen des Arbeitsplatzes? Sind die Mitarbeiter sich im Klaren über die Leistungsziele? Erhalten sie regelmäßiges Feedback? Jährliche Leistungsbeurteilungen, Eigenaussagen der Mitarbeiter und Informationen aus der Personalauswahl, wie z. B. aus Leistungsbeurteilungen, geben Aufschluss über die Stärken und Schwächen einzelner Mitarbeiter.
- Wie steht es um die Selbstwirksamkeitserwartung der Mitarbeiter, also dem Empfinden, durch das eigene Handeln etwas bewegen zu können? Die Selbstwirksamkeitserwartung in Bezug auf das Training kann gestärkt werden. Es gilt deutlich zu machen, dass das Training nicht zur Aufdeckung von persönlichen Mängeln durchgeführt wird und dass die Mitarbeiter den Lernfortschritt selbst unter Kontrolle haben. Es sollte verdeutlicht werden, welche positiven Effekte ähnliche Trainings auf andere Mitarbeiter der Organisation gehabt haben.
- Wie steht es um die Motivation der Mitarbeiter? Sind sie von ihrem Job und der Möglichkeit, dazuzulernen, begeistert? Oder herrscht Resignation und Unzufriedenheit vor? Sind sie sich ihrer eigenen Stärken und Schwächen bewusst? Sehen sie überhaupt einen Anlass für ein Training?
- Wie ist die Arbeitsumgebung? Welche technischen Möglichkeiten stehen zur Verfügung? Stehen genug Materialien und Zeit für das Training zur Verfügung?
- Wie werden die Mitarbeiter für ihre Leistung belohnt? Gibt es Bonussysteme oder Anerkennung durch die Vorgesetzten? Belohnen Vorgesetzte die Anwendung von Trainingsinhalten?

> Trainingsmaßnahmen im Unternehmen sollten niemals ausschließlich defizitorientiert sein. Im Sinne der Unternehmensentwicklung gilt es vielmehr, auch die Besten durch geeignete Trainingsmaßnahmen weiterzuentwickeln.

Demographische Analyse

Darüber hinaus kann eine **demographische Analyse** hilfreich sein. Globalisierung, Migration und der demographische Wandel lassen Belegschaften unterschiedlicher werden. Je vielfältiger die Mitarbeiter in Unternehmen werden, umso stärker müssen unterschiedliche Bedürfnisse berücksichtigt werden.

Mit einer demographischen Analyse wird der spezielle **Trainingsbedarf unterschiedlicher demographischer Gruppen** wie z. B. der Trainingsbedarf von Frauen, Männern, Mitarbeitern verschiedener Altersgruppen und ethnischen Minderheiten betrachtet. Beispielsweise brauchen ältere Mitarbeiter unter Umständen Unterstützung im Umgang mit neuen Technologien. Frauen brauchen hingegen ein spezielles Training oder Mentoring, um die »gläserne Decke« zu durchbrechen und sich für Führungspositionen zu entwickeln. Mitarbeiter mit Migrationshintergrund benötigen möglicherweise spezielle Sprachkurse. Um die Synergien kultureller Vielfalt in interkulturell zusammengesetzten Projektteams nutzen zu können, gilt es die interkulturelle Kompetenz zu stärken. Damit altersheterogene Teams effektiv sein können, müssen die Teammitglieder davon überzeugt sein, dass die Altersheterogenität für ihre Aufgabe hilfreich ist (Lehmann-Willenbrock & Kauffeld, 2008).

Methoden der Bedarfsanalyse

Fragebögen, **Beobachtungen** und **Interviews** gehören zu den bekanntesten Erhebungsmethoden der Bedarfsanalyse. Die Spanne erstreckt sich von der Dokumentenanalyse über Interviews mit Schlüsselpersonen mit besonderen Kenntnissen des

Arbeitsplatzes bis hin zu psychometrischen Tests (◘ Tab. 2.2). Jede Methode hat ihre Vorteile und Nachteile und bietet eine eigene Perspektive auf die Organisation. Beispielsweise verschafft die Analyse von Dokumenten ein sehr objektives Bild der Vorgänge und Abläufe im Unternehmen, aber keinen Aufschluss über die Stimmungslage der Mitarbeiter. Um diese zu ergründen, könnten z. B. Interviews durchgeführt werden, die aber wiederum sehr zeitaufwendig sind. Wenn verschiedene Methoden multimodal kombiniert werden, ergibt sich ein umfassenderes Gesamtbild.

◘ Tab. 2.2. Vorteile und Nachteile von Methoden der Bedarfsermittlung. (In Anlehnung an Goldstein & Ford, 2002; Noe, 2002)

Methode	Vorteile	Nachteile
Fragebogen		
— Untersuchung von Zufallsstichproben, spezifischen Gruppen oder auch Totalerhebungen — Verschiedene Frage- und Antwortformate möglich — Beurteilungsskalen, Sortieraufgaben etc. möglich	— Geringer finanzieller Aufwand — Große Personengruppen können mit geringem Zeitaufwand untersucht werden — Befragte äußern sich ohne Angst vor Blamage — Einfache Datenauswertung — Hohe Vergleichbarkeit der gewonnenen Daten	— Wenig Platz für unerwartete Äußerungen oder Details — Entwicklungsaufwand — Wenig geeignet, um Problemursachen oder Lösungen aufzudecken — Gefahr niedrigen Rücklaufs
Beobachtung		
— Kann hoch strukturiert und spezifisch (z. B. Zeitmessungen), aber auch unstrukturiert und breit angelegt sein (z. B. durch Büroräume gehen und Kommunikationsbarrieren ermitteln) — Zur Ermittlung effektiver und ineffektiver Verhaltensweisen	— Kaum störende Eingriffe in den Arbeitsalltag — Daten sind hoch relevant, weil sie direkt am Arbeitsplatz gesammelt werden — Abgleich mit der Wahrnehmung der Beteiligten möglich	— Benötigt erfahrene Beobachter, die zudem mit den Arbeitsinhalten vertraut sind — Kann als »Ausspionieren« empfunden werden — Gewonnene Daten sind von der »unbewussten Selektion« durch den Beobachter abhängig
Interviews		
— Formell bis informell, strukturiert bis unstrukturiert — Persönlich, telefonisch, am Arbeitsplatz oder anderswo durchführbar	— Ideal zur Aufdeckung von Gefühlen, Problemursachen und Lösungsmöglichkeiten — Befragte können sich spontan, frei und nach eigenen Vorstellungen äußern — Hohe Rücklaufquoten	— Hoher Zeitaufwand — Analyse und Quantifizierung anspruchsvoll — Unerfahrene Interviewer machen die Befragten schnell misstrauisch, befangen, gehemmt — Daten können durch mangelnde Anonymität beeinflusst sein
Berichte, Akten, Dokumente		
— Grafiken, Entwürfe, Handbücher, Audits, Finanzpläne — Mitarbeiterakten, Fluktuationsrate, Unfallquote, Reklamationen — Dauer von Meetings, Projektberichte, Memoranda, Evaluationsstudien etc. ▼	— Hinweise auf Schwachstellen — Objektive Information — Datensammlung nicht aufwendig — Auch bei neu geschaffenen Jobs möglich	— Weniger geeignet, um Problemursachen und mögliche Lösungen aufzudecken — Retrospektive Betrachtung; Material kann veraltet sein — Auswertung anspruchsvoll

2.2 · Systematische Planung und Durchführung von Trainings

◘ Tab. 2.2 (Fortsetzung)

Methode	Vorteile	Nachteile
Konsultation von Schlüsselpersonen		
– Austausch mit Personen, die aufgrund ihres formellen oder informellen Status mit dem Trainingsbedarf einer Personengruppe bekannt sind (z. B. Vorstandsvorsitzende, Berufsverbände, Kunden) – Anhand von Fragebögen, Interviews, Gruppendiskussionen	– Einfache und kostengünstige Durchführung – Multiple Perspektiven auf die Bedürfnisse verschiedener Gruppen – Interaktion stärkt Kommunikationsfluss zwischen den Beteiligten	– Verzerrung der Ergebnisse, weil Schlüsselpersonen die Bedürfnisse nur aus eigener Perspektive sehen – Offenbart nur einen Teilausschnitt des Trainingsbedarfs aus der Sicht der Schlüsselpersonen
Gruppendiskussionen (Fokusgruppen)		
– Grad der Struktur und Formalität ist variabel (vgl. Interview) – Fokus können Arbeitsanalyse, Probleme in Gruppen, gemeinsame Zielsetzung oder andere für Gruppen relevante Themen sein – Verwendung von Gruppentechniken wie Brainstorming, Simulation, Kraftfeldanalyse	– Geeignet für komplexe und kontroverse Themen – Spontaner Meinungsaustausch ist möglich – Unterstützung für die Alternative, die letztendlich ausgewählt wird – Durch gemeinsame Datenanalyse werden die Antworten weniger verzerrt – Beteiligte üben sich in der Analyse von Problemen und im Zuhören	– Zeit- und Kostenaufwand – Statusunterschiede zwischen den Teilnehmern können hemmend wirken – Analyse und Quantifizierung anspruchsvoll
Test		
– Kann stark funktionsorientiert sein – Gibt Einblick in Ideen und Gelerntes – Kann in Anwesenheit eines Assistenten oder alleine durchgeführt werden	– Gibt Aufschluss darüber, ob mangelndes Wissen oder Fertigkeiten die Ursache eines Problems sind – Ergebnisse sind gut quantifizierbar und vergleichbar	– Für spezifische Situationen gibt es nur eine geringe Anzahl validierter Tests – Unklar, ob festgestelltes Wissen und Fertigkeiten auch im Arbeitsalltag angewendet werden
Printmedien		
– Wissenschaftliche Journale, Branchenblätter, Handelszeitungen, Firmenveröffentlichungen, …	– Geben Aufschluss über Standardbedürfnisse – Gegenwarts- oder sogar zukunftsbezogene Information – Gute Verfügbarkeit	– Anspruchsvolle Datenanalyse und Datensynthese
Arbeitsproben		
– Anzeigenlayout, Antrag, Marktanalyse, Brief, … – Schriftliche Bearbeitung einer Fallstudie	– Liefern Hinweise auf Schwachstellen – Objektive Information – Datensammlung nicht aufwendig – Organisationseigener Datenoutput	– Fallstudienmethode ist arbeitszeitaufwendig – Spezialisten für die Inhaltsanalyse notwendig – Einschätzung der Stärken und Schwächen durch den Analysten kann als zu subjektiv empfunden werden

Ferner kann **Benchmarking** als Methode der Bedarfsanalyse dienen. Beim Benchmarking tauschen sich Firmen untereinander über Trainingsmaßnahmen aus. In speziellen Datenbanken werden z. B. Informationen über die Dauer, Kosten, Entwicklung, Durchführung und Evaluation des Trainings zur Verfügung gestellt. Der gegenseitige Austausch soll helfen, **Best Practices** – also besonders erfolgreiche Trainingslösungen – zu ermitteln (Noe, 2002).

2.2.2 Stufe 2: Festlegung der Trainingsziele

Aus der Bedarfsanalyse werden die Ziele eines Trainings entwickelt. Dabei kann zwischen **übergeordneten Zielen und spezifischen Zielen** unterschieden werden.

Übergeordnete Ziele Ein übergeordnetes Ziel kann beispielsweise sein, den Zugang zu Trainings auf verschiedene Beschäftigungsgruppen zu erweitern. Trainingsmaßnahmen werden nicht mehr nur für Manager, sondern auch für Mitarbeiter, Zulieferer oder Kunden angeboten. ◘ Tab. 2.3 enthält einige Beispiele für übergeordnete Trainingsziele und ihre Umsetzung.

Spezifische Trainingsziele Neben solchen übergeordneten Zielen ist es entscheidend, spezifische Trainingsziele festzulegen. Was soll ein Mitarbeiter können, der an einem bestimmten Training teilgenommen hat? Vor allem die spezifischen Ziele leiten den Entwicklungsprozess eines Trainingsprogramms und sind zugleich geeignet, **Kriterien für die spätere Evaluation** des Trainings abzuleiten. Die Ziele sollten daher möglichst konkret formuliert werden. Eine Möglichkeit dazu ist die Festlegung spezifischer Verhaltensziele, die von den Teilnehmern beeinflusst werden können. Die Ziele dürfen anspruchsvoll sein, sollten aber gleichzeitig realistisch bleiben. Sie sollten messbar, d. h. kontrollierbar, und terminiert, d. h. auf einen bestimmten Zeitpunkt bezogen sein. Wie können **spezifische Verhaltensziele für ein Vertriebstraining**

◘ Tab. 2.3. Übergeordnete Trainingsziele und Möglichkeiten der Umsetzung

Übergeordnete Trainingsziele	Möglichkeiten der Umsetzung
Zugang zu Trainingsmaßnahmen erweitern	— Trainingsmaßnahmen nicht nur für Manager, sondern für Mitarbeiter, Zulieferer, Kunden, …
Lernangebot erweitern	— Über das herkömmliche Seminartraining hinaus auch neue Technologien zum Training verwenden — Möglichkeiten zum informellen Lernen schaffen
Kundenservice verbessern	— Training im Kundenumgang — Training im Umgang mit schwierigen Situationen — Training im Umgang mit Produkten und Dienstleistungen
Training und Transfer begünstigende Arbeitsumgebung schaffen	— Mitarbeitern die Bedeutung kontinuierlichen Lernens verdeutlichen — Managern die Bedeutung einer lernförderlichen Atmosphäre verdeutlichen — Ausreichend Zeit zum Lernen bieten — Räume schaffen, in denen informelles Lernen durch Gespräche, Wissensaustausch und Kreativität stattfinden kann
Wissensmanagement verbessern	— Wissen kenntnisreicher Mitarbeiter festhalten und zugänglich machen — Information übersichtlich organisieren und festhalten
Entwicklungsmöglichkeiten schaffen	— Trainingsmaßnahmen anbieten, die über die Arbeitsanforderungen hinaus das Entwicklungspotenzial der Mitarbeiter ansprechen — Sicherstellen, dass Mitarbeiter diese Angebote kennen und nutzen können

formuliert werden? Welche Verhaltensweisen sollte ein Teilnehmer im Anschluss an das Training beherrschen? Beispielsweise sollten die Teilnehmer eines Vertriebstrainings
- die Phasen des Verkaufsgesprächs kennen und anwenden,
- persönliche Angaben des Kunden vollständig erfassen,
- den Kunden auf Sonderaktionen ansprechen,
- mit dem Kunden die Vorteile der einzelnen Produkte für ihn persönlich erarbeiten,
- Verkaufshilfen wie z. B. Produktprospekte in das Verkaufsgespräch integrieren und
- geschlossene Fragen in der Abschlussphase nutzen.

An diesen Zielen können sich die Teilnehmer auch selbst messen. Neben den Verhaltenszielen werden oft **Leistungsziele** formuliert. Dabei wird angenommen, dass sich das veränderte Verhalten in der Leistung der Teilnehmer niederschlägt. Die genannten Verhaltensweisen im Verkauf nach der Teilnahme am Vertriebstraining sollten beispielsweise dazu führen, dass die
- Verkaufsleistung gesteigert wird,
- neue Kunden gewonnen werden und
- das Verhältnis von Beratungsgesprächen zu Abschlüssen gesteigert wird.

Eine genaue Definition der Trainingsziele erfüllt so mehrere Funktionen. Neben der transparenten Information und damit der Fokussierung für Trainer und Teilnehmer erhöht es die Motivation der Teilnehmer. Die Trainingsziele können durch **Aufmerksamkeitslenkung** und **Anstrengungsmobilisierung** wirken. Die Teilnehmer können sich an den an sie gestellten Trainings- und Leistungsanforderungen orientieren. Leistungsbereitschaft, Eigeninitiative, Verantwortungsbereitschaft und Selbstregulationsfähigkeit der Mitarbeiter werden gefördert. Dies funktioniert v. a. dann, wenn die Trainingsteilnehmer die Ziele annehmen und sich an diese binden.

Gleichermaßen werden mit der spezifischen Definition der Trainingsziele **Evaluationskriterien** bereitgestellt (vgl. Stufe 3a, ▶ Abschn. 2.2.3, und ▶ Kap. 5). Weiterhin kann die Rückmeldung über das erzielte Ergebnis für den einzelnen Trainingsteilnehmer leistungssteigernd wirken und für potenzielle Teilnehmer ein positives Signal für die Motivation zu Teilnahme, Lernen und Transfer setzen.

> Pilottrainings mit einer **kleineren Gruppe von Mitarbeitern, die systematisch evaluiert werden, sind eine Möglichkeit, viel Zeit und Geld zu sparen und Trainings vor dem Rollout zu optimieren** (▶ Kap. 5).

Im Planungsprozess des einzelnen Trainingsprogramms wird zwischen
- der Festlegung von Bewertungskriterien,
- der Berücksichtigung der Erfolgsfaktoren für den Lerntransfer sowie
- der Entwicklung des Trainings

unterschieden.

2.2.3 Stufe 3a: Bewertungskriterien festlegen

Die Bewertungskriterien, an denen der Trainingserfolg gemessen werden soll, können sowohl begleitend als auch im Nachhinein (ex post) festgelegt werden.

Begleitend werden zur direkten Steuerung des Trainingsprogramms oft Teilnehmergespräche oder Storno- und Abbrecherquoten genutzt.

Ex post können neben der übergeordneten und spezifischen Zielerfüllung die Vier-Ebenen Reaktion, Lernen, Verhalten und Resultate des Modells von Kirkpatrick (1967, 1994) zur Systematisierung genutzt werden (◘ Tab. 2.4; ▶ Kap. 5).

Vier-Ebenen-Modell Erfolgreiches Lernen ist fast wertlos, wenn das Erlernte nicht auch am Arbeitsplatz umgesetzt werden kann (▶ Kap. 5). In ◘ Tab. 2.4 sind die 4 Ebenen des Trainingserfolgs mit verschiedenen Operationalisierungsmöglichkeiten dargestellt. Viele Erfolgsmaße werden subjektiv erhoben (z. B. Zufriedenheit und Lernen), bei anderen sind darüber hinaus Kollegen- oder Vorgesetzteneinschätzungen hilfreich (z. B. Vertriebskompetenz). Ferner gibt es objektive Verfahren, bei denen unabhängige Dritte die Einschätzungen vornehmen (z. B. act4teams®, Kauffeld, 2006; Kauffeld, Lorenzo, Montasem & Lehmann-Willenbrock, 2009;

Tab. 2.4. Die 4 Ebenen des Trainingserfolgs und ihre Operationalisierungsmöglichkeiten

Ebene	Operationalisierungen in verschiedenen Projekten
Reaktion	— Zufriedenheit der Teilnehmer — Nützlichkeit aus Sicht des Teilnehmer
Lernen	— Test — Wissenstests — Lernerfolg aus Sicht der Teilnehmer
Verhalten	— Transferquantität (Anzahl umgesetzter Schritte) — Transferqualität (durchschnittlicher Umsetzungsgrad) — Kompetenzabfrage mit dem Kompetenz-Reflexions-Inventar (Kauffeld, Grote & Henschel, 2007) oder Vertriebs-Kompetenz-Inventar (Johannes & Kauffeld, 2009) als Selbstbeschreibung oder Fremdbeschreibung durch Vorgesetzte, Kollegen oder Kunden — Beobachtungsinstrumente wie act4teams® (Kauffeld, 2006; Kauffeld, Lorenzo, Montasem & Lehmann-Willenbrock, 2009; ▶ Kap. 4)
Resultate	— Kennzahlen wie Produktivität, Bruttoertrag oder die Anzahl der Neukunden — Anzahl der Verbesserungsvorschläge für die Arbeit nach der Trainingsteilnahme sowie die Umsetzung dieser Ideen — Fluktuation

▶ Kap. 4). Ein Instrument, das die 4 Ebenen von Kirkpatrick in einem ökonomisch einsetzbaren Fragebogen operationalisiert, ist das Maßnahmen-Erfolgs-Inventar (MEI; Kauffeld, Brennecke & Strack, 2009). Im Adaptive Evaluation System for Training (aes4training®) sind verschiedene Instrumente zur Evaluation von Trainings in Anlehnung an das Vier-Ebenen-Modell verfügbar (www.4a-side.com; ▶ Kap. 5). Die »harten« betriebswirtschaftlichen Kriterien wie Umsatzzahlen, Marktstellung, Kundenbindung, Produktqualität, Mitarbeiterfluktuation oder Krankenstände sind der Ebene Resultate zugeordnet. An solchen Kriterien gemessener Erfolg ist für die Unternehmensleitung oft der überzeugendste Nachweis der Nützlichkeit eines Trainings (▶ Kap. 5). Allerdings ist es oft schwierig, Veränderungen in den Kennzahlen auf eine Trainingsmaßnahme zurückzuführen. Schließlich kann auch der Return on Investment (ROI) für die Kompetenzentwicklungsmaßnahme berechnet werden, in dem sowohl Kosten als auch Nutzen der Maßnahme betrachtet werden (▶ Kap. 5).

Zusammenfassend gilt: Die Entscheidung für bestimmte **Kriterien** sollte **von den Trainings- und Unternehmenszielen abgeleitet** werden.

Balanced Scorecard Ein weiterer Ansatz zur Erfolgsmessung ist die **Balanced Scorecard** (Kaplan & Norton, 1997). Mit dieser Methode werden 4 verschiedene Perspektiven eingenommen, um ein detailliertes Bild der Effekte einer Trainingsmaßnahme zu gewinnen. Jede Perspektive impliziert jeweils unterschiedliche Bewertungskriterien (◘ Tab. 2.5).

Das **Vorgehen bei der Evaluation** sollte so ausgerichtet sein, dass die Entwicklung der Evaluationskriterien an den strategischen Zielen des Unternehmens ansetzt. Diese Verhaltens- und Leistungs-

Tab. 2.5. Perspektiven in der Balanced Scorecard

Perspektive	Beispiel für ein Bewertungskriterium
Interne Prozessperspektive	Durchlaufzeit
Kundenperspektive	Neukundengewinnung
Mitarbeiterperspektive	Kompetenzsteigerung
Finanzielle Perspektive	Bruttoertragssteigerung

ziele (▶ Abschn. 2.2.2) gilt es zu operationalisieren (z. B. in Form von Kennzahlen), wie in den Beispielen in ◘ Tab. 2.4 ersichtlich. Unverzichtbar ist weiterhin die Festlegung von Sollgrößen, um im Nachhinein bewerten zu können, ob die Ziele erreicht wurden. Die **Festlegung einer Sollgröße** kann für die Durchlaufzeit 3 Monate nach dem Vertriebstraining beispielsweise bedeuten, dass der Anteil der Neukunden um 20% oder der Anteil der Interessenten, die zu Neukunden werden, um 50% gesteigert werden konnte. Die Auswahl oder **Entwicklung von Kennzahlen und Verfahren zur Datengewinnung** ist notwendig. Falls ein Vorher-Nachher-Vergleich erfolgen soll, ist die Vorher-Datenerhebung zu planen und vor dem Training durchzuführen (▶ Kap. 5). Neben dem Vorher-Nachher-Vergleich sind Kontrollgruppen oder der Vergleich mit anderen Unternehmen (Benchmarking) in Erwägung zu ziehen. Die Interpretation der Daten muss nach im Vorfeld festgelegten Regeln erfolgen: Eine Reduzierung der Durchlaufzeit um welchen Wert wird als Erfolg definiert? Welcher Wert in der Neukundengewinnung lässt auf einen Erfolg der Trainingsmaßnahme schließen? Die Bewertungsregeln gilt es an dieser Stelle festzulegen.

2.2.4 Stufe 3b: Berücksichtigung der Erfolgsfaktoren für den Transfer

Neben der Berücksichtigung von ergebnisbezogenen Evaluationskriterien sollte schon bei der Trainingsgestaltung der **prozessbezogenen Evaluation** und damit Möglichkeiten der Transfersicherung Beachtung geschenkt werden (▶ Kap. 5). Bei der **ergebnisbezogenen Evaluation** wird häufig übersehen, dass das Ergebnis nur Aussagen darüber zulässt, ob das Training einen Nutzen hat oder nicht. Doch was passiert, wenn die Ergebnisse nicht optimal ausfallen? Ursachen für den nicht erfolgten Transfer werden nicht deutlich. Welche Faktoren den Lerntransfer behindern und wo Stellschrauben im Prozess sind, bleibt im Dunkeln. Wenn gewünschte Ergebnisse nicht erzielt wurden, ist jedoch die Suche nach Ursachen ein essenzieller Schritt, um Trainingsprogramme verbessern und strategische Entscheidungen treffen zu können.

Frühzeitige Beseitigung von Barrieren des Transfererfolgs Welche Faktoren beeinflussen den Erfolg einer Trainingsmaßnahme? Neben Merkmalen der Teilnehmer und des Trainings gilt es v. a. **Merkmale der Arbeitsumgebung** zu betrachten (Baldwin & Ford, 1988). Die aktive Unterstützung ist von allen Beteiligten einzufordern. Dabei ist nicht nur der Trainingsteilnehmer zu berücksichtigen, der z. B. seine Motivation darlegen muss, warum gerade er an dem Programm teilnehmen möchte, sondern etwa auch Vorgesetzte, Kollegen oder potenzielle Lernpaten. Wenn Vorgesetzte nicht von einem Training überzeugt sind, werden sie ihren Mitarbeiter bei der Anwendung der Trainingsinhalte kaum unterstützen. Wenn die Kollegen Neuerungen gegenüber nicht aufgeschlossen sind, hat es ein Einzelner schwer, neue Methoden in die Arbeitsgruppe einzubringen. Wenn keine Zeit zur Verfügung gestellt wird, um neu Gelerntes in der Arbeitssituation auszuprobieren, wird dies möglicherweise nicht geschehen. Wenn niemand fragt, was im Training gelernt wurde, schwindet die Motivation, neu Gelerntes auszuprobieren. Insgesamt 16 transferrelevante Faktoren werden mit dem **Lerntransfer-System-Inventar** abgebildet (LTSI; Ruona, Leimbach, Holton & Bates, 2002; Kauffeld, Bates, Holton & Müller, 2008; Wirth, Kauffeld, Bates & Holton, 2009).

Frühzeitige Identifizierung von Problemen mit Transferfaktoren Neben der Evaluation im Anschluss an das Training kann das Lerntransfer-System-Inventar auch schon vor der Implementierung eines Trainingsprogramms eingesetzt werden. Dies dient der frühzeitigen Identifizierung von Problemen mit Transferfaktoren, bevor groß angelegte Kompetenzentwicklungsmaßnahmen durchgeführt werden. Es kann als **Frühwarnsystem** vor umfassenden Trainingsreihen dienen. Wenn die Diagnose aufzeigt, dass die Führungskräfte nicht hinter dem Trainings stehen, sollten diese zunächst von dem Nutzen des Trainings überzeugt oder noch besser in die Entwicklung des Trainingsprogramms involviert werden. Wenn die Diagnose zeigt, dass ein Einzelner kaum Chancen hat, neue Impulse in die Arbeitsgruppe einzubringen, sollten möglicherweise Teams als Ganzes trainiert werden. Ferner kann die Diagnose vor einem Trainingsprogramm genutzt werden, um Trainer und Vorgesetzte **für Transferprobleme zu sensibilisieren** und das Training begleitende Maßnahmen zu entwickeln, die den **Transfer verbessern** (▶ Kap. 5). Im Vorfeld des Trainings sollten kritische Einflussfaktoren (Katalysatoren und Hemmnisse) identifiziert werden, um das Lerntransfer-System zu verändern und zu verbessern. Auch unterstützende Aktivitäten, die das Potenzial haben, den Lerntransfer zu verbessern, können an dieser Stelle ermittelt werden.

> **Bevor das Training gestaltet und umgesetzt wird, gilt es potenzielle Transferbarrieren zu diagnostizieren und zu beseitigen.**

Für das Ausüben der neuen Fähigkeiten und das Etablieren neuer Gewohnheiten nach dem Erlernen von neuen Inhalten gibt es oft kritische einmalige Gelegenheiten. Werden diese nicht genutzt oder werden die Versuche als Fehlschläge verhöhnt, werden möglicherweise keine neuen Transferversuche unternommen. Das Gelernte schlägt sich dann nicht in der Anwendung nieder, so dass weder ein mittelfristiger Kompetenzzuwachs noch eine Leistungsverbesserung zu erwarten sind. Im günstigsten Fall wurde »träges Wissen« mit dem Training produziert.

Reflexion Damit der Effekt eines Trainings im Alltagsgeschäft nicht verpufft, muss intensiv über die Möglichkeit der Nachbetreuung nachgedacht werden. **Während der Transfer- und Anwendungsphase** brauchen die Teilnehmer eine ständige **Erinnerung an ihre Entwicklungsaufgaben und -verpflichtungen**. Um den Nutzen der Kompetenzentwicklung zu optimieren, müssen die Trainingsprogramme Systeme und Prozesse berücksichtigen, bei denen die Teilnehmer Zeit zur regelmäßigen Reflexion zur Verfügung gestellt bekommen. Indem Zeiten für Reflexion bereitgestellt werden, kann die Anwendung angetrieben und durchgesetzt werden. Nur so kann der **Lerntransfer im Bewusstsein bewahrt** werden, bis das neu Gelernte verstetigt werden konnte. Wenn die Zeit zur Reflexion fehlt, gibt es nahezu keine Möglichkeit zur Entwicklung (▶ Kap. 5).

Follow-through-Management Die Führungskraft sollte in die **Erinnerungs- und Reflexionsfunktion** eingebunden sein. Nichts untergräbt ein Ausbildungsprogramm schneller als die Gleichgültigkeit von Führungskräften oder die Diskreditierung von neuen Wissensinhalten, Fähigkeiten und Verhaltensweisen. Es ist eine Führungsaufgabe, Erwartungen an den Trainingsteilnehmer zu formulieren und nachzufragen. In Anlehnung daran wurden in jüngster Zeit internetbasierte **Follow-through-Systeme** entwickelt, um den Transfer gezielt zu unterstützen. Ein System des Follow-through-Managements muss nicht nur die Teilnehmer an ihre Ziele erinnern, sondern auch ein Forum für betreute Reflexion schaffen. Dies kann den Teilnehmern helfen, die Erfahrungen mit den Lernbausteinen herauszufiltern und zu verfestigen (▶ Kap. 5).

Transferziele sind nicht fakultativ Bei der Berücksichtigung der Erfolgsfaktoren für den Transfer und konkreter Maßnahmen zur Nachbetreuung werden Fortschritte nicht der eigenen Initiative der Teilnehmer oder dem Zufall überlassen. Die Transferziele der Teilnehmer müssen behandelt werden wie andere geschäftliche Ziele auch. Sie müssen erfasst, bewertet und anerkannt werden. Sie dürfen nicht abgeheftet und vergessen werden. So lange Transferziele fakultativ behandelt werden, kann die Investition des Unternehmens nur suboptimal sein.

2.2.5 Stufe 3c: Entwicklung und Selektion der Trainingsmethoden

In dieser Stufe werden Trainingsmethoden entwickelt oder ausgewählt, die geeignet sind, die vorher festgelegten Ziele zu erfüllen.

Trainingsformen Off-the-job-Training findet außerhalb des Arbeitsplatzes statt und nimmt daher einen zusätzlichen Zeitraum in Anspruch. Off-the-job-Trainings bieten den Vorteil, dass der Einzelne außerhalb des Arbeitskontextes an einem Training teilnehmen und sich dadurch stärker auf die Trainingsinhalte konzentrieren kann. Neben Seminaren werden jedoch auch On-the-job-Trainings durchgeführt. **On-the-job-Trainings** erfolgen direkt am Arbeitsplatz. Beim On-the-job-Training ist die Transferlücke minimiert. Das Training on-the-job wird jedoch oft als Lernen nebenbei missverstanden

2.2 · Systematische Planung und Durchführung von Trainings

(vgl. Kauffeld, Grote, Frieling, 2009). Erfolgversprechender sind daher oft Kombinationen: Ein Off-the-job-Training kann um On-the-job-Elemente ergänzt werden, z. B. durch ein Patenmodell (▶ Kap. 4), oder mit Near-the-job-Maßnahmen kombiniert werden, z. B. mit Reflexionssitzungen, Learning Networks o. Ä. Klassische **Trainings near-the-job** sind Maßnahmen wie Workshops, Projektgruppen und Lernstätten, in denen nicht nur die Kompetenzentwicklung der Teilnehmer fokussiert ist, sondern auch eine konkrete inhaltliche Erarbeitung von Problemlösungen und Verbesserungsvorschlägen für den Arbeitsbereich erwartet wird. Die Abkopplung von der unmittelbaren Arbeitstätigkeit ermöglicht eine bessere Systematisierung des Lernprozesses und gleichzeitig eine verbesserte didaktische Reflexion als bei Kompetenzentwicklungsmaßnahmen on-the job, bei denen die Mitarbeiter sich selbst überlassen bleiben. Im Unterschied zu Kompetenzentwicklungsmaßnahmen off-the-job bleibt aber die Nähe zu den Herausforderungen in der Arbeit bestehen, so dass die Transferlücke verkleinert und die Anwendung in der Praxis erleichtert wird (▶ Kap. 4). Ein optimaler Transfer kann also durch die Kombination der verschiedenen Trainingsformen erreicht werden.

Trainer Oft werden externe Trainer beauftragt, ein entsprechendes Trainingskonzept zu erstellen. In der **Checkliste für Trainer zur Auftragsklärung** (▶ Checkliste »Auftragsklärung für Trainer«) sind den genannten Klärungsfeldern verschiedene Fragen zugeordnet, mit denen Informationen über die Systematik der Planung des Trainingsprozesses gesammelt werden können und der aktuelle Stand mit dem Kunden reflektiert werden kann.

Unabhängig von der gewählten Methode sind bei jedem Training die **3 Phasen vor (Pre-Training), während (Training) und nach dem Training (Post-Training)** zu berücksichtigen.

Pre-Training Vor dem Training sollte es eine **Vorbereitungsphase** geben, die dazu führt, dass die Teilnehmer eine Lern- und Transferabsicht entwickeln können. Für jedes Training müssen alle Key-Stakeholders, einschließlich der Manager, der direkten Vorgesetzten, Trainees und Trainer, ein Verständnis dafür entwickelt haben,

- warum das Training durchgeführt wird und warum genau diese Teilnehmer ausgewählt wurden,
- was im Training gelernt und was transportiert werden soll,
- was die spezifischen arbeitsbezogenen Verhaltensergebnisse für die einzelnen Trainees sind und wie diese mit der Verbesserung der Arbeitsausführung verknüpft sind und
- wie die aus dem Training resultierenden Verhaltensergebnisse mit übergeordneten Ergebnissen verbunden sind.

Dieses Verständnis ist wichtig, weil es die lern- und transferbezogene Motivation der Teilnehmer erhöht. Die im Vorfeld zu versendenden Informationen erläutern die Trainingsergebnisse, **kommunizieren Erwartungen** an die Verbesserung der Ausführung, kreieren eine geteilte Vision über die Wichtigkeit des Trainingsprogramms und verdeutlichen, was das Training für die einzelnen Teilnehmer erreichen kann und welche übergeordneten Ergebnisse angestrebt werden. Die Auseinandersetzung mit dem Programm im Vorfeld kann durch eine Bewerbung um das Training erfolgen, durch die Diskussion mit Vorgesetzten oder im Rahmen eines Rundgesprächs mit bisherigen Teilnehmern des Programms.

> **Die Implementierung eines Prozesses vor dem Training, in dem mit allen Key-Stakeholdern, einschließlich der Manager, der direkten Vorgesetzten, der Teilnehmer und Trainer, die Ergebnisse des Trainings festgelegt werden, dient der Transfersicherung.**

Der Schlüssel zur Verbesserung der Transferergebnisse ist oft die **Unterstützung der Vorgesetzten**. Zwischen Teilnehmern und Führungskraft gilt es **Transferpflichten zu definieren und zu klären**, wer für welchen Aspekt im Transferprozess zuständig ist. Transfer-System-Elemente (▶ Kap. 6) können berücksichtigt werden, um die Transferergebnisse zu verbessern.

Daher ist es wichtig, die Vorgesetzten auf das einwandfreie und fundamentale Verständnis des Lerntransfers vorzubereiten und für die Faktoren zu sensibilisieren, die den Lerntransfer am Arbeitsplatz beeinflussen können.

Checkliste: Auftragsklärung für Trainer

Anlass
- Was soll mit der Maßnahme bewirkt werden?
- Von wem ging die Initiative für die Maßnahme aus?
- Warum wird die Maßnahme gerade jetzt aktuell?
- Was würde passieren, wenn auf die Maßnahme verzichtet würde?

Vorgeschichte
- Welche Vorerfahrungen gibt es zum Inhalt der Maßnahme?
- Welche Maßnahmen waren bislang erfolgreich, welche scheiterten?
- Wer ist als Zielgruppe vorgesehen?
- In welcher Form ist ein Kontakt mit den Teilnehmern möglich?
- Wer wird vom Ergebnis neben den Teilnehmern betroffen sein?
- Wer wirkt im Vorfeld wie auf die Maßnahme ein? (Personen, Organisationen, Netzwerke)
- Wer ist für die Veranlassung der Maßnahme wichtig?
- Wer muss die Umsetzung unterstützen?

Ziele
- Was soll mit der Maßnahme erreicht werden?
- Wie sind die Ziele in die Unternehmensstrategie eingebettet?
- Welche Unternehmensziele sind betroffen?
- Was genau sollen die Teilnehmer nach dem Training wissen, können und tun?
- Woran wird der Erfolg gemessen werden?
- Wenn das Training erfolgreich wäre, woran würde der Auftraggeber dies merken?
- Wie können die Teilnehmer den Erfolg selbst feststellen?
- Welche Erwartungen und Wünsche gibt es darüber hinaus, die mit der Maßnahme verbunden sind?

Zielgruppe
- Welches Vorwissen, welche Vorerfahrungen und Erwartungen bringen die Teilnehmer mit?
- Wie wurden die Teilnehmer für die Maßnahme identifiziert?
- Wie wurden die Teilnehmer informiert? Wie war die Reaktion auf die Information?
- Wie hoch ist die Bereitschaft der Zielgruppe, an der Maßnahme teilzunehmen?

Rahmen
- Gibt es schon Vorstellungen über die Lernformen? Warum ist ein Seminar die richtige Maßnahme? Sind andere Maßnahmen denkbar?
- Welchen Gestaltungsspielraum gibt es (Teilnehmerzusammensetzung, Größe, Termin, Dauer, Lernformen)?
- Welche Tabus gibt es?
- Wie sieht der finanzielle Rahmen aus?
- Welcher Zeitrahmen wurde ins Auge gefasst?
- Wo können die Veranstaltungen stattfinden?
- Wer ist für die Organisation, z. B. Bereitstellung von Räumen und Material zuständig?
- Welche Spielräume gibt es?

Transfer
- Wie wird diese Maßnahme in das Organisationsgeschehen eingebettet?
- Wie werden die Trainingsteilnehmer bei der Umsetzung des Gelernten unterstützt?
- Welche weiteren Möglichkeiten gibt es, um die Umsetzung zu unterstützen?
- Was ist notwendig, damit die Umsetzung gelingt?
- Was unternimmt der Auftraggeber, damit der Transfer möglich wird?
- Was können Barrieren für den Transfer sein? Was kann den Transfer aus dem Training in die Praxis der Teilnehmer verhindern?
- Wie kann die Maßnahme als Prozess angelegt werden?

Trainer
- Welche Erwartungen werden an mich gerichtet?
- Warum wurde ich eingeladen?
- Welche Kompetenzen werden erwartet?
- Was wäre ein Ausschlussgrund für einen Trainer?

▼

2.2 · Systematische Planung und Durchführung von Trainings

> **Evaluation**
> - Welches Ziel verfolgt die Evaluation: Rechtfertigung oder Optimierung?
> - In welcher Form ist eine Evaluation der Maßnahme vorgesehen?
> - Was soll evaluiert werden – Wissen der Teilnehmer, Verhaltensänderung der Teilnehmer, Trainerleistung, Organisation des Trainings?
> - Wer soll befragt werden (Teilnehmer, Vorgesetzte, Kunden)?
> - Welche Daten können genutzt werden (Beobachtung, Befragung)?
> - Welche Kennzahlen stehen zur Bewertung zur Verfügung?
> - Wird die Evaluation extern oder intern durchgeführt?
> - Erfolgt die Evaluation ausschließlich ergebnis- oder auch prozessbezogen?
> - Wer erhält die Ergebnisse der Evaluation?

Um mit den Teilnehmern im Training effektiv arbeiten zu können, kann es sinnvoll sein, dass diese nicht nur mit klaren Erwartungen in das Seminar kommen, sondern auch formulieren können, was sie in die Veranstaltung einbringen wollen, was sie bereit sind an Ressourcen zur Verfügung zu stellen, was sie geben wollen, damit das Seminar ein Erfolg wird. Dadurch wird die potenzielle Konsumentenhaltung der Teilnehmer aufgeweicht und die **Selbstverantwortung der Teilnehmer am Trainingserfolg** in den Fokus gerückt. Dafür kann es z. B. helfen, dass Teilnehmer sich um ein Seminar bewerben müssen (▶ Kap. 5) oder dass sie im Vorfeld eine E-Learning-Einheit bestehen müssen, um am Training teilnehmen zu können (▶ Kap. 4). Die Motivation der Teilnehmer ist ein entscheidender Prädiktor für den Erfolg einer Kompetenzentwicklungsmaßnahme (Kauffeld, Bates Holton & Müller, 2008; ▶ Kap. 6).

Während des Trainings kommen verschiedene Methoden zum Einsatz. In ▶ Kap. 4 werden verschiedene Trainingsmethoden dargestellt und klassifiziert. Das Trainingsdesign soll helfen, die Trainingsinhalte adäquat zu transportieren. Darüber hinaus gilt: Jeder Trainingsinhalt muss mit Anforderungen und der Realität im Unternehmen verbunden sein. Beispiele und Übungen müssen für die Teilnehmer glaubhaft und relevant sein oder noch besser von ihnen selbst z. B. in Form von Fallbeispielen eingebracht werden. Während des Trainings sollten die Teilnehmer immer wieder angeregt werden innezuhalten und zu reflektieren, wie sie das, was sie gerade gelernt haben, nutzen können, um effektiver zu arbeiten. Damit kann die **Anwendung des Gelernten in der Praxis** gefördert werden.

Nach dem Training müssen der Transfer und die Anwendung des Gelernten, die fortdauernde Übung und das Lernen bzw. Vertiefen in der Arbeit thematisiert werden (▶ Abschn. 2.2.5). Ein gutes Training allein ist nicht ausreichend, um die vom Management gewünschten Erfolge zu bringen. Die **Einbettung in den Arbeitsalltag** ist entscheidend.

Andere Teilnehmer und Kollegen können eine wertvolle Quelle für Informationen, Rat und Unterstützung im Prozess des Lerntransfers sein. Eine Möglichkeit zum Networking zwischen den Teilnehmern sind »**booster sessions**« (»Antreiber-Sitzungen«), in welchen eine Gruppe von Teilnehmern zusammenkommt, um Gelerntes zu besprechen und zu reflektieren, um Erfolge und Misserfolge zu teilen und um über erfolgreiche Transferstrategien zu sprechen. Diese Treffen sollten formalisiert werden. Strukturierte Sitzungen sollten von Trainern oder inhaltlichen Experten, die Erfahrung mit dem Lerntransfer haben, gefördert werden. Die Anzahl und Häufigkeit solcher Sitzungen ist von der Art des ersten Trainings abhängig. Sechs Wochen nach dem Training ist oft ein geeigneter Zeitpunkt, um den Transfererfolg zu reflektieren. Die **Implementierung von Post-Training-Maßnahmen** sollte zum Standard werden, so dass sich die Teilnehmer mit ihren Kollegen über das Lernen und den Trainingstransfer vernetzen und beim Transfer voneinander profitieren können.

Die **Evaluation des Trainings und die Beurteilung des Lerntransfers** nach dem Training sind kritisch für einen effektiven Trainingsprozess. Die Evaluation des Trainings und die Beurteilung des Transfers liefern Informationen, die essenziell für die laufende und systematische Verbesserung des Trainings und des Lerntransfers sind. Evaluationen und Beurteilungen helfen außerdem dabei, Manager bzw. direkte Abteilungsleiter, Teilnehmer und Trainer für die Lernverbesserung und den Transferprozess verantwortlich zu machen. Letztendlich kommuniziert dies die Wichtigkeit des Trainings und hilft eine Kultur zu kreieren, die das Lernen und dessen Anwendung bei der Arbeit wertschätzt.

> Es ist wichtig, einen Prozess zu entwickeln und zu implementieren, der das Training evaluiert und den Lerntransfer beurteilt.

Inwieweit die genannten 3 Phasen Pre-Training, Training und Post-Training bei der Konzeption und Durchführung eines Trainings berücksichtigt werden, kann als **Qualitätsmerkmal für die ausgearbeiteten Konzepte** gelten.

> **Checkliste: Umsetzung eines Trainings**
> Zu berücksichtigen ist:
> - Wann und wie oft soll das Training stattfinden?
> - Wer leitet es?
> - Wie werden die Teilnehmer auf die Sitzungen verteilt?
> - Wo findet das Training statt?
> - Wie sind die Erwartungen der Teilnehmer?
> - Wie ist die allgemeine Haltung zu Trainings?
> - Sind die Teilnehmer bereit für das Training?
> - Sind die Teilnehmer ausreichend auf das Training vorbereitet?
> - Welche transferfördernden Maßnahmen sind integriert?

2.2.6 Stufe 4: Implementierung des Trainingsprogramms

Für die Implementierung des Trainings ist es besonders wichtig, dass die Unternehmensleitung und die Mitarbeiter dem Training gegenüber positiv eingestellt sind, dass sie es unterstützen und annehmen. Informationen zum Zweck, zur Vorgehensweise und zu den Zielen des Trainings tragen dazu bei. Wenn der Trainer erst zu diesem Zeitpunkt herangezogen wird, können die folgenden Fragen hilfreich sein (▶ Checkliste »Umsetzung eines Trainings«).

Zur Unterstützung der organisatorischen Abwicklung des Trainings bieten sich oft Software-Lösungen an (▶ Abschn. 2.3).

2.2.7 Stufe 5: Messung und Evaluation der Trainingsergebnisse

Im letzten Schritt wird anhand der Bewertungskriterien der Trainingserfolg gemessen und es wird evaluiert, ob das Training die vorab festgelegten Ziele erreicht hat (▶ Kap. 5). Die Investition in das Training kann behandelt werden wie jede andere unternehmerische Investition auch. Die Auswirkungen des Trainingsprogramms müssen gemessen und die Ergebnisse dokumentiert werden, um weiterführende Investitionen zu begründen.

Da die **Wirtschaftlichkeit dieser Programme** einen entscheidenden Faktor für die Unternehmen darstellt, werden Entscheider immer mehr darauf bestehen, die Effektivität der Programme, die sie finanzieren, auch zu hinterfragen. Der Nachweis der Aktivität (Anzahl der angebotenen Trainings, Anzahl der ausgebildeten Personen) sollte dabei nicht verwechselt werden mit dem Nachweis des Nutzens eines Programms. Eine zunehmende Anzahl an trainierten Personen ist nur von Wert, wenn das Trainingsprogramm tatsächlich die Ergebnisse verbessert. Wenn niemand die im Training vermittelten Inhalte nutzt, ist das Training von weiteren Personen möglicherweise eine Verschwendung von Ressourcen.

Mit der Evaluation kann der Nachweis erfolgen, dass die beabsichtigten Lern- und Transferziele erreicht wurden. Die Verteilung der Ressourcen für Kompetenzentwicklungsmaßnahmen kann auf Grundlage der **Evaluation nach Effizienzkriterien** erfolgen. Gleichzeitig können Hinweise für die didaktisch-methodische Gestaltung der Maßnahmen gefunden werden, ebenso für die Gestaltung der Rahmenbedingungen. Zur Unterstützung kann das aes4training® genutzt werden (▶ Kap. 5).

Die **Evaluation** ist dabei ein **Mittel der Informationslieferung und Entscheidungshilfe**, in welche

Maßnahmen investiert wird und bei welchen Maßnahmen sich eine **Optimierung** lohnt. Da die Kompetenzen der Mitarbeiter eines Unternehmens festlegen, über welche Handlungsmöglichkeiten ein Unternehmen verfügt, geht es im Unternehmen nicht darum, »ob« in die Kompetenzen der Mitarbeiter investiert wird, sondern »wie« in die Kompetenzen der Mitarbeiter investiert wird. Das »ob« steht in Zeiten der Wissensökonomie, in der kompetente Mitarbeiter als der wichtigste Produktionsfaktor eines Unternehmens gelten, nicht in Frage (▶ Kap. 1).

Wie in ◘ Abb. 2.1 deutlich wird, werden die Ergebnisse der Evaluation genutzt, um weiteren Trainingsbedarf zu analysieren – v. a. dann, wenn das Training in der ergebnisbezogenen Evaluation als erfolgreich bewertet werden konnte. Soll an dem Training festgehalten werden, obwohl nicht alle Ziele erreicht werden konnten, gilt es ggf. die Trainingsziele anzupassen. Fällt die ergebnisbezogene Evaluation nicht optimal aus und gibt die prozessbezogene Evaluation Hinweise auf Barrieren des Transfers, gilt es diese zu beseitigen und das Training zu optimieren (▶ Kap. 5).

2.3 Software-Unterstützung: Learning-Management-Systeme

Learning-Management-Systeme sind intelligente Softwareprogramme zur Verwaltung von Trainings und zur Dokumentation des Lernfortschritts. Mit Hilfe der Software werden die Lernaktivitäten (wer in welchem Kurs eingeschrieben ist), der Lernerfolg (wer wann einen Kurs erfolgreich beendet hat, wer wie gut abgeschnitten hat etc.), und die Qualifikationen einzelner Mitarbeiter (wer was wo gelernt hat) festgehalten. Diese Informationen können Learning-Management-Systeme mit Trainingskosten, Umsatzzahlen o. Ä. in Verbindung setzen. Auch ein **Leistungsbeurteilungsmodul** kann integriert werden, und die Programme können Vorschläge für geeignete Trainingsprogramme für einzelne Mitarbeiter machen (vgl. Bersin, 2008). Durch die Verwendung solcher Systeme soll die Verwaltung vereinfacht werden. Ein Beispiel für ein integriertes Softwaresystem ist die **Talentmanagement-Suite** von **Cornerstone OnDemand** (www.cornerstoneondemand.com), mit dem Unternehmen modular aufgebaute Softwaresysteme »on demand« (auf Anforderung) nutzen können. Die Unternehmen greifen über das Internet auf die Software zu. Entsprechende Systeme erleichtern nicht nur die Verwaltung, sondern können auch die Entwicklung und Bereitstellung von Trainings unterstützen, indem der **Zugang zu E-Learning-Titeln** ermöglicht wird. Ein »virtuelles Klassenzimmer« ermöglicht das gemeinsame Lernen im Netz. Ein Content-Management-System bietet Vorlagen und Funktionen zur Entwicklung und Bereitstellung maßgeschneiderter neuer Trainings und automatisch auswertbarer Lern- und Behaltenskontrollen. Die Seminarteilnahme kann verwaltet und Wartelisten können erzeugt werden. Eine an Weiterbildungsanforderungen orientierte Erinnerungsfunktion kann aktiviert werden, welche die Interessen einzelner Mitarbeiter verfolgt.

Häufig können Learning-Management-Systeme mit anderen Bereichen des Personalmanagements gekoppelt werden:

- Mit einem Performance-Tool können Leistungsbeurteilungen, Zielvereinbarungen und Kompetenzbeurteilungen erstellt werden; es kann an der Karriereplanung gefeilt werden.
- Die Informationen aus dem Performance-Modul können Vorgesetzte wiederum mit einem Kompensations-Tool weiterverarbeiten, um die Vergütung direkt an die Leistung anzukoppeln, Vergütungsmodelle anzufertigen und Bonuszahlungen zu managen.
- Besonders leistungsstarke Mitarbeiter können identifiziert werden, um sie für Beförderungen vorzuschlagen, Projektgruppen zusammenzustellen und anhand verschiedener Szenarien die Nachfolge wichtiger Positionen zu planen.
- In großen Organisationen kann die Verwaltung von regelmäßigen Zertifizierungs- und Lizensierungsanforderungen sehr aufwendig und umständlich werden. Module wie Cornerstone Compliance automatisieren und überwachen diesen kontinuierlichen Prozess.
- Ähnlich wie auf »Facebook« oder »StudiVZ« können Mitarbeiter eigene Profile erstellen, sich informell austauschen und an Wikis beteiligen. Besonders junge Mitarbeiter sollen so effektiver in ein Unternehmen eingebunden werden.

- Oft können Kennzahlen, Statistiken und Grafiken erstellt werden, die in standardisierten oder auch individuell zusammengestellten Berichten zusammengefasst werden.

Das Angebot kann individuell zugeschnitten werden: Es können alle oder auch nur einzelne Module gewählt werden. **Modulare »Software as Service«-Lösungen** liegen im Trend, da sie wesentlich flexibler sind als fest installierte, nur unter mühsamem Aufwand erweiterbare Softwarepakete (Rozwell & Lundy, 2008; Bersin, 2008) und das Potenzial haben, die Trainingsabwicklung und die Einbindung als ein Teilsystem zu unterstützen. Sie können das Kompetenzmanagement im Unternehmen unterstützen (vgl. Grote et al., 2006) und damit einen Beitrag zum Erfolg von Trainingsprogrammen im Unternehmen leisten. Die Systeme können jedoch nur dann ihr Potenzial entfalten, wenn die Beteiligten von ihrem Nutzen überzeugt sind und die Daten aktuell und zuverlässig in das System eingepflegt werden. Ferner gilt es Zugriffsrechte zu klären.

Zusammenfassung

Trainingsprogramme sind kein Selbstzweck. Sie müssen aus der Unternehmensstrategie abgeleitet werden. Für erfolgreiche Trainingsprogramme ist eine **Trainingsbedarfsanalyse** unverzichtbar. Bei der Entwicklung eines Trainingsprogramms ist neben der Durchführung auch die Vor- und Nachbereitung zu berücksichtigen. Es gibt Software-Tools, welche den Prozess unterstützen und helfen können, den Trainingsprozess systematischer zu gestalten. Externe Partnerschaften können die Entwicklung neuer Trainingsprogramme und Transferlösungen unterstützen (▶ Kap. 6).

3 Lerntheorien

3.1 **Behavioristische Ansätze** – 38

3.2 **Kognitivistische Ansätze** – 41
3.2.1 Theorie des sozialen Lernens – 41
3.2.2 Zielsetzungstheorie – 44
3.2.3 Erwartungs-Mal-Wert-Theorie – 45
3.2.4 Informationsverarbeitungstheorie – 46

3.3 **Motivationstheoretische Ansätze** – 47
3.3.1 Die Bedürfnispyramide – 48
3.3.2 Das Rubikon-Modell – 49

3.4 **Handlungsorientierte Ansätze** – 53
3.4.1 Handlungsregulationstheorie – 53
3.4.2 Handlungslernen – 56

3.5 **Konstruktivistische Lernansätze** – 59

3.6 **Selbstorganisationstheorie** – 65

3.7 **Neurobiologische Lerntheorien** – 67

3.8 **Lernen im Erwachsenenalter** – 69

In diesem Kapitel werden lerntheoretische Ansätze vorgestellt, die den Lernprozess beschreiben und erklären.

> Lernen kann als eine relativ dauerhafte Änderung von Verhalten aufgrund der Interaktion einer Person mit ihrer Umwelt verstanden werden.

Das Lernen sollte dabei nicht an die Trainingssituation gebunden bleiben, sondern soweit verstetigt sein, dass es sich in neuen Anwendungskontexten niederschlägt. Lernen sollte sich in der Arbeit bemerkbar machen. Dabei kann **Lernen als notwenige, wenn auch nicht hinreichende Voraussetzung für den Transfer** von Trainingsinhalten in die Praxis definiert werden. Zu den bekanntesten lerntheoretischen Ansätzen, die Hinweise auf die Gestaltung von Trainings geben können, gehören:

1. **Behavioristische Ansätze,** die das sichtbare Verhalten fokussieren und die internen Prozesse des Lernenden vernachlässigen
2. **Kognitivistische Ansätze,** bei denen die Denk- und Verarbeitungsprozesse der Lernenden eine entscheidende Rolle spielen; Lernen ist abhängig von Vorwissen und Informationsverarbeitungsmechanismen
3. **Motivationstheoretische Ansätze** fokussieren die Beweggründe für Lernen und Verhaltensänderung
4. **Handlungsorientierte Ansätze,** die davon ausgehen, dass bei vollständigen Tätigkeiten am besten gelernt wird
5. **Konstruktivistische Ansätze,** bei denen Lernen als aktiver Prozess verstanden wird. Darunter wird die Neukonstruktion eines Gegenstandsbereichs im Gedächtnis des Lernenden verstanden. Hierbei geht es um die Gestaltung förderlicher Lernumgebungen bzw. Vermeidung trägen Wissens
6. **Selbstorganisationstheoretische Ansätze,** die irreversible Prozesse innerer Wechselwirkungen als ursächlich für ein sich selbstständig neu produzierendes und reorganisierendes System betrachten
7. **Neurobiologische Ansätze,** welche Lernprozesse anhand der Funktionsweise des menschlichen Gehirns und des Nervensystems beschreiben
8. **Andragogische Ansätze,** die Hinweise zum Lernen im Erwachsenenalter geben

Im Folgenden werden für jeden theoretischen Ansatz Prinzipien für die Gestaltung von Trainings abgeleitet.

3.1 Behavioristische Ansätze

Die behavioristischen Ansätze konzentrieren sich ausschließlich auf sichtbares Verhalten. Die inneren kognitiven Vorgänge innerhalb der »Black Box« (Skinner, 1982) werden ausgeblendet. Für das Lernen und den Transfer ist v. a. die Verstärkungstheorie bedeutsam.

> Die Verstärkungstheorie geht davon aus, dass die Folgen eines in der Vergangenheit gezeigten Verhaltens entscheidend dazu beitragen, ob Menschen motiviert sind, dieses Verhalten erneut zu zeigen oder zukünftig zu unterlassen.

Dabei spielen mehrere Prozesse eine Rolle. Maßgeblich ist v. a. die Form der Verstärkung:
- **Positive Verstärkung:** Auf ein erwünschtes Verhalten folgt eine positive Reaktion. Somit steigt die Auftretenswahrscheinlichkeit dieses Verhaltens zukünftig an.
- **Negative Verstärkung** ist der Wegfall eines unangenehmen Zustands als Reaktion auf ein erwünschtes Verhalten. Häufiges Ausbleiben bzw. Wegfall eines unangenehmen Reizes führt dazu, dass das Verhalten zukünftig häufiger gezeigt wird.
- **Direkte Bestrafung:** Auf unerwünschte Verhaltensweisen folgt unmittelbar eine negative Konsequenz. Folgt auf ein Verhalten etwas Unangenehmes, wird das Verhalten seltener oder gar nicht mehr gezeigt.
- **Bestrafung durch Verlust** ist der Wegfall eines angenehmen Zustands. Folgt auf ein Verhalten der Entzug von etwas Angenehmem, wird dieses Verhaltens zukünftig seltener auftreten.

Wie kann Verhalten verstärkt werden? Es wird unterschieden zwischen **primären Verstärkern** (z. B. Nahrung) und **sekundären Verstärkern** (z. B. so-

3.1 · Behavioristische Ansätze

ziale Kontakte, Lob, Geld). **Primäre Verstärker** sind Verstärker, die Grundbedürfnisse wie etwa Hunger oder Anschluss befriedigen. Im Training gibt es z. B. nach einer abgeschlossenen Übung eine Kaffeepause.

Sekundäre Verstärker können zu Verstärkern werden, wenn sie zusammen mit primären Verstärkern auftreten. Beispielsweise liefert Geld zwar allein keine Befriedigung, kann jedoch in Güter und Dienstleistungen getauscht werden und wird dadurch zum sekundären Verstärker. Im Training sind Lob, Anerkennung, Zuwendung und Aufmerksamkeit sekundäre Verstärker.

Ähnlich wie die sekundären Verstärker können sog. **Tokens** zur Verstärkung vergeben werden. Diese können dann später – nach ausreichender Akkumulation von Tokens – gegen andere Dinge, Handlungen, Dienstleistungen etc. eingetauscht werden. Beispielsweise wird nach erfolgreicher Teilnahme an einer Trainingsreihe (mehrere Veranstaltungen, »Tokens« für die Teilnahme) die Aufnahme in einen Führungsnachwuchskräftepool in Aussicht gestellt.

Neben **positiven Verstärkern** (angenehme Reize) gibt es **negative Verstärker** (aversive Reize), wie z. B. Überstunden oder eine Verkürzung von Trainingspausen (▶ Übersicht »Wie kann Verstärkung im Training aussehen?«).

Die genannten Beispiele (▶ Übersicht) beruhen auf der theoretischen Annahme, dass Bestrafung und Belohnung in aller Regel zu Verhaltensänderungen führen werden. Allerdings kann es in der Praxis auch vorkommen, dass Trainingsteilnehmer sich solchen Verstärkungsversuchen gegenüber als reaktant erweisen oder aber bewusst nicht auf diese reagieren, wenn sie sich z. B. manipuliert fühlen.

> **Das Bestrafen** von nicht erwünschten Verhaltensweisen ist in der Regel wenig effektiv, weil es nicht zum Aufbau alternativer Verhaltensweisen führt.

Weiterhin birgt die oft benutzte Strafe als Instrument der Verhaltensmodifikation die Gefahr einer Generalisierung der gesamten Situation. Ein Auszubildender, der z. B. negative Erfahrungen mit einem Lehrer gemacht hat, überträgt die negativen Gefühle auf die gesamte Lernsituation und verabscheut möglicherweise auch als Erwachsener Seminarsituationen.

> Die **Belohnung** gewünschter Verhaltensweisen bietet hingegen konkrete Handlungsanweisungen für vergleichbare, zukünftige Situationen und ist somit ein wirksameres Mittel zur Verhaltensmodifikation als die Bestrafung.

Negativ verstärktes Verhalten (Ausbleiben einer negativen Konsequenz als Belohnung) ist dabei löschungsresistenter als positiv verstärktes (▶ Exkurs »E-Learning und Verstärkung«).

Wie kann Verstärkung im Training aussehen?

- **Positive Verstärkung:** Ein Teilnehmer einer Trainingsmaßnahme beteiligt sich an einer Diskussion und wird dafür von der Trainerin gelobt. Erwartungsgemäß wird sich der Teilnehmer in Zukunft wieder oder häufiger beteiligen.
- **Negative Verstärkung:** Eine Teilnehmergruppe meistert während eines Trainings eine Gruppenarbeit unter großem Arbeitseinsatz. Die für diesen Tag angesetzten Überstunden werden den Teilnehmern daraufhin erlassen. Erwartungsgemäß werden die Teilnehmer in der nächsten Gruppenarbeit wieder einen großen oder noch höheren Arbeitseinsatz zeigen.
- **Direkte Bestrafung:** Ein Teilnehmer liefert immer wieder störende Beiträge und wird dafür vom Trainer getadelt. Erwartungsgemäß wird der Teilnehmer in Zukunft weniger oder keine störenden Beiträge mehr liefern.
- **Bestrafung durch Verlust:** Eine Teilnehmergruppe weigert sich vehement, an einer Gruppenarbeit teilzunehmen, die für den Erfolg des weiteren Trainings von entscheidender Bedeutung ist. Der Trainer streicht daraufhin allen Seminarteilnehmern die erste Kaffeepause. Erwartungsgemäß werden solche Verweigerungen in Folge seltener oder gar nicht mehr auftreten.

Beim Lernen am Erfolg sind verschiedene Verstärkungsstrategien zu unterscheiden. Bei der kontinuierlichen Verstärkung wird jede einzelne erwünschte Verhaltensweise verstärkt. Dabei wird schnell gelernt, aber auch schnell wieder vergessen (geringe Löschungsresistenz). Bei der **intermittierenden Verstärkung** wird nur eine bestimmte Anzahl der gewünschten Verhaltensweisen verstärkt. Dies kann in unregelmäßigen Abständen passieren, als **Quotenverstärkung**, d. h. jedes x-te gewünschte Verhalten wird verstärkt, oder als **Intervallverstärkung**, d. h. es wird in einem konstanten Zeitintervall unabhängig vom Auftreten des gewünschten Verhaltens verstärkt.

Die **intermittierende Verstärkung** ist im Allgemeinen erfolgreicher als die kontinuierliche Verstärkung, v. a. dann, wenn ein nachhaltiger Erwerb neuer Verhaltensweisen im Vordergrund steht. Je unregelmäßiger die intermittierende Verstärkung, desto löschungsresistenter ist das Verhalten. **Shaping** ist eine weitere Variante, um das Lernen v. a. komplexer Handlungsweisen zu fördern. Dabei wird nicht erst die komplette Handlung verstärkt, sondern bereits jede Annäherung an eine gewünschte Handlung. Beispielsweise könnten die Teilnehmer eines Vertriebstrainings für jede Verbesserung im Kundengespräch gelobt werden und nicht erst dann, wenn sie einen erfolgreichen Abschluss getätigt haben.

E-Learning und Verstärkung

Die behavioristische Verstärkungstheorie bildet die Grundlage für das Lernen mit dem Computer. Ähnlich wie bei PC-Spielen sind auch die meisten Lernprogramme stufenweise aufgebaut. Der Verstärker ist der Zugewinn an Punkten oder das Erreichen eines höheren »Levels« nach erfolgreichem Lösen einer Aufgabe. Das Zurückfallen auf eine niedrigere Lernstufe oder der Verlust von Punkten stellt die Bestrafung dar. Zusätzlich ertönt bei falsch beantworteten Fragen häufig ein aversiver Reiz wie z. B. ein unangenehmes Tonsignal, während bei korrekter Antwort ein angenehmes Geräusch folgt. Die meisten Computerprogramme können zusätzlich die Reaktionen des Lernenden aufzeichnen und auswerten und so ein sehr zeitnahes und detailliertes Feedback liefern. Außerdem sind Computer sehr gut geeignet, um **Prozent-Verstärkungspläne, individuelle Leistungsübersichten oder Leistungsentwicklungen** über die Zeit hinweg zu erstellen. Dies ermöglicht es dem Lernenden, seine Lernfortschritte im Detail nachzuvollziehen, was wiederum als Ansporn für weitere Bemühungen und somit als Motivator fungieren kann.

Checkliste: Konsequenzen der behavioristischen Ansätze für die Gestaltung von Trainings

- Der Trainer sollte wissen, welche Konsequenzen oder Ergebnisse der Lernende als besonders positiv oder negativ bewertet.
- Den Teilnehmern sollten v. a. Do's (was getan werden sollte) und weniger Don'ts (was nicht getan werden sollte) vermittelt werden.
- Zur Steigerung des Lern- und Transfererfolgs sollte eine positive oder (noch besser) negative Verstärkung in Aussicht gestellt werden.
- Intermittierende Verstärkung ist effektiver als kontinuierliche Verstärkung und sollte daher häufiger zum Einsatz kommen.
- Schon die Annäherung an das gewünschte Verhalten sollte unterstützt werden.
- Die Verstärkung sollte nicht zu offensichtlich sein, da dies u. U. das Misstrauen der Teilnehmer weckt und so einen gegenläufigen Effekt haben kann.
- Verstärker spielen nicht nur im Training, sondern auch bei der Umsetzung der Trainingsinhalte in die Praxis eine wichtige Rolle. Die Erfolgsfaktoren für den Lerntransfer wie z. B. die Unterstützung durch den Vorgesetzten, die positiven Folgen bei Anwendung und die negativen Folgen bei Nichtanwendung beruhen auf der Verstärkungstheorie (▶ Kap. 6).

> Für den Lernprozess im Training lässt sich aus der Verstärkungstheorie ableiten, dass der Trainer wissen sollte, welche Konsequenzen oder Ergebnisse der Lernende als besonders positiv oder negativ bewertet.

Darauf aufbauend kann der Trainer Verstärkung gezielt einsetzen, um Wissen effektiv zu vermitteln, die Veränderung von Verhaltensweisen der Lernenden anzuregen und ihre Fähigkeiten zu verbessern.

3.2 Kognitivistische Ansätze

3.2.1 Theorie des sozialen Lernens

Die menschliche Entwicklung wäre stark eingeschränkt, wenn ein Mensch nur durch eigene Erfahrungen lernen könnte (Wood & Bandura, 1989). Die Theorie des **Lernens am Modell** geht davon aus, dass Menschen durch Abschauen bei anderen lernen. Das Beobachtete wird in kognitiven Prozessen verarbeitet, wobei ein kognitives Konzept als Modell für das eigene Verhalten erstellt wird (▶ Exkurs »Soziales Lernen als Form des Modelllernens«).

Die folgenden Prozesse sind maßgeblich am sozialen Lernen beteiligt:

Aufmerksamkeit Lernen am Modell setzt voraus, dass die Aufmerksamkeit des Lernenden bewusst auf die wichtigen Aspekte des beobachteten Verhaltens gelenkt wird. Relevante und attraktive Modelle sind wichtig, um die Aufmerksamkeit zu fokussieren. Dabei muss es dem Beobachter möglich sein, sich auf seine Aufgabe zu konzentrieren. Wenn in der Vergangenheit schon erfolgreich vom jeweiligen Modell gelernt wurde, motiviert dies den Beobachter und fördert das Modelllernen (◘ Abb. 3.1).

Gedächtnis Beteiligte Gedächtnisprozesse sind z. B. das Speichern der durch die Beobachtung des Modells erhaltenen Information in Gedächtniseinheiten und die mentale Wiederholung dieser Information. Dabei kann die Wiederholung in kognitiver (gedanklicher) oder in aktionaler (handlungsmäßiger) Form geschehen. Die Gedächtnisprozesse sind zentral, da kein erfolgreicher Abruf erfolgen kann, wenn das gewünschte Verhalten nicht strukturiert

> **Soziales Lernen als Form des Modelllernens**
> Beim sozialen Lernen dienen andere Personen als Modell. Verhalten wird eher wiederholt oder nachgeahmt, wenn das Modell für sein Verhalten belohnt oder das Verhalten verstärkt wurde. Hierbei kann das Modell sowohl eine reale als auch eine fiktive Person sein, die direkt präsentiert oder aber medial, beispielsweise in Form eines Films, dargeboten wird (▶ Beispiel »Trainingsfilme zur Kompetenzentwicklung in der Bankfiliale« ▶ Kap. 4). Einer Modellperson wird besonders viel Aufmerksamkeit geschenkt, wenn sie attraktiv und erfolgreich ist und deutlich spricht (Bandura, 1977). Prestige, Macht und Kompetenz des Modells sowie die Ähnlichkeit mit dem Lernenden beeinflussen die Attraktivität einer Modellperson. Für einen Bankberater ist beispielsweise ein anderer Bankberater mit einem guten Ruf und einem hohen Erfolgsabschluss ein geeignetes Modell. Im Training ist eher ein anderer Teilnehmer als der Trainer ein nachahmenswertes Modell. Die Ähnlichkeit kann sich auf äußere Merkmale wie Kleidung, Alter oder Aussehen, aber auch auf innere Merkmale wie Werte, Überzeugungen und Erfahrungen beziehen.

gespeichert wird. Die Fähigkeiten können hierbei als verbale Information oder als symbolische visuelle Bilder verarbeitet werden. Die neu erworbenen Inhalte (Verhalten oder Wissen) werden in die bereits bestehenden kognitiven Strukturen eingebunden, d. h. wie gut die neuen Kompetenzen erlernt werden, hängt auch von der individuellen Lerngeschichte und der bestehenden Wissensbasis ab (Bandura, 1977; Schermer, 2006; Sonntag & Stegmaier, 2007).

Reproduktion Um das Verhalten des Modells zu reproduzieren und die Performanz durch wiederholte Übung zu perfektionieren, muss der Beobachter generell physisch in der Lage sein, das Verhalten nachzuahmen. Zudem muss das Wissen über das Verhalten ausreichend gut gespeichert sein, um erfolgreich abgerufen werden zu können. Ferner ist

Aufmerksamkeitsprozesse ↓	Die Voraussetzung, dass man etwas lernen kann, ist, dass man seine bewusste Aufmerksamkeit auf die wichtigen Aspekte des zu lernenden Verhaltens/Wissens (in diesem Fall eines Modells) fokussiert und diese überhaupt wahrnimmt.
Gedächtnisprozesse ↓	Das beobachtete Verhalten/Wissen muss im Gedächtnis enkodiert und strukturiert werden, um es zu einem späteren Zeitpunkt wieder abrufen zu können.
Reproduktionsprozesse ↓	Ausprobieren des beobachteten Verhaltens/Wissens um zu überprüfen, ob darauf auch gleich Verstärkung oder Belohnung erfolgt, die das Modell bei gleicher Ausführung erhalten hat. Hierzu wird vorausgesetzt, dass der Lernende auch die körperlichen Voraussetzungen (mindestens die des Modells) hat, um das Erlernte auch entsprechend zu reproduzieren.
Verstärkungs- und Motivationsprozesse ↓	Maßgeblich gerade für diesen Punkt ist die eigene Selbstwirksamkeitserwartung, ob man die gewünschten Fähigkeiten bzw. das gewünschte Wissen auch erfolgreich lernen kann. Je stärker sie ausgeprägt ist, umso höher ist die Bereitschaft des Teilnehmers, auch trotz eventuell auftretender Beeinträchtigungen durch die Lernumgebung das Ziel nicht aus den Augen zu verlieren und mit Nachdruck darauf hinzuarbeiten.
Auftreten des Modellkonformen Verhaltens	

◻ Abb. 3.1. Prozess des Lernens am Modell

der Lernende auf Rückmeldungen angewiesen, entweder durch andere Personen oder indem er sein Verhalten selbst mit seiner Erinnerung des Modellverhaltens abgleicht. Beim Ausprobieren des beobachteten Verhaltens überprüft der Lernende, ob darauf auch die gleiche Verstärkung oder Belohnung erfolgt, die das Modell bei gleicher Ausführung erhalten hat.

Motivation Weiterhin determiniert die Selbstwirksamkeitserwartung die Bereitschaft zu lernen. Die Selbstwirksamkeitserwartung ist die Einschätzung der Person, ob und wie gut sie in der Lage sein wird, Wissen oder Fähigkeiten zu erwerben. Je stärker die Selbstwirksamkeitserwartung ausgeprägt ist, umso höher ist die Bereitschaft, das Ziel nicht aus den Augen zu verlieren und mit Nachdruck darauf hinzuarbeiten. Ein Trainingsteilnehmer mit einer hohen Einschätzung seiner Selbstwirksamkeit wird motiviert sein, zu lernen und auch nicht nachzugeben, wenn die äußeren Umstände dafür nicht ideal sind (z. B. durch einen hohen Lautstärkepegel im Seminarraum). Im Gegensatz dazu wird ein Teilnehmer mit einer geringen Selbstwirksamkeitserwartung daran zweifeln, ob das Trainingsprogramm zu schaffen ist, und wird sich eher vom Lernen ablenken lassen.

Die Selbstwirksamkeitserwartung einer Person kann dabei durch verschiedene Aspekte erhöht werden:
- **Verbale Überzeugung:**
  Ermutigende Worte sollen die betreffende Person davon überzeugen, dass sie lernen kann. Innerhalb der logischen Verifikation werden Bezüge zwischen bereits gemeisterten Aufgaben und einer neuen Aufgabe hergestellt. Der Trainer versucht, den Lernenden so von seinen Fähigkeiten für die anstehende Aufgabe zu überzeugen.
- **Beobachtung eines Modells:**
  Durch die Demonstration eines erfolgreichen Modells soll dem Lernenden gezeigt werden, dass andere die Aufgabe schon gemeistert haben. Zudem kann der Teilnehmer durch die Unterstützung einer Person, die in der gleichen Situation war, ermutigt werden.

3.2 · Kognitivistische Ansätze

> **Methodenüberblick: Behavior Modeling**
> Eine Form des arbeitsbezogenen Lernens, die auf den Prinzipien des Beobachtungslernens fußt, ist das Behavior Modeling. Dieses Training besteht aus mehreren Phasen, die jeweils bestimmte Prozesse der Aneignung und des Ausführens von Verhaltensweisen ansprechen (Latham & Saari, 1979; Sonntag & Stegmaier, 2007).
> - In der ersten Phase gibt der Trainer eine Einführung in den Problembereich, wobei die groben Ziele und der Ablauf des Trainings vorgestellt werden.
> - Daraufhin werden die konkreten Lernziele im Team erarbeitet, welche üblicherweise in Form von konkreten Verhaltensweisen formuliert werden.
> - Anschließend werden den Teilnehmern Verhaltensmodelle per Film dargeboten. Die Teilnehmer sollen darauf achten, die Lernpunkte in der Darbietung zu erkennen.
> - Anhand der Trainingsfilme werden die einzelnen Lernpunkte im Team herausgearbeitet und hinsichtlich ihrer Vor- und Nachteile beurteilt, d. h. die Effektivität des Verhaltensmodells wird diskutiert.
> - Im Anschluss erproben und üben die Teilnehmer die neuen Verhaltensweisen selbst im Rollenspiel.
> - Hierauf erfolgt stets eine Rückmeldung durch das Team. Dadurch erfahren die Teilnehmer, ob sie die Lernpunkte erfolgreich umgesetzt haben (Sonntag & Stegmaier, 2007).

- **Bisherige Leistung:**
  Die erfolgreiche Bewältigung von Trainingsaufgaben kann zur Stärkung der Selbstwirksamkeitserwartung beitragen, indem die Teilnehmer durch die Erfolge mehr an ihre Fähigkeiten glauben können.

Trainings, die am Modelllernen orientiert sind, enthalten meist die folgenden Elemente (▶ auch »Methodenüberblick »Behavior Modeling«):

- **Behaltenshilfen:**
  Schriftliche Fixierung von wichtigen Zielverhaltensweisen durch die Teilnehmer selbst
- **Modelllernen:**
  Darstellung und Analyse des Verhaltens von Modellpersonen (häufig per Video), die die zu erlernenden Verhaltensweisen demonstrieren (▶ Beispiel »Trainingsfilme zur Kompetenzentwicklung in der Bankfiliale«)
- **Soziale Verstärkung:**
  Unmittelbares Feedback zum eigenen Verhalten durch die anderen Teilnehmer und den Trainer
- **Anwendung:**
  Wiederholtes Üben von Zielverhaltensweisen in verschiedenen alltagsnahen Situationen und/oder durch praktische Phasen am Arbeitsplatz zwischen den Trainingseinheiten (vgl. ▶ Kap. 6, Beispiel »Intervalltrainings im Vertrieb«)

> Trainingsmaßnahmen, die dem Vorgehen von Behavior Modeling folgen, sind nachweislich wirksam (vgl. Burke & Day, 1986).

> **Checkliste: Konsequenzen des Modelllernens für die Gestaltung von Trainings**
> - Die Teilnehmer sollten ermutigt und überzeugt werden, dass sie lernen können.
> - Bei Schwierigkeiten sollten den Teilnehmern immer Situationen vor Augen geführt werden, in denen sie in der Vergangenheit bereits Ähnliches erfolgreich gelernt haben.
> - Um Aufmerksamkeit zu erregen, sollten für die Teilnehmer relevante und attraktive Modelle gewählt werden.
> - Erfahrene Mitarbeiter, die das Training bereits erfolgreich absolviert haben, können als Lernmodelle eingesetzt werden, von denen sich die aktuellen Teilnehmer das Verhalten abschauen können.
> - Neuerworbenes Verhalten oder Wissen ist beim ersten Abruf so gut wie nie perfekt! Daher ist es wichtig, Geduld zu zeigen und konstruktives Feedback zu geben, um den Teilnehmern die Möglichkeit zur Modifikation des Verhaltens zu gewähren. Übung und Feedback sind beim sozialen Lernen zentral.

> **Beispiel: Trainingsfilme zur Kompetenzentwicklung in der Bankfiliale**
>
> Zur Förderung der Beratungs- und Verkaufskompetenz entschied sich ein Finanzdienstleistungsunternehmen für den gezielten **Einsatz von Trainingsfilmen**. Zunächst wurden Filme mit professionellen Schauspielern gezeigt, die alltagsnahe und für die Filialmitarbeiter arbeitsrelevante Situationen demonstrierten. Diese sollten als Inspiration, Anreiz, Lernanstoß oder auch als Anlass zur Reflexion und ggf. Modifikation der eigenen Verhaltensweisen dienen. Zudem sollte dadurch die Möglichkeit der Aneignung neuer Fähigkeiten und somit eine Erweiterung des Verhaltensrepertoires in Bezug auf den beruflichen Alltag gegeben werden. Als Beratungssituation wurde im Film eine gute, aber nicht perfekte Leistung des Beraters gezeigt. Zusätzlich erhielten die Teilnehmer ein Skript, so dass sie den direkten Wortlaut mitverfolgen oder sich Notizen und Bemerkungen zum Filmausschnitt machen konnten. Auf die Darbietung des Videofilms folgte ein **Austausch über die beobachteten Verhaltensweisen** im Filialteam: Was war positiv im beobachteten Beratungsgespräch? Was hätte überzeugender sein können? Was kann in der Filiale vom Modell übernommen werden? Was fällt uns ergänzend ein, so dass wir unsere Verkaufsgespräche noch besser gestalten können? Auf dieser Basis formulierten die Teilnehmer dann gemeinsam konkrete Ziele für ihr zukünftiges Verhalten im Vertrieb. Schließlich erhielten die Mitarbeiter die Möglichkeit, das gerade **Gelernte direkt im Arbeitsalltag zu erproben** und die neu gesteckten Ziele zu verfolgen. Dies fand jeweils in der Zeit zwischen den wöchentlich angesetzten Teamsitzungen statt. Durch diesen **Intervallcharakter** (▶ Abschn. 3.1 und ▶ Kap. 6) konnte die Trainingsmaßnahme problemlos in den regulären Arbeitsablauf des Finanzunternehmens integriert werden. Durch die Ausdehnung des Programms über einen längeren Zeitraum hinweg konnte außerdem die Nachhaltigkeit des Gelernten gesteigert werden.
>
> Im Gegensatz zu vielen anderen Trainingsansätzen war das **Lernen im Team** möglich. Die Teammitglieder konnten sich über arbeitsrelevantes Verhalten austauschen, gemeinsame Zielvorstellungen entwickeln, sich gegenseitig für die praktische Umsetzung des Gelernten motivieren und den Transfererfolg im nächsten Gespräch bilanzieren. Die Transferlücke wurde durch dieses arbeitsintegrierte Vorgehen (▶ Kap. 4) minimiert. Eine weitere Besonderheit dieses Programms war das direkte Einbinden der Führungskraft in den Trainingsablauf. Als Coach und Motivator war diese unmittelbar in den Prozess der Kompetenzentwicklung ihrer Mitarbeiter integriert.
>
> In der **Evaluation** bewerteten die Teilnehmer insbesondere das Lernen im Team und die Möglichkeit des gegenseitigen Feedbacks und Erfahrungsaustausches als positiv. Auch betonten die Teilnehmer die transferförderliche Praxisnähe der Maßnahme (Kauffeld & Schneider, 2009).

3.2.2 Zielsetzungstheorie

Die Zielsetzungstheorie besagt, dass Verhalten aus den bewussten Zielen und Absichten eines Menschen heraus entsteht (Locke & Latham, 1990).

> Ziele beeinflussen das Verhalten einer Person, indem sie die Energie und Aufmerksamkeit steuern (in Richtung des Ziels), die Person motivieren, Strategien für die Zielerreichung zu entwickeln, die Bemühungen der Person über die Zeit aufrechterhalten und bei Rückschlägen oder Hindernissen zum Weitermachen anregen.

Bei stärker empfundener Selbstwirksamkeit setzen sich Menschen höhere Ziele und bringen stärkeres Engagement für diese Ziele mit (Wood und Bandura, 1989).

Gute Ergebnisse können nur erreicht werden, wenn sich die Person an das Ziel gebunden, d. h. dem Ziel verpflichtet fühlt. Sofern das Ziel verstanden und akzeptiert wurde, gibt es dabei keinen Unterschied zwischen selbst gesetzten und zugewiesenen Zielen. Ist die Bereitschaft für neue Herausforderungen hoch, so steigen auch das Leistungsniveau, die Zufriedenheit sowie das emotionale Commitment (Bindung) einer Person hinsichtlich

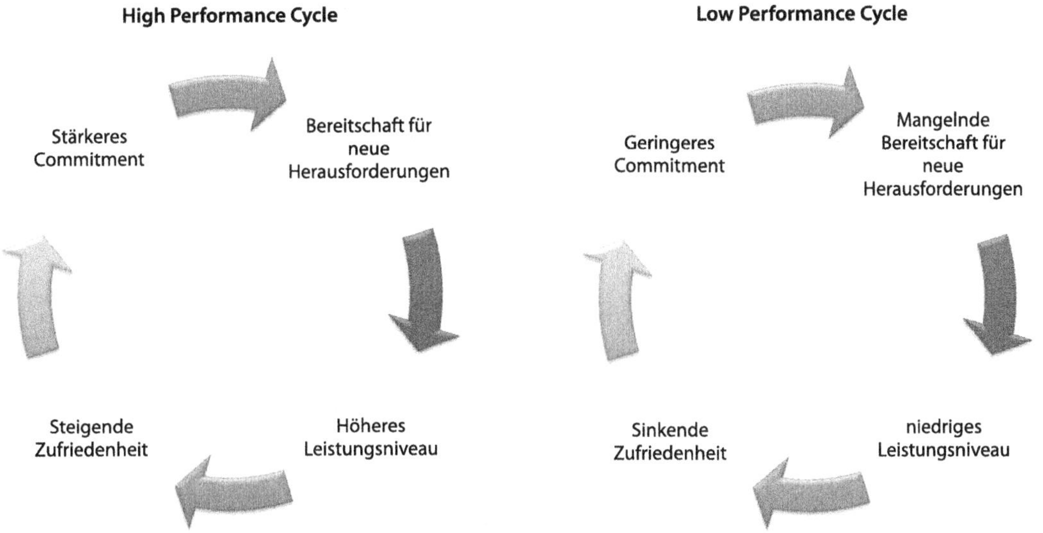

3.2 · Kognitivistische Ansätze

High Performance Cycle

Stärkeres Commitment → Bereitschaft für neue Herausforderungen → Höheres Leistungsniveau → Steigende Zufriedenheit → (Stärkeres Commitment)

Low Performance Cycle

Geringeres Commitment → Mangelnde Bereitschaft für neue Herausforderungen → niedriges Leistungsniveau → Sinkende Zufriedenheit → (Geringeres Commitment)

Abb. 3.2. High-Performance/Low-Performance Cycles

des Ziels. Ist hingegen die Bereitschaft für neue Herausforderungen niedrig, so führt dies zu einem herabgesetzten Leistungsniveau, geringerer Zufriedenheit und einem geringeren Commitment. Dieser Prozess kann in Form von Zirkeln dargestellt werden (vgl. ◘ Abb. 3.2).

In der Zielsetzungstheorie werden eine Reihe von **Konditionen** benannt, die die Leistung und damit auch die Trainingsleistung beeinflussen. Die Aspekte sollten bei der Gestaltung von Trainings und des Transfers berücksichtigt werden.

> **Checkliste: Konsequenzen der Zielsetzungstheorie für die Gestaltung von Trainings**
> - Spezifische, herausfordernde (aber erreichbare) Ziele führen zu besseren Leistungen als leichte Ziele, »So-gut-du-kannst«-Ziele oder gar keine Ziele.
> - Ziele sind erfolgversprechender, wenn sie klar definiert sind und nicht vage angedeutet. Lern- und Transferziele sollten daher klar benannt werden.
> - Die Ziele müssen den individuellen Fähigkeiten entsprechen, damit die Person das Ziel auch erreichen kann. Die individuelle Selbstwirksamkeitsüberzeugung, d. h. das Bewusstsein, das Ziel auch erreichen zu können, gilt als Leistungsmesser für die Bewältigung der gestellten Aufgaben. Für das Training bedeutet dies, dass der Teilnehmer sich Teilziele setzen muss, um den eigenen Fortschritt innerhalb des Lernprozesses dokumentieren zu können.
> - Damit die Zielsetzung in einem Training effizient ist, muss der Teilnehmer das gesetzte Ziel akzeptieren. Die Akzeptanz des Ziels hängt oft davon ab, wie sehr die Organisation und der Vorgesetzte das Trainingsprogramm unterstützt.

3.2.3 Erwartungs-Mal-Wert-Theorie

Die Erwartungs-Mal-Wert-Theorie basiert auf der folgenden Grundannahme: Die Motivation, ein bestimmtes Verhalten zu zeigen, berechnet sich aus dem Produkt der 3 Faktoren Erwartung, Instrumentalität und Valenz (◘ Abb. 3.3; Vroom, 1964). Die beiden Faktoren Instrumentalität und Erwar-

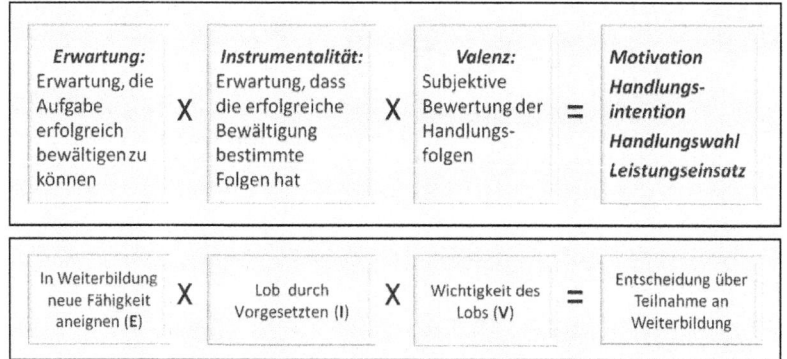

◘ Abb. 3.3. Motivation für die Teilnahme an einer Weiterbildung

tung sind nah am Konzept der Selbstwirksamkeitsüberzeugung zu sehen.

Die **Erwartung** bezeichnet den wahrgenommenen Zusammenhang zwischen der persönlichen Anstrengung und dem gezeigten Verhalten (unmittelbare Ergebnisse).

Die **Instrumentalität** ist der wahrgenommene Zusammenhang zwischen einer Handlung und der Wahrscheinlichkeit, damit ein bestimmtes Ergebnis zu erreichen (mittelbare Folgen).

Die **Valenz** entspricht der Bewertung der mittelbaren und unmittelbaren Folgen einer Handlung.

Trainings haben für die Teilnehmer eine besondere Wertigkeit, weil sie förderlich für die Erlangung anderer Belohnungen sind. Beispiele für höherwertige Belohnungen im Anschluss an das Training, die motivationsfördernd sein können, sind eine neue Arbeitsstelle, eine Beförderung oder eine Gehaltserhöhung. Geld und Beförderung haben z. B. eine potenzielle Wertigkeit, weil sie zur Erlangung anderer Belohnungen wie ein teures Haus, ein außergewöhnliches Auto oder eine gute Ausbildung für die Kinder dienen können. Das Ausmaß der Motivation basiert auf einer Kombination aus der persönlichen Überzeugung, bestimmte Belohnungen durch eigene Verhaltensweisen erlangen zu können, und der Wertigkeit dieser Belohnungen für den Einzelnen. Die Erwartungs-Mal-Wert-Theorie impliziert die Notwendigkeit, dem Einzelnen den Wert des Trainingsprogramms zu verdeutlichen, um ihn richtig zu motivieren. Programme, die nicht auf künftige Belohnungen ausgerichtet sind, werden wahrscheinlich nicht die gewünschten Effekte erzielen.

> **Checkliste: Konsequenzen der Erwartungs-Mal-Wert-Theorie für die Gestaltung von Trainings**
> — Um die Lernmotivation zu fördern, sollte die Erwartung der Teilnehmer, dass die Trainingsinhalte erlernt werden können, gezielt erhöht werden.
> — Da Trainings als Mittel zum Zweck dienen, muss der Nutzen für den Teilnehmer klar kommuniziert werden.
> — Die Folgen des Trainings sollten für den Teilnehmer attraktiv sein.

3.2.4 Informationsverarbeitungstheorie

Die Informationsverarbeitungstheorie (◘ Abb. 3.4) fokussiert die beim Lernen im Gehirn ablaufenden Prozesse. Grundlegend dafür ist eine Art »Datenbank«, in der einerseits bestimmte biologische Fertigkeiten und andererseits Erinnerungen aus vergangenen Handlungen, Erfahrungen, Einstellungen und im Laufe des Lebens erworbene soziale Regeln oder Schemata gespeichert sind. Auf diese Datenbank wird während des Informationsverarbeitungsprozesses zurückgegriffen (vgl. Noe, 2003).

Übertragen auf eine Trainingssituation läuft der Informationsverarbeitungsprozess folgendermaßen ab:

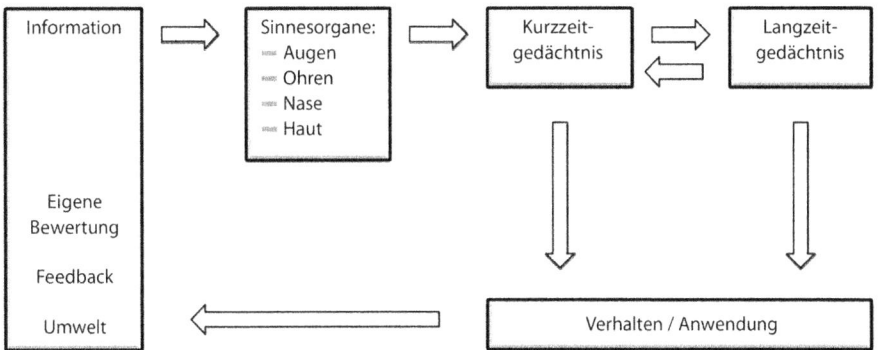

◘ Abb. 3.4. Informationsverarbeitungstheorie. (Aus Noe, 2005. Mit freundlicher Genehmigung von McGraw-Hill.)

- Zahlreiche neue Informationen strömen auf die Person in der Trainingssituation ein.
- Diese Informationen werden je nach Art der Informationsquelle mit den verschiedenen Sinnesorganen aufgenommen.
- Die bewusst wahrgenommenen Informationen werden im Kurzzeitgedächtnis gespeichert.
- Es findet ein Abgleich mit den bereits im Langzeitgedächtnis vorhandenen Handlungsvarianten bzw. bereits bekannten Schemata statt.
- Sollte die Information der Person gänzlich unbekannt sein, werden neue Verhaltensweisen bzw. Schemata konstruiert.
- Die neu gelernte Information wird daraufhin angewandt.
- Die Wirkung auf die Umwelt gibt der Person ein wichtiges Feedback, ob das Verhalten/die Anwendung korrekt war.
- Die eigene Bewertung entscheidet über den Wert des erhaltenen Feedbacks.
- Jede nun folgende Information wird in den Kontext des aktualisierten Wissens gestellt und entsprechend neu bewertet.

> **Checkliste: Konsequenzen der Informationsverarbeitungstheorie für die Gestaltung von Trainings**
> - Lerninhalte sollten immer gut strukturiert werden.
> - Visualisierungen und Hervorhebungen helfen bei der Aufnahme der Information.
> - Es sollten nicht zu viele Informationen auf einmal vermittelt werden.
> - Neu gelernte Informationen sollten im Training immer wieder abgerufen und angewendet werden (z. B. durch Anwendungsbeispiele und praktische Übungen).
> - Ein konstruktives Feedback hilft dem Teilnehmer abzuschätzen, ob sein Verhalten korrekt, ausbaufähig oder falsch war.

3.3 Motivationstheoretische Ansätze

Bei den motivationstheoretischen Ansätzen stehen die **Beweggründe** für ein Verhalten im Vordergrund. Die motivationstheoretischen Ansätze wurden nicht entwickelt, um Lernen oder Transfer zu erklären. Dennoch kann das Wissen um Motive helfen, Reaktionen und Vorlieben beim Besuch von Weiterbildungsveranstaltungen, beim Lernen und bei der Anwendung von Trainingsinhalten in der Arbeit zu verstehen. Im Folgenden werden 2 Ansätze näher beschrieben:
1. die Bedürfnispyramide und
2. das Rubikon-Modell.

3.3.1 Die Bedürfnispyramide

Die Bedürfnistheorien basieren auf der Annahme, dass jeder Mensch bestimmte **Bedürfnisse** hat. Werden diese Bedürfnisse nicht erfüllt, d. h. nimmt der Lernende im Trainingskontext einen Mangel wahr, wird er motiviert sein, diesen abzustellen.

> Bedürfnisse beeinflussen die Handlungsmotivation.

Maslow (1960) geht davon aus, dass einige Bedürfnisse Vorrang vor anderen besitzen und die Handlungsmotivation des Einzelnen beeinflussen. Die hierarchisch aufgebaute Bedürfnispyramide ist in 5 Ebenen gegliedert (◘ Abb. 3.5). Die Befriedigung der Bedürfnisse der unteren Ebenen ist dabei elementar, um einen Zustand der Zufriedenheit in den höheren Ebenen erreichen zu können. Sind beispielsweise die physiologischen Bedürfnisse nach Nahrung und Schlaf nicht befriedigt, so scheint das Erreichen der zweiten Ebene unmöglich. Maslow unterscheidet in diesem Zusammenhang Wachstums- und Defizitmotive. Wachstumsmotive sind in der Selbstverwirklichung zu sehen. Die Befriedigung dieses Bedürfnisses geht mit tatsächlicher Zufriedenheit einher. Defizitmotive sind hingegen an das Prinzip der Homöostase gebunden, so dass die Befriedigung dieser Motive lediglich dazu dient, Unzufriedenheit zu vermeiden, und nicht selbst zur Zufriedenheit führt (Maslow, 1960). Aus dieser Theorie können Vorschläge für die Entwickler von Trainingsprogrammen oder Trainer abgeleitet werden. Um zum Lernen zu motivieren, sind die generellen und die aktuellen Bedürfnisse der Teilnehmer in der Trainingssituation zu berücksichtigen (▶ Methodenüberblick »Anwendungsbeispiele für Trainingselemente«).

Physiologische Bedürfnisse sind Grundbedürfnisse wie Hunger und Durst, die befriedigt werden müssen. Im Training sind beispielsweise geregelte Pausen für die Teilnehmer ebenso wichtig wie Getränke und weitere Verpflegungsmöglichkeiten.

Das **Sicherheitsbedürfnis** des Einzelnen basiert auf dem Wunsch nach Stabilität und Schutz sowie Struktur und Ordnung. Menschen wünschen sich eine Welt, die vorhersehbar ist. Im Rahmen von Trainings ist dies z. B. durch einen vorgegebenen Ablauf, eine angenehme Trainingsumgebung und die vorangegangene Unterstützung durch den Vorgesetzten realisierbar.

Sind diese beiden Ebenen zufriedenstellend berücksichtigt, werden die **sozialen Bedürfnisse** der Teilnehmer nach Zugehörigkeit und Anschluss angesprochen. Beispielsweise können Vorstellungsrunden in Form wertschätzender Erkundung, z. B. durch den Austausch von Erfolgsgeschichten, oder auch Gruppenaufgaben das Bedürfnis nach sozialer Interaktion und einem Gemeinschaftsgefühl befriedigen. Aufgrund des sozialen Aspekts werden Präsenzveranstaltungen reinen E-Learning-Bausteinen oft vorgezogen. Einige Trainings, wie z. B. Kundenschulungen, sind ohnehin nur in sozialen Settings und nicht per E-Learning durchführbar, da der soziale Austausch, die persönliche Ansprache und der Belohnungscharakter sonst verloren geht (▶ Kap. 4 und ▶ Kap. 7).

Auf das Individual- oder Geltungsbedürfnis nach Stärke, Leistung, Status, Macht gründet sich das Selbstwertgefühl eines Menschen. Um diesem Bedürfnis gerecht zu werden, sollte der Trainer erreichbare Ziele setzen und mit positivem Feedback arbeiten.

Sind diese 3 Ebenen befriedigt, können sich die Trainingsteilnehmer ihrem Wachstumsbedürfnis zuwenden. Dabei geht es um die Entwicklung der eigenen Persönlichkeit. Diese Form der **Selbstverwirklichung** kann der einzelne Mitarbeiter in der Anwendung der Trainingsinhalte finden, indem ihn diese zu neuen Erkenntnissen oder einem Flow-Erleben, d. h. dem Gefühl des völligen Aufgehens in einer Tätigkeit führen, indem die Anforderungen des Jobs und die

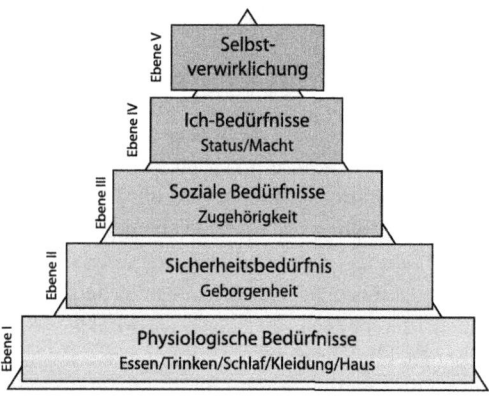

◘ **Abb. 3.5.** Bedürfnispyramide nach Maslow

3.3 · Motivationstheoretische Ansätze

◘ Abb. 3.6. Bedürfnispyramide nach Maslow im Rahmen des organisationalen Kontextes

eigenen Kompetenzen wieder besser übereinstimmen (Csíkszentmihályi, 2004, 2008).

> Die Bedürfnistheorie liefert also Hinweise, wann die Teilnahme an einem Trainingsprogramm für den Einzelnen wirksam werden kann.

Beispielsweise kann ein Trainingsprogramm den Einzelnen nur dann erreichen, wenn er nicht um seinen Arbeitsplatz fürchten muss. Darüber hinaus lässt sich ableiten, dass auf die Bedürfnisse der Teilnehmer im Training zu achten ist. Soziale Bedürfnisse können durch den Austausch in Kleingruppen sowie eine wertschätzende Haltung des Trainers gefördert werden, physiologischen Bedürfnissen kann durch die Bereitstellung von Getränken etc. nachgekommen werden.

Dass die Bedürfnisse von Trainingsteilnehmenden durchaus unterschiedlich sein können, zeigen die Anwendungsmöglichkeiten der Bedürfnispyramide im Training (▶ Methodenüberblick »Anwendungsmöglichkeiten der Bedürfnispyramide im Training«) sowie im Rahmen des organisationalen Kontextes (◘ Abb. 3.6).

Checkliste: Konsequenzen der Bedürfnistheorie für die Gestaltung von Trainings
- Es muss klar sein, welche Bedürfnisse das Handeln der Teilnehmer leitet.
- Das Trainingsprogramm sollte so angelegt sein, dass basale Bedürfnisse befriedigt und Wachstumsbedürfnisse angesprochen werden können.

3.3.2 Das Rubikon-Modell

Im Rubikon-Modell (Heckhausen & Gollwitzer, 1986) werden 4 Handlungsphasen (◘ Abb. 3.8) dargestellt, die den Motivationsprozess beschreiben. Der Verlauf von einem Wunsch bis hin zur Realisierung von Zielen wird skizziert.

1. In der **Prädezisionalen Phase** stehen mehrere Handlungsalternativen zur Verfügung. Es muss eine Entscheidung für eine Alternative getroffen werden. Diese motivationale Phase ist v. a. realitätsorientiert. Um die gegebenen

Methodenüberblick: Anwendungsmöglichkeiten der Bedürfnispyramide im Training

Die eigene Bedürfnispyramide: Prioritäten setzen und erkennen

Nach einer kurzen Einführung in die Bedürfnistheorie können vertiefende Übungen zur Bedürfnispyramide des Einzelnen dazu genutzt werden, Prioritäten zu bestimmen und eine neue Perspektive zu gewinnen. Eine Einzelübung im Plenum besteht darin, eine eigene Bedürfnispyramide zu entwickeln (◘ Abb. 3.7). Die Abfolge der Bedürfnisse sollte dabei unverändert bleiben. Physiologische Bedürfnisse sollten nach wie vor die unterste Ebene bilden, und dann sollte der Hierarchie von Maslow gefolgt werden. Jedoch kann von jedem Einzelnen das Ausmaß der einzelnen Ebenen für sich variiert werden. Dadurch kann es zu einem Wechsel der Pyramidenform hin zu einer Sanduhr oder einem Trichter kommen. Anschließend können die entstandenen Bedürfnismodelle untereinander diskutiert werden (Große Boes & Kaseric, 2006).

Perspektivenwechsel: Unterschiede erkennen und verstehen

Das Ziel dieser Übung besteht darin, die Pyramide einer anderen Person zu zeichnen und anschließend darüber zu diskutieren. Im Fokus steht hierbei das Verständnis für die Prioritäten des anderen, welche durchaus von denen der eigenen Pyramide abweichen können. Veränderte Prioritäten einzelner Personen und Generationen werden dadurch deutlicher und erleichtern das Verständnis für die Vorgehensweise des anderen (Große Boes & Kaseric, 2006).

- Selbstverwirklichung
- Anerkennung
- Meine Familie und Freunde
- Unser Haus
- Flexible Arbeitszeiten

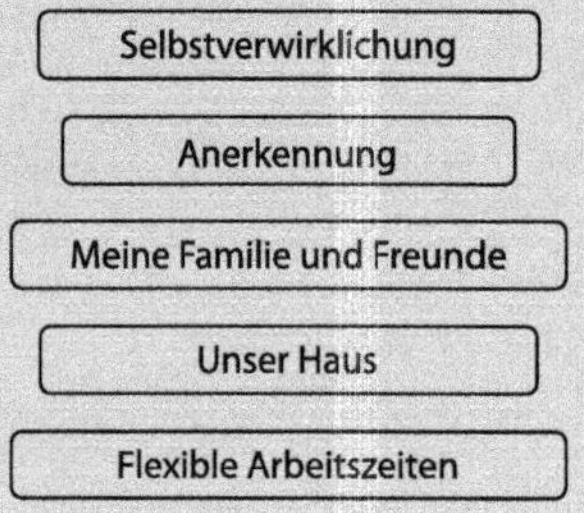

◘ **Abb. 3.7.** Beispiel einer eigenen Bedürfnispyramide nach Maslow

◘ **Abb. 3.8.** Rubikon-Modell nach Heckhausen und Gollwitzer (1986)

Handlungsmöglichkeiten objektiv bewerten zu können, werden möglichst viele Informationen zusammengetragen, die eine Einschätzung der Umsetzbarkeit und Begehrtheit der verschiedenen Alternativen zulassen. Welche Alternative gewählt wird, hängt von den persönlichen Werten und von der Erwartung ab, ob die Alternative zum Erfolg führt. Die psychischen Prozesse können in dieser Phase mit Erwartungs-Mal-Wert-Modellen näher spezifiziert werden. In Anlehnung an die Überquerung des Rubikon durch Cäsar 49 v. Chr. und somit die unwiderrufliche Entscheidung zum Kampf um Rom wird an diesem Punkt auch die endgültige Entscheidung über den weiteren Handlungsverlauf getroffen. Nach Heckhausen und Gollwitzer (1986) wird bei der Intentionsbildung der Rubikon vom Einzelnen überschritten. Alle weiteren Entwicklungen folgen der Entscheidung für die entsprechende Handlungsalternative.

2. Innerhalb der zweiten **Präaktionalen Phase** erfolgt der Übergang von der motivationalen in die volitionale Phase. Die volitionale Phase ist

3.3 · Motivationstheoretische Ansätze

realisierungsorientiert. Auf Grund der getroffenen Entscheidung werden die Informationen nun unter subjektiven Gesichtspunkten ausgewertet. Weitere Handlungsschritte werden geplant. Andere Handlungsalternativen stehen nicht länger im Fokus der Betrachtung und es entsteht ein »Tunnelblick« (Große Boes & Kaseric, 2006, S.126), der sich auf die künftigen Handlungsschritte beschränkt, die mit der getroffenen Wahl verbunden sind.

3. Die **Aktionale Phase** ist vornehmlich handlungs- bzw. zielorientiert und ebenfalls durch Volition geprägt. Es erfolgt eine selektive Informationsaufnahme, welche es dem Einzelnen ermöglicht, alle hilfreichen Informationen und förderlichen Umstände zur Zielerfüllung bewusster wahrzunehmen. Alle Informationen, Emotionen und Kognitionen, die widersprüchlich oder nicht hilfreich sind, werden ausgeblendet. In dieser Phase geht es darum, sich nicht ablenken zu lassen und das Handeln ausdauernd auf das Ziel auszurichten. Entscheidend für die Realisierungswahrscheinlichkeit und -geschwindigkeit ist die Volitionsstärke.

4. Die abschließende **Postaktionale Phase** dient der Bewertung der gewählten Vorgehensweise. Erfolge und Misserfolge werden betrachtet und für künftige Entscheidungen berücksichtigt. Erwies sich eine gewählte Strategie für die Zielerreichung als positiv, wird sie in künftigen Situationen wieder gewählt werden, während bei Misserfolgen zukünftig eine andere Handlungsalternative in Betracht gezogen werden wird. Hierbei sind motivationale (nicht volitionale) Aspekte bedeutsam.

Siehe auch den folgenden ▶ Exkurs »Anwendung des Rubikon-Modells im Trainingskontext«.

Metakognition und Selbstregulation In der Planung, Überwachung und Anpassung des eigenen Verhaltens sind **Experten Novizen überlegen**. Zur **Planung** gehört die anfängliche Analyse einer Situation und Auswahl einer Strategie. Zur **Überwachung** gehört die Steuerung der Aufmerksamkeit und Bewertung des Lernfortschritts. Zur **Anpassung** gehört eine allgemeinere Abschätzung des

---

Anwendung des Rubikon-Modells im Trainingskontext

Da es sich um ein komplexes psychologisches Modell handelt, wird der Bezug zum Teilnehmer zu einem wichtigen Bestandteil. Dies kann durch Einzelarbeit erreicht werden, indem der Teilnehmer anhand eines vergangenen Erlebnisses für sich die einzelnen Handlungsphasen nachvollziehen soll. Als Themen könnten die letzte Urlaubsplanung oder ein Autokauf fungieren. Die Visualisierung dieses Prozesses sollte durch einen Zeitstrahl erfolgen, wobei anschließend die Zeitstrahlen aller Teilnehmer miteinander verglichen werden können und somit ein Erfahrungsaustausch angeregt werden kann. Die Beiträge der Teilnehmer können zur Erstellung eines Schaubilds dienen, welches einen praktischen Bezug zu den theoretischen Erläuterungen bietet. Der Erfahrungsaustausch untereinander kann das Modell zugänglicher machen und anschließend zur Diskussion anregen. Dadurch können eigene Prozesse der Willensbildung und Zielerreichung reflektiert und Hinweise zur Gestaltung von Projektabläufen erarbeitet werden (vgl. Große Boes & Kaseric, 2006).

Darüber hinaus kann das Modell genutzt werden, um den Transfer der Trainingsinhalte in die Praxis zu antizipieren, sich auf Widerstände und Schwierigkeiten vorzubereiten und volitionale Strategien für die Anwendung des Gelernten zu vergegenwärtigen.

Gelingens des Lernens und der Wahrscheinlichkeit erfolgreichen Transfers und auch die Abänderung oder Aufgabe ineffektiver Strategien. Experten sind sich dieser Prozesse und ihrer Bedeutsamkeit bewusster. Sie setzen sie gezielt und effektiv ein. Novizen können diese metakognitiven Fähigkeiten erlernen und dadurch ihre Leistung erhöhen (vgl. Goldstein & Ford, 2002). Zur Veranschaulichung wird ein Training zur Vermittlung selbstregulatorischer Kompetenzen herangezogen (▶ Studie »Selbstregulationstrainings – Interventionen zur Vermittlung selbstregulatorischer Kompetenzen«).

Studie: Selbstregulationstrainings – Interventionen zur Vermittlung selbstregulatorischer Kompetenzen

In Anlehnung an das Handlungsphasenmodell von Heckhausen (1989) wird in der folgenden Studie von Landmann, Pöhnl und Schmitz (2005) ein Selbstregulationstraining vorgestellt, welches Frauen bei der beruflichen Neuorientierung bzw. der Berufsrückkehr unterstützen soll. Im Fokus der Betrachtung steht die Vermittlung motivationaler und volitionaler Strategien, um die berufliche Zielorientierung steigern zu können.

Prozess der Selbstregulation

Ziel ist es, durch eine Einflussnahme auf die Gedanken, das Verhalten und die Aufmerksamkeit des Einzelnen alle Komponenten zu fördern, welche der Handlungserledigung dienen können. Ein selbstregulatorischer Prozess setzt ein, sobald routinierte Handlungsweisen unterbrochen werden (Landmann, Pöhnl & Schmitz, 2005). Laut Zimmermann (2000) ist von einem triadischen Zusammenwirken von Person, Verhalten und Situation auszugehen.

Selbstregulation ist laut Zimmermann (2000) an die eigenen Gedanken, Gefühle und Handlungen gebunden, welche geplant und von den persönlichen Zielen abhängig sind. Wichtig scheint in diesem Zusammenhang die adaptive Zielverfolgung, so dass Feedbackschleifen eine zentrale Bedeutung beizumessen ist. Ergebnisse von früheren Handlungssequenzen beeinflussen das künftige Handeln in positivem oder negativem Maße. Eine Selbstregulation kann zu einer erfolgreichen Bewältigung von Handlungsphasen und somit zur Zielerreichung beitragen.

Aufbau des Trainings

In der vorliegenden Studie handelt es sich um ein Kontrollgruppendesign, welches mit einem prozessualen Design verbunden worden ist. Die Trainingsgruppe erhielt eine Schulung, welche neben 6 wöchentlichen Terminen à 2 Stunden eine Selbstbeobachtung beinhaltete. Die Inhalte der Schulung umfassten sowohl die Formulierung und Strukturierung von Zielen, eine Handlungsplanung und Problemanalyse, einen Selbstregulationszyklus und Strategien zur Emotions- und Kognitionssteuerung als auch Methoden für den Umgang mit Erfolg und Misserfolg. Innerhalb dieses Monitorings bestand die Aufgabe der Teilnehmer darin, täglich ein standardisiertes Tagebuch auszufüllen. Das Registrieren der eigenen Handlungen sollte in diesem Zusammenhang dazu dienen, die bisherigen Ergebnisse mit den gewünschten Zielzuständen vergleichen zu können. Durch die bewusste Aufmerksamkeitslenkung werden Verhaltensweisen in die gewünschte Richtung fokussiert. Die Teilnehmer der Kontrollgruppe konnten nach dem zweiten Messzeitpunkt an einem komprimierten Tagesseminar teilnehmen (Landmann, Pöhnl & Schmitz, 2005).

Ergebnisse und Diskussion

Die Ergebnisse belegen den Nutzen der Intervention für Frauen, die sich nach familienbedingter Erwerbslosigkeit von durchschnittlich 4,5 Jahren in einer Phase der beruflichen Neuorientierung oder der geplanten Rückkehr in das Berufsleben befanden. Trainingseffekte zeigten sich hinsichtlich der vermittelten Strategien und der Zielerreichung. Die Stabilitätsmessung wies stabile Effekte und weitere Verbesserungen, mit Bezug auf die berufliche Zielerreichung 2,5 Jahre nach der Intervention, auf. Diese Ergebnisse belegen den Wert von allgemeinen selbstregulatorischen Kompetenzen für die Zielerreichung in dieser Stichprobe. Kritisch bleibt jedoch, dass keine Erhebung über eine anschließende Erwerbstätigkeit der Teilnehmer als Erfolgsmaß stattgefunden hat, da der Fokus der Studie vorrangig auf den individuellen, beruflichen Zielen der Teilnehmer lag. Gleichermaßen können konfundierte Effekte zwischen der Wirkungsweise des Trainings und der Selbstbeobachtung nicht ausgeschlossen werden (Landmann, Pöhnl & Schmitz, 2005).

> **Checkliste: Konsequenzen für die Gestaltung von Trainings**
> - Aus den 4 Handlungsphasen lassen sich konkrete Strategien zur Motivationssteigerung und Willensbildung ableiten.
> - Mit dem Modell können Prozesse der Willensbildung und Zielerreichung reflektiert werden.
> - Der individuelle Transferprozess kann anhand des Modells im Training antizipiert und reflektiert werden.

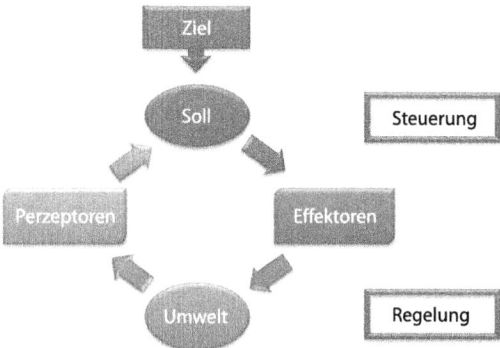

Abb. 3.10. Regulationsprozess

3.4 Handlungsorientierte Ansätze

> Alle handlungsorientierten Ansätze haben gemeinsam, dass sie am Handeln des Einzelnen ansetzen. Angelehnt an kybernetische Modelle, ist ein entscheidendes Merkmal der handlungsorientierten Ansätze der wiederkehrende **Soll-Ist-Vergleich** (◘ Abb. 3.9).

Durch die Rückmeldung über den erreichten Ist-Zustand wird die Veränderung »reguliert«. Das kybernetische Regelmodell wird auf die Beziehung von Menschen zu ihrer Umwelt übertragen. Perzeptoren sind die menschlichen Sinnesorgane, Effektoren alle Handlungen, mit denen Menschen auf ihre Umwelt einwirken. Zielgerichtetes Handeln setzt den Entschluss voraus, die Umwelt in einer bestimmten, vorgedachten Weise zu verändern. Das Ziel steuert den Regulationsprozess (◘ Abb. 3.10).

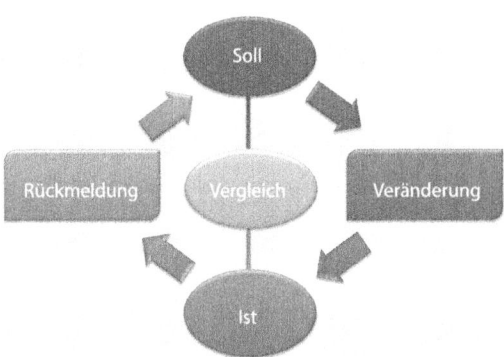

Abb. 3.9. Soll-Ist-Vergleich bei Handlungsentscheidungen

> Beim handlungsorientierten Lernen wird Lernen als ein bewusster Prozess betrachtet, der vom Lernenden gesteuert wird.

Auf der Grundlage neuer Informationen und vorhandener Ressourcen (Wissen, Werte) wird ein Konzept für das Handeln generiert (Soll). Dieses Konzept schließt die Analyse der Ausgangssituation, des Handlungsziels sowie der verfügbaren Mittel ein. Wird das Konzept als nicht ausreichend angesehen, werden weitere Informationen abgefragt und das Handlungskonzept wird überarbeitet. Das Handeln wird hinsichtlich der anvisierten Ziele überprüft (Soll-Ist-Abgleich). Daraufhin wird die Handlung im Gedächtnis gespeichert. Diese Erfahrungen stehen dann als Ressourcen zur Bearbeitung künftiger und ähnlicher Aufgaben zur Verfügung. Der Wissens- und Kompetenzerwerb erfolgt durch die bewusst ausgeübte Handlung, also die Anwendung von Regeln und Begriffen des vorhandenen Wissens- und Kompetenzreservoirs.

Beim Handlungslernen lernen die Teilnehmer dadurch, dass sie immer wieder etwas tun, und zwar in unterschiedlichen Kontexten und in der Regel im Austausch mit anderen (Maier-Gantenbein & Späth, 2006).

3.4.1 Handlungsregulationstheorie

Die Theorie kann anhand der vollständigen Handlung erläutert werden.

Nach der **Handlungsregulationstheorie** (Hacker, 1986) kann menschliches Handeln nicht durch bloße Beobachtung sichtbarer Abläufe begriffen werden. Auch die psychische Struktur des Handelns muss berücksichtigt werden. Die Handlungsorganisation kann in 2 Dimensionen betrachtet werden.

Sequenzielle Handlungsweisen betrachten die Abfolge von Tätigkeiten in ihrer zeitlichen Ordnung, z. B. Planen, Ausführen, Kontrollieren.

Hierarchische Handlungsweisen stützen sich hingegen auf ein Verhältnis der Über- und Unterordnung von Tätigkeitseinheiten. Diese werden sowohl in ihrer zeitlichen Ausdehnung (Extension) und ihrem Umfang (Inklusion) als auch in ihrer Funktion der Steuerung bzw. Ausführung betrachtet. Die Handlungsregulation findet auf 3 unterschiedlichen kognitiven Ebenen statt: auf der **sensomotorischen**, der **perzeptiv-begrifflichen** sowie der **intellektuellen Ebene** (Hacker 1986; Tab. 3.1). Im Idealfall wird eine länger ausgeführte Tätigkeit bei gleich bleibenden Anforderungen mit der Zeit von der intellektuellen Ebene auf die sensomotorische Ebene verlagert. So ist es durchaus denkbar, dass eine komplexere Arbeitstätigkeit, die zunächst der Aktivierung aller 3 Ebenen bedurfte, zu einer automatisierten Handlung wird, die kaum mehr Energiereserven beansprucht.

Auf den einzelnen, hierarchisch aufeinander aufbauenden Regulationsebenen sind verschiedene Prozesse zu unterscheiden (Tab. 3.1).

Die Komplexität dieser Handlungsweisen erlaubt eine zeitliche Überschneidung und somit auch die Ausführung von Mehrfachhandlungen, wie das Kochen eines Menüs mit mehreren Gängen. Sequenziell und hierarchisch vollständige Tätigkeiten sind für eine hohe Arbeitsleistung und für das gesundheitliche Wohlbefinden bedeutsam. Handlungen sind vollständig und lernförderlich, wenn sie die sequenzielle und hierarchische Abfolge umfassend berücksichtigen.

Insbesondere unter dem Gesichtspunkt »**Fehler am Arbeitsplatz**« ist die Theorie der Handlungsregulationsebenen von Bedeutung. Fehler sind unvermeidbar. Sie passieren ständig – sogar bei Tätigkeiten, die gewohnt sind, die also auf der untersten Regulationsebene stattfinden. Oft sind Fehler auf der obersten Regulationsebene am schwersten zu erkennen, da der Abgleich zwischen der Ist-Situation und dem angestrebten Ziel weniger eindeutig ist. So können scheinbar »erfolgreiche« Handlungen tatsächlich Fehlhandlungen sein. Zum Beispiel nahm Columbus auch nach der Entdeckung Amerikas immer noch an, er habe einen schnelleren Weg nach Indien gefunden. Auch die Fehlerbehebung erweist sich auf den oberen Ebenen meist als schwieriger, v. a. aufgrund der ohnehin schon komplexeren Prozesse, die dort ablaufen.

Eine gängige Annahme ist, dass die **Automatisierung von Arbeitsabläufen zur Fehlerreduktion** führt. Doch auch auf niedrigeren Regulationsebenen sind Fehler nicht auszuschließen. Hier werden Handlungen meist schnell und automatisiert vollzogen. Die Folgen: Die Aufmerksamkeit des Handelnden ist herabgesenkt und Feedback von außen wird weniger beachtet. Erwartet man also eine negative Konsequenz einer Handlung auf der untersten Regulationsebene, sollte eine Rückmeldung besonders deutlich und »aufrüttelnd« sein, beispielsweise durch grelle Farbgebung.

Tab. 3.1. Darstellung der Handlungsregulationsebenen nach Hacker (1986)

Ebene	Zurückgegriffen wird auf …	Es geht um …
Intellektuell	… konkrete Strategien, Handlungspläne	… die Lösung von komplexen bzw. neuartigen Problemen
Perzeptiv-begrifflich	… begrifflich formulierbare Vorstellungen, Handlungsschemata	… die Steuerung von Handlungen mittlerer kognitiver Schwierigkeit; dies ermöglicht u. a. Bewertungen, Urteile etc.
Sensomotorisch	… Bewegungsentwürfe, Regulation bzw. Aufrechterhaltung von Bewegungsmustern	… automatisierte, routinierte Vorgänge, die oft dem Bewusstsein nicht direkt zugänglich sind

3.4 · Handlungsorientierte Ansätze

Fehler am Arbeitsplatz können zweifelsohne gravierende Folgen haben. Doch trotz der Kosten und Nachteile sind Fehler auch wertvolle Quellen für neue Erkenntnisse, denn »aus Fehlern lernt man«. Genau auf dieser Annahme basieren Fehlermanagement-Trainings (Freese, 2005).

Eine Metaanalyse, welche die Trainingseffekte von Fehlermanagement-Trainings mit denen von Fehlervermeidungs-Trainings bzw. jenen Trainings ohne Ansatz zum Fehlermanagement vergleicht, offenbart beträchtliche Wirkungsunterschiede (▶ Methodenüberblick »Fehlermanagement-Training«). Die Überlegenheit der Fehlermanagement-Trainings zeigt sich v. a. beim Transfer in die Arbeit. Es kann daher von einem Langzeiteffekt ausgegangen werden (▶ Kap. 5). Gleichermaßen ist ein **adaptiver Transfer** bei klar strukturierten Aufgaben besser als ein **analoger Transfer**. Sowohl das aktive Explorieren als auch die Ermunterung, Fehler zu machen, sind effektive Trainingselemente.

> Die Ergebnisse lassen außerdem vermuten, dass Fehlermanagement-Trainings besser als Fehlervermeidungs-Trainings geeignet sind, um einen Transfer auf neue Aufgaben leisten zu können.

Im ▶ Methodenüberblick »Fehlermanagement-Training« wird exemplarisch eine Trainingsmethode vorgestellt, die auf »Fehlermanagement statt Fehlerprävention« basiert.

Beim handlungsorientierten Lernen wird davon ausgegangen, dass wir Kompetenzen am besten in der Selbsttätigkeit erwerben. Den Lernenden ist ein großes Maß an Entscheidungsspielraum für ihre Lernhandlungen (Planung/Abfolge sowie Zielstel-

---

Methodenüberblick: Fehlermanagement-Training

Bei dieser Trainingsmethode geht es nicht um die gezielte Vermeidung von Fehlern, denn dies ist ohnehin nur begrenzt möglich. Stattdessen werden die Teilnehmer bewusst ermutigt, Fehler zu machen, um aus diesen zu lernen. Im Gegensatz zu Ansätzen, die auf Fehlerreduktion abzielen, stehen beim Fehlermanagement-Training der Mensch und die in ihm ablaufenden emotionalen und kognitiven Prozesse im Vordergrund. So wird beispielsweise versucht, den Teilnehmern durch Techniken der Emotionskontrolle die **Fähigkeit zur Selbstregulation** zu vermitteln. Zudem soll die Metakognition, also das Nachdenken über die bei Fehlern auftretenden Gedanken, gefördert werden, so dass ein konstruktiver Umgang mit Problemsituationen ermöglicht wird.

Entscheidend ist die »**richtige Einstellung**«. Fehler sollen dabei stets als Chance und als eine Möglichkeit für Innovation und Veränderung betrachtet werden.

Statt Angespanntheit, Angst und Stress zu empfinden, sollen die Teilnehmer lernen, positive Glaubenssätze zu entwickeln, wie etwa »Jeder macht mal Fehler« oder »Selbst wenn ich einen Fehler gemacht habe, bin ich noch als Person wertvoll und muss mich nicht in Frage stellen.«

Dank solcherlei Kognitionen fühlt sich der Mitarbeiter nicht nur selbst entspannter und ausgeglichener, sondern er kann seine positive Stimmung an Kollegen oder Kunden »weiterleiten« und somit zu einem insgesamt positiven Betriebsklima beitragen.

Die Funktionen von Fehlermanagement-Training im Überblick
- Reduktion von negativen Emotionen (Frustrationen, negativen Glaubenssätzen)
- Die eigene Fehlerhaftigkeit erkennen, aber auch akzeptieren (»Irren ist menschlich«)
- Fehler als Chance wahrnehmen (»Aus Fehlern lernt man«)
- Förderung der Metakognition (»Was wird gerade gemacht, was soll erreicht werden?«)
- Einüben von Handlungen zur Fehlerbewältigung (Wie kann aus Fehlern gelernt werden?)

Wie zahlreiche Evaluationen zeigen, ist diese Form des Trainings herkömmlichen Methoden überlegen, denn sie fördert nachweislich die seelische Gesundheit der Teilnehmer und führt dadurch längerfristig zu besseren Arbeitsleistungen im Unternehmen.

lungen) zur Verfügung zu stellen. Fehler können in diesem Zusammenhang als Teil des Lernprozesses betrachtet werden. Damit diese nützlich in den Lernprozess eingebunden werden können, müssen sie an die Lernenden zurückgemeldet werden, so dass der Prozess der Überprüfung des Handlungskonzepts erneut angestoßen wird (◘ Abb. 3.9). Wichtig ist, dass die Lernenden nicht nur Handlungen ausführen, sondern diese auch planen und kontrollieren.

3.4.2 Handlungslernen

Wie funktioniert Handlungslernen im Training? An welchen Konzepten können sich Weiterbildner orientieren?

Handlungslernen als Learning by Doing Die Teilnehmer erleben verschiedene Übungen und Aktivitäten, praktizieren neue Verhaltensweisen und Inhalte.

Handlungslernen durch Reflexion Die Teilnehmer werden aktiv an der Umsetzung des Erlebten beteiligt. Nach der Aktivität werden zum Nachdenken anregende Fragen gestellt, die dazu führen sollen, das Potenzial der gemachten Erfahrungen selbst zu entdecken.

Direktives Handlungslernen Bereits vor der Aktivität werden die Entwicklungsrichtungen thematisiert. Der Trainer regt die Teilnehmer durch gezielte Fragestellungen an. Die Entwicklungsrichtungen fließen dann mittels praktischer Erprobung in die Aktivität ein.

Metaphorisches Handlungslernen Hier wird eine Verhaltensänderung bereits vor bzw. während der Aktivität angestrebt. Eine Einführung erfolgt über Metaphern, die die Aktivität analog zur Lebenswirklichkeit der Teilnehmer darstellt. Diese Form des Wissenserwerbs basiert vornehmlich auf der kognitiven Metapherntheorie (▶ Methodenüberblick »Metaphorisches Handlungslernen«).

Methodenüberblick: Metaphorisches Handlungslernen
Kognitive Metapherntheorie (Lakoff & Johnson, 1980; Gropengießer, 2007)
Nicht nur unsere Sprache, sondern auch unser alltägliches **Denken und Handeln ist stark von Metaphern geprägt** (Lakoff & Johnson, 1980). Auch aus den Neurowissenschaften ist heute bekannt, dass das Gehirn in Bildern denkt.
    Direktes Verstehen ist demnach nur dann möglich, wenn zuvor sensorische, motorische etc. Alltagserfahrungen gemacht werden konnten.
    Die verkörperten Erfahrungen aus einem solchen sog. Ursprungsbereich werden dann auf einen abstrakten Zielbereich übertragen.
    Da Lernvorgänge fast ausschließlich solche abstrakten Zielbereiche darstellen und direkte physische Erfahrungen nur bedingt möglich sind, wird beim Lernen häufig auf Metaphern und bildliche Repräsentationen zurückgegriffen. Zur Verdeutlichung von Lerninhalten sind **metaphorische Konzepte in Form von direkten und indirekten Analogien** also hervorragend geeignet.
▼

Hört man beispielsweise das Wort »Apfel«, so erscheint in aller Regel nicht etwa der Schriftzug A-p-f-e-l vor unserem geistigen Auge, sondern ein prototypisches Bild desselben. Dieses Bild ist dann u. U. zusätzlich verknüpft mit bestimmten Emotionen und anderen mit dem Objekt in Verbindung stehenden Erinnerungen, wie dem Duft, dem typischen Geräusch beim Reinbeißen oder der Konsistenz und Oberflächenstruktur eines Apfels.
    Die »Macht« der Bilder und Analogien kann man im Training bewusst nutzen.

Beispiel für die Umsetzung von metaphorischem Handlungslernen: Der Apfel
Um Teilnehmern eines Präsentationstrainings die Bedeutung eines guten Aufhängers in einer Präsentation zu veranschaulichen, kann die Apfel-Metapher verwendet werden (◘ Abb. 3.11). Die Teilnehmer finden zu Beginn des Trainings einen Apfel auf ihrem Sitzplatz. Die Frage nach dem Zusammenhang mit dem Präsentationstraining wird zur Dis-

3.4 · Handlungsorientierte Ansätze

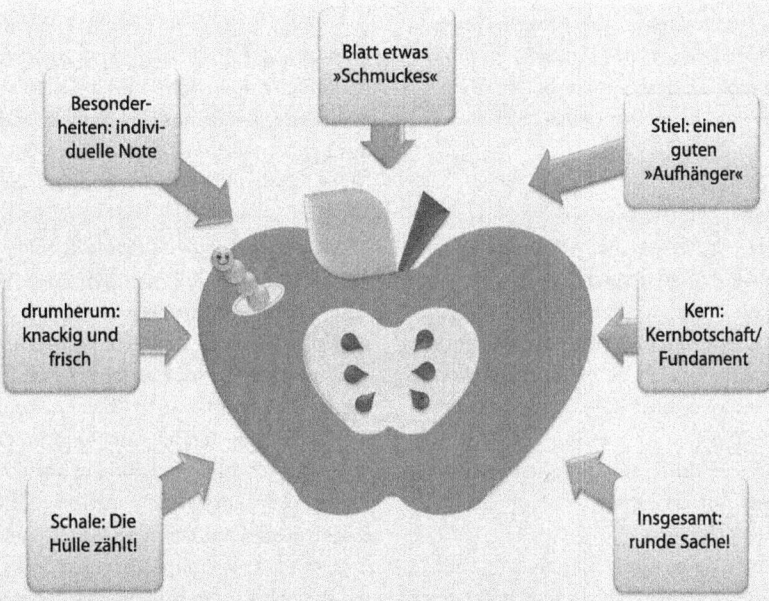

◘ Abb. 3.11. Apfel

kussion in den Raum gestellt. Dieser Einstieg weckt die Neugier der Teilnehmer und regt sie zum abstrakten Denken an. Bekannte Bedeutungen des Bilds »Apfel« und bestehende Assoziationen werden in Frage gestellt. Neue Verbindungen zur Metapher »Apfel« werden geschaffen: Eine Präsentation benötigt einen gut strukturierten Kern (Apfelkern). Neben dem inhaltlichen Kern zählt noch sehr viel mehr (Apfelschale, Fruchtfleisch). Der nonverbalen Kommunikation (Visualisierung, Körperhaltung, Gestik, Mimik) kommt eine besondere Rolle zu, denn »die Hülle zählt«. Sie kann Appetit/Interesse anregen, gibt eine individuelle Note, macht Lust auf mehr (Apfelschale). Der Inhalt (Kern) muss knackig und frisch verpackt sein (Fruchtfleisch). Außerdem sollte eine gute Präsentation, wie ein Apfel, eine »runde Sache« sein, also z. B. einen guten Aufhänger (Apfelstil) und einen passenden Ausstieg haben.

Diese Assoziationen stehen in direkter Verbindung mit einer guten Präsentation. Anhand des Apfels kann aber auch verdeutlicht werden, dass noch kein Meister vom Himmel gefallen ist, denn manchmal ist in einer Präsentation auch
▼

einfach »der Wurm drin«. Diese Erfahrung haben viele Teilnehmer bislang gemacht. Die Lernmotivation der Teilnehmer wird durch den »Apfel« angeregt. Es wird deutlich, dass sie neue Kompetenzen erwerben werden. Das Training wird »Früchte« tragen (Schneider, 2008).

Musik als Metapher

Der Einsatz von Musik in Seminaren ist zunächst gekennzeichnet durch eine große Diskrepanz zwischen Lernsituation und Arbeitssituation. Dennoch können Fähigkeiten und Prinzipien erworben werden, die zur Problemlösung in bestimmten Sachgebieten hilfreich sind bzw. auf die eigenen Verhaltensweisen übertragen werden können. Wenn z. B. ein Teilnehmer seinen Rhythmus verloren hat, ist es hilfreich, dass er das eigene Spielen unterbricht und den anderen Teilnehmern zuhört, um dann wieder den eigenen Platz in der Gruppe zu finden. Diese Erfahrung des Abstandnehmens und Zuhörens kann in vielen beruflichen Situationen angewendet werden (van der Houwen, o. J.).

Die Effektivität des Trainings hängt davon ab, inwiefern Parallelen zwischen der Trainings- und der Arbeitssituation hergestellt werden können. Je größer diese Diskrepanz zwischen Lern- und Arbeitssituation ist, desto schwerer fällt der Transfer der Seminarinhalte (▶ Kap. 6).

Kunst als Metapher
Grundgedanke Kunstwerke werden entworfen, sie verdichten und zeigen neue Sichtweisen auf. Diese Impulse können genutzt werden, um in Unternehmen Veränderungsprozesse zu initiieren. Neben der Konfrontation ist die anschließende Reflexion entstandener Gedanken und gewonnener Erfahrungen zentral. Der Weg zur Kunst kann hierbei durch Konfrontation mit vorhandenen Werken oder durch eigene künstlerische Gestaltung beschritten werden.

Mit den Augen eines Kindes sehen Den Seminarteilnehmern wird ein Bild gezeigt, auf dem ein Mädchen ein modernes Kunstwerk aus Metall-Schrott betrachtet. Der vermeintlich erste Eindruck des Kunstwerks als Schrott dient dabei lediglich der Provokation der Teilnehmer. Ziel ist es, sich Zugang zur Betrachtungsweise des Kindes zu verschaffen. Durch Beschreibung der Körperhaltung des Kindes, seiner Mimik oder der Wahl seines Beobachtungsstandorts soll der Unterschied zwischen der eigenen subjektiven Betrachtungsweise und einem unvoreingenommenen Betrachten durch das Kind deutlich werden. Die Neugier und Zwanglosigkeit in der Betrachtung soll hierbei herausgearbeitet werden. Im Transfer tragen die Seminarteilnehmer dann Aspekte zusammen, die zu einer voreingenommenen Wahrnehmung führen können, und erläutern Merkmale und Einstellungen des Einzelnen, die für eine souveräne und zielorientierte Betrachtung von Neuem notwendig sind. Bei Betrachtung eines weiteren Kunstwerks kann dann die Umsetzung überprüft werden (Terhalle, 1999).

Die Wirkung von Architektur und Urbanistik
Alle Seminarteilnehmer erhalten die Abbildung eines kleinen Straßenzugs in Form einer Strichzeichnung, die sie dem Plenum erläutern sollen, ohne aber die Abbildung selbst zu zeigen. Alle Abbildungen zeigen dabei den gleichen Straßenzug, wobei jeweils ein anderer Abschnitt in den Fokus des Betrachters gerückt worden ist. Beispielsweise ist die Straßenpflasterung besonders betont oder einzelne Gebäude bzw. Dachformen sind hervorgehoben. Innerhalb des Plenums wird nun der jeweilige Fokus der Abbildungen fixiert. Weniger deutliche Aspekte werden durch Mutmaßungen ergänzt, so dass sie für den Zuhörer die gleiche Relevanz aufweisen wie die deutlich sichtbaren Elemente der Abbildung. Als Konsequenz dessen bemerken die meisten Teilnehmer nicht, dass sie von der gleichen Abbildung (nur aus verschiedenen Blickwinkeln) sprechen. Im Anschluss werden dann die jeweiligen Abbildungen visuell aneinander gefügt, so dass die Komplexität des Straßenzugs sichtbar wird. Im Transfer werden allgemein gültige Leitlinien zum Kommunikationsverständnis und zur Teamfähigkeit herausgearbeitet. Hierbei werden dann meistens sprachliche Exaktheit und Einfachheit genannt bzw. die Teilnehmer stellen fest, dass es nur durch entsprechende individuelle Wahrnehmungen und Kompetenzen im Team gelingt, etwas in seiner Komplexität vollständig zu erfassen (Terhalle, 1999).

Zielsetzung Das Training zielt auf die Persönlichkeits- und die Teamentwicklung ab. Durch die Beschäftigung mit der Kunst sollen neue Perspektiven für den Unternehmensalltag gewonnen werden. Im Zuge des permanenten Wandels stehen v. a. eine verbesserte Wahrnehmungs- und Handlungsfähigkeit des Einzelnen im Vordergrund (Kanuith, 2006).

Chancen und Risiken (vgl. Terhalle, 1999; Kanuith, 2006)
   Vorteile:
   - Neue Blickwinkel werden aufgezeigt und kreative Handlungsweisen werden gefördert.
   - Verbesserung der Teamfähigkeit durch verstärkte Gruppenaktivitäten.

▼

3.5 · Konstruktivistische Lernansätze

Nachteile:
- Die bekannte Skepsis gegenüber der Interpretation von Kunst und ein mangelndes künstlerisches Interesse der Teilnehmer können v. a. beim aktiven Schöpfungsprozess sehr kontraproduktiv wirken. Dadurch wäre die Hauptintention des Seminars gefährdet.
- Die Entscheidung für ein solches Seminar sollte daher individuell und in Abstimmung mit der entsprechenden Berufsgruppe getroffen werden.

Checkliste: Konsequenzen der Handlungstheorie für die Gestaltung von Trainings

- Der Transfer sollte so alltagsnah wie möglich gestaltet werden. Die Lerninhalte sollten von Beginn an auf die Berufspraxis ausgerichtet werden.
- Kompetenzen sind am besten in vollständigen Handlungen zu vermitteln. Die Teilnehmer sollten z. B. nicht nur Tätigkeiten ausführen, sondern auch anspruchsvollere Aufgaben wie Planen und Organisieren von Anfang an mit übernehmen.
- Der Trainer ist angehalten, exemplarische Arbeitssituationen zu identifizieren oder sich von den Teilnehmern nennen zu lassen, die ein wertvolles Lernpotenzial aufweisen.
- Die Hauptaktivität beim Handlungslernen liegt beim Teilnehmer. Der Trainer beobachtet, gibt Rückmeldung über seine Beobachtungen, berät und moderiert.
- Der Trainingsablauf sollte sequenziell-hierarchisch gestaltet werden, d. h. Teilschritte müssen definiert werden, die sich stets auf ein Oberziel beziehen.
- Es gibt möglicherweise mehrere Varianten zur Aufgabenerledigung bzw. Problemlösung. Diese Individualität und Vielfalt muss im Training möglich sein.
- ooperatives und kommunikatives Lernen in (Klein-)Gruppen ist »frontaler« Darbietung vorzuziehen.
- Es werden Beispiele oder Metaphern aus dem Alltag genutzt. Erst hiernach folgt die Vermittlung von fachspezifischen, theoretischen Inhalten. Damit wird die Alltagsrelevanz des zu Lernenden deutlich und die Motivation der Teilnehmer wird gesteigert.

Indirekt metaphorisches Handlungslernen Hierbei kommen verschiedene Paradoxien zum Zug. Beispielsweise könnte einer Gruppe mit Kommunikationsschwierigkeiten zur Einleitung zu einem Kommunikations-Lernprojekt ein Text vorgetragen werden, der die schlechte Kommunikation in einer Arbeitsgruppe beschreibt. Es wird gesagt, dass keiner auf den anderen hört, nicht alle Vorschläge zur Sprache kommen und viele Teilnehmer gar nicht wissen, was abläuft. Die Schilderung endet mit der Frage »Wie würden Sie das Thema angehen?« Durch diese Einführung entsteht eine Situation, in der die Gruppe nur gewinnen kann. Entweder die Teilnehmer verhalten sich gar nicht erst so wie die Gruppe im Text, sondern sie kommunizieren aufgrund dieser Einleitung lösungsorientiert miteinander, oder die Kommunikationsschwierigkeiten werden allen bewusster und können im Anschluss an die Übung thematisiert werden.

3.5 Konstruktivistische Lernansätze

Lerntheoretische Ansätze, die auf den Grundsätzen des Konstruktivismus aufbauen, stellen den **aktiv Lernenden in den Mittelpunkt**. Die zentrale Annahme des Konstruktivismus ist, dass Menschen ihre Realität durch aktive Verarbeitungsprozesse ihrer Wahrnehmung selbst konstruieren. So setzt jeder Lernprozess eine aktive Konstruktion von Wissen voraus.

> Wissen muss in Eigenregie erzeugt und kann keinesfalls nur passiv absorbiert werden. Direkter Wissenstransfer vom Lehrenden zum Lernenden ist damit unmöglich.

Lerntheoretische Ansätze zum **situativen Lernen** oder auch **situierten Lernen** beruhen u. a. auf der Beobachtung, dass Lernen an Situationen gebunden ist. Schüler können das schulisch Gelernte zwar unter Umständen ordentlich im Unterricht einsetzen (z. B. Addition und Subtraktion), aber in einer neuen oder andersartigen Situation nicht anwenden (z. B. beim Bezahlen in einem Geschäft).

> Situierte Lernarrangements zeichnen sich dadurch aus, dass sie dem Lernen **realitätsnahe Aufgaben- bzw. Problemstellungen** zugrunde legen und diese Aufgaben durch komplexe, multiperspektivische und problemhaltige Anforderungen gekennzeichnet sind.

Hierdurch werden das Erlernen und der Transfer von Problemlösefertigkeiten unterstützt. Das situierte Lernen ist weniger eine konkrete Methode als vielmehr ein Lernanspruch, der insbesondere auf Aspekte der sozialen, kulturellen und auch ökologischen Umgebung der Lernenden aufmerksam macht. Situierte Lernarrangements sind durch die in den ▶ »Prinzipien des situierten Lernens« aufgeführten Merkmale charakterisiert (vgl. auch Schaper & Sonntag, 2007; Hochholdinger & Schaper, 2009).

Kooperatives Lernen und Problemlösen, die Einrichtung von Lerngruppen und das Lernen und Arbeiten mit Experten sind bei der Gestaltung von Lernumgebungen im Sinne des situierten Lernens wichtige Faktoren. Lernende sollen das Gelernte **selbst artikulieren und reflektieren**. Dabei soll es zu einer **Abstraktion des Wissens** kommen, um das Wissen später auf andere Probleme anzuwenden. Da das Wissen von den Lernenden auf diese Art selbst abstrahiert wird, unterscheidet es sich von direkt gelerntem abstraktem Wissen. Durch die eigene Abstraktion des Wissens wird dieses direkt mit Situationsbezügen verknüpft (vgl. auch ◘ Abb. 3.12).

Konkrete Verfahren zum selbstgesteuerten Lernen

Prinzipien des situierten Lernens

Situiertheit, Authentizität
Lernen und Transfer sind stark an den Kontext gebunden. Daher sollten Lernsituationen und -inhalte möglichst plastisch und umfassend die späteren Anwendungssituationen einbeziehen. Die Lernumgebung sollte daher so gestaltet sein, dass es dem Lernenden möglich ist, an **realistischen Problemen und authentischen Situationen** zu arbeiten. Lernende sollten daher an ähnlichen Aufgaben üben, wie sie im Anwendungsfeld gegeben sind. Dies soll gewährleisten, dass dem Lernenden der Anwendungskontext klar wird und dass eine Anwendung außerhalb der Lernsituation erfolgreich ist.

Aktivierung, Exploration
Lernen und Transfer sind besonders nachhaltig, wenn Lernende eine aktive Rolle einnehmen. Deshalb sollen situierte Lernumgebungen eine eigenständige, erfahrungsbasierte Erprobung von Strategien ermöglichen.

Multiple Perspektiven
Damit das Gelernte möglichst breit im Gedächtnis verankert und dadurch leichter auf andere Situationen übertragen wird, sollten situierte Lernumgebungen unterschiedliche Vorgehensweisen und Perspektiven anbieten. Dies wird durch abwechslungsreiche Aufgaben in verschiedenen Kontexten mit unterschiedlichen Lösungsmöglichkeiten zum selben Lerngegenstand erreicht. Dem Lernenden soll klar werden, dass Wissen nicht nur auf einen Kontext, sondern auch auf **neue Problemstellungen** bezogen werden kann.

Ergänzung durch Anleitung
Neben explorativen und aktivierenden Lernmöglichkeiten zur Selbsterprobung ist eine bedarfsorientierte Anleitung anzubieten. Ausschließliches Lernen nach dem Trial-and-Error-Prinzip kann unter Umständen ineffektiv bleiben kann.

Informationsmöglichkeiten
Schließlich muss die Lernumgebung die zum Problemlösen nötigen Informationen bereitstellen.

3.5 · Konstruktivistische Lernansätze

aus dem Repertoire der Unterrichtsmethoden finden sich übergreifend im Schulbetrieb, bei Aus- und Fortbildung, im Studium sowie generell in der Erwachsenenbildung.

Die Selbsterfahrungs- und Selbstbestimmungsanteile sind beim selbstgesteuerten Lernen durchweg höher als bei rezeptiven Verfahren wie der Vorlesung, dem Frontalunterricht oder dem Lehrgang. Verschiedene Formen des selbstorganisierten Lernens können im Training genutzt werden (▶ Methodenüberblick »Formen des selbstorganisierten Lernens im Training«).

Das situierte Lernen zielt auf die Herstellung kontextbezogener sozialer Lernumgebungen ab und umfasst daher ein ganzes Spektrum an Methoden, wie z. B. das Problem-based Learning oder Cognitve Apprenticeship.

Beim **Problem-based Learning** wird ausgehend von einer Fragestellung ein Problem benannt und dann in Stufen erforscht, bis es zu einer Klärung des Problems kommt. Dabei ist das Problem-based Learning keine Unterrichtsmethode im engeren Sinne. Es ist keine klar zu bezeichnende Methode oder Technik mit einigen ausgewählten Regeln, sondern eher eine Situation, ein Lernereignis oder eine Lernstrategie. Lernende werden mit einem Problem in einem spezifischen Kontext konfrontiert und müssen nun eine Lösung finden. Dies kann im kleinsten Fall einen Teil einer Lehreinheit betreffen, dies kann aber auch ein durch Gruppenarbeit gestütztes Verfahren eines gesamten Lehrgangs ausmachen. Einige Universitäten bauen zunehmend ihre gesamten Studiengänge nach dieser Methode auf, indem sie diese Lernstrategie v. a. dazu nutzen, das eigenständige Lernen zu fördern.

Cognitive Apprenticeship (»kognitive Lehre«) ist eine Methode, die im Sinne von Meister-Lehrlings-Verhältnissen kognitive Prozesse für den Lernenden sichtbar machen soll. Dabei wird versucht, die Vorteile einer praktischen Lehre auch für die theoretische Ausbildung zu nutzen. Die praktische Ausbildung soll die Prozesse bis zur Fertigstellung

---

Methodenüberblick: Formen des selbstorganisierten Lernens im Training

Erarbeitend
- Stationenlernen: Die Teilnehmer bearbeiten in freier Zeiteinteilung und beliebiger Reihenfolge und Sozialform Wahl- und Pflichtaufgaben an verschiedenen Stationen
- Moderation: Gruppendiskussion unter Berücksichtigung aller Gruppenmitglieder
- Gruppenpuzzle: Teilnehmergruppen bearbeiten Teilthemen eines Gesamtthemas und müssen danach in neuen Gruppen jeweils ihr Thema vorstellen
- Projektarbeit: Teilnehmer bearbeiten ein gemeinsam ausgewähltes Thema über einen längeren Zeitraum

Darstellend
- Präsentation: Bearbeitete Themen werden im Plenum dargestellt
- Visualisierung: Veranschaulichung von abstrakten Themen
- Referat: Teilnehmer stellen ein bearbeitetes Thema in einem Vortrag dem Plenum vor (einzeln oder in kleinen Gruppen)
- Thesenpapier: Knappe Zusammenfassung eines Themas (oft in Zusammenhang mit Referaten)
- Spiel: Komplexe Themen werden in vereinfachten Situationen nachgespielt

Vertiefend
- Strukturierung: Komplexe Themen werden in klarer Struktur vereinfacht wiedergegeben, z. B. als Netzbild
- Sortieraufgaben: Themenzusammenhänge werden in eine logische Struktur gebracht
- Domino: Passende Fragen und Antworten müssen wie beim Dominospiel aneinander gelegt werden

Integrierend
- Lernen durch Lehren: Kleine Teilnehmergruppen bekommen die Aufgabe, einen Abschnitt des neuen Stoffs der ganzen Gruppe zu vermitteln. Dabei werden alle zuvor genannten Verfahren integriert.

eines Konstrukts oder Produkts sichtbar machen, die bei einer theoretischen Ausbildung unsichtbar bleiben. Cognitive Apprenticeship eignet sich, um die instruktionale Komponente arbeitsorientierten Lernens zu gestalten. Dieser an der **traditionellen Handwerkslehre orientierte, instruktionspsychologische Ansatz** lokalisiert anwendungsbezogene Lern- und Vermittlungsprozesse in einer Experten-Novizen-Gemeinschaft. Ein Novize wird von einem Experten angeleitet und dabei unterstützt, für eine Expertendomäne typische Aufgaben und Probleme zu bearbeiten. Hierbei steht weniger die Vermittlung manueller Fertigkeiten im Mittelpunkt, sondern der Novize soll expertenähnliches strategisches Wissen (z. B. heuristische Regeln, Kontrollstrategien, Lernstrategien) aufbauen, das ihn befähigt, mit variierenden Aufgaben- und Problemstellungen erfolgreich umzugehen (vgl. Brown, Collins & Duguid, 1989; Collins, Brown & Newmann, 1989). Der Erwerb des strategischen Wissens soll Lernenden dabei helfen, ihr fachliches Wissen in konkreten Situationen unter Nutzung vorhandener Ressourcen anzuwenden und weiterzuentwickeln. Somit unterscheidet sich Cognitive Apprenticeship von ähnlichen Konzepten wie Mentoring, das stärker karrierebezogene und psychosoziale Funktionen erfüllt und auf Persönlichkeitsentwicklung, Rollenklärung oder Krisenbewältigung abzielt (Blickle & Schneider, 2007).

Bei der Auswahl und Gestaltung der zu bearbeitenden Aufgaben muss das **Wissensniveau des Lernenden berücksichtigt** werden. Aufgaben sollten so sequenziert werden, dass sie für den Lernenden eine zu bewältigende Herausforderung darstellen. Die Komplexität der Aufgabe und die Vielfalt der erforderlichen Fähigkeiten und Fertigkeiten sollten schrittweise, angepasst an den Lernfortschritt des Novizen, gesteigert werden. Cognitive Apprenticeship ist durch 4 Phasen gekennzeichnet: Modeling, Scaffolding, Fading und Coaching (▶ Methodenüberblick »Vier Phasen des Cognitive Apprenticeship«).

Im Cognitive-Apprenticeship-Ansatz werden eine Reihe **konkreter Methoden** beschrieben, wie Lehr- und Lernprozesse unterstützt und gestaltet werden können (vgl. Brown, Collins & Duguid, 1989; Collins, Brown & Newmann, 1989).

Gestufte Hilfe Diese Methode bezieht sich auf die Unterstützung, die der Experte dem Lernenden bei

---

Methodenüberblick: Vier Phasen des Cognitive Apprenticeship

Modeling
Hierbei bearbeitet der Experte eine Aufgabe bzw. ein Problem so, dass der Lernende durch Beobachtung ein konzeptuelles Modell der adäquaten Vorgehensweise zur Aufgabenbewältigung aufbauen kann, beispielsweise bei der Diagnose und Behebung einer Störung an einer Produktionsanlage. Der Externalisierung von kognitiven Prozessen – z. B. Verbalisierung von Heuristiken und Kontrollstrategien – kommt eine entscheidende Rolle zu.

Scaffolding
Die eigenständige Ausführung der einzelnen Arbeitsschritte durch den Novizen und mit der Unterstützung durch den Experten wird als **Scaffolding** bezeichnet.

Fading
Bei steigender Kompetenz der Lernenden lässt die Unterstützung durch den Lehrer nach.

Coaching
Hier wird ein aufmerksames Beobachten der Vorgehensweise des Lernenden gefordert. Der Experte hilft durch Hinweise, falls der Lernende allein bei der Bearbeitung einer Aufgabe nicht mehr weiterkommt (z. B. verweist der Experte auf Dokumente und Materialien, in denen der Lernende relevante Informationen finden kann). Die Unterstützung wird jedoch mit wachsender Handlungsfähigkeit des Lernenden schrittweise ausgeblendet. Auch Rückmeldungen gehören zum Coaching. Hierdurch erhält der Lernende eine Außenperspektive auf sein Handeln und somit Impulse zum Lernen. Ziel des Coachings ist es, dass der Lernende sich in seinem Vorgehen möglichst dem Expertenmodell annähert.

3.5 · Konstruktivistische Lernansätze

der Bearbeitung einer Aufgabe anbietet. Vorschläge, Tipps oder die Übernahme von Teilaufgaben sind Beispiele für mögliche Unterstützungsformen. Experte und Lernender bearbeiten eine Aufgabe hierbei in kooperativer Form, wobei das Ziel ist, dass der Lernende möglichst eigenständig und ohne Hilfe arbeitet. Damit es dem Experten gelingt, Aufgaben von angemessener Schwierigkeit auszuwählen, muss er den Wissensstand des Lernenden möglichst genau einschätzen. Das schrittweise Zurücknehmen von Unterstützung und Hilfe wird als **Fading** bezeichnet.

Artikulation Hierbei handelt es sich um einen Sammelbegriff für alle Methoden, die darauf abzielen, dass der Lernende über sein Wissen, seine Denk- und Urteilsprozesse bzw. seinen Problemlöseprozess spricht. Artikulation kann u. a. gefördert werden, indem der Experte den Lernenden Fragen stellt, die Lernenden beim Bearbeiten einer Aufgabe »laut denken« oder die Lernenden das eigene Vorgehen oder das anderer Lernender bei der Bearbeitung einer Aufgabe kritisch bewerten lässt.

Reflexion In der »Experiential Learning Theory« (ELT) beschreibt Kolb einen idealisierten Lernzirkel. Kolb (1984) definiert Lernen als »the process whereby knowledge is created through the transformation of experience. Knowledge results from the combination of grasping and transforming experience« (Kolb, 1984, S. 41). Er geht davon aus, dass Lernen in 4 aufeinander folgenden Phasen stattfindet: konkretes Erfahren, Reflektieren und Beobachten, Abstraktion und Konzeptualisierung des Reflektierten und schließlich durch das Überprüfen der Maßnahmen in der Realität (◘ Abb. 3.12). Dabei bilden konkrete Erlebnisse die Basis für Beobachtungen und Reflexionen. Die Reflexionen werden analysiert und in abstrakte Konzepte integriert, von denen wiederum Implikationen für die Praxis abgeleitet werden können. Diese Implikationen werden im reellen Kontext aktiv getestet und dienen als Leitfaden bei der Schaffung neuer Erfahrungen (Kolb & Kolb, 2005).

Exploration Entdeckendes Lernen findet statt, wenn der Experte den Lernenden kaum noch unterstützt und dieser nahezu selbstständig arbeiten kann. Lernende definieren hierbei Probleme und

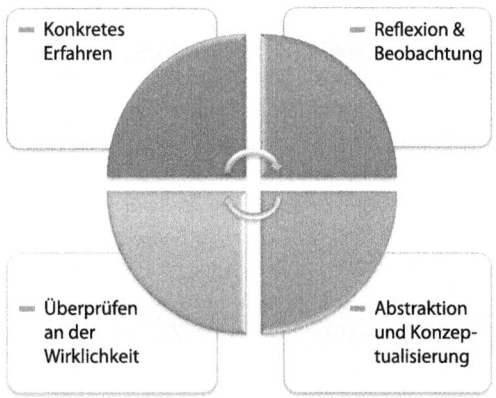

◘ Abb. 3.12. Experiential Learning Theory (Kolb, 1984)

Ziele selbst. So können sie eigene Interessen besser einbringen. Zum Beispiel können Lernende vor- und nachgelagerte Produktionsbereiche besuchen, damit sie besser verstehen, wie einzelne Prozesse und Ergebnisse der Produktion zusammenhängen.

Cognitive-Apprenticeship-Methoden wurden in unterschiedlichen Kontexten eingesetzt und erprobt. Hierzu zählen u. a. die Vermittlung von Wissen und Techniken des Qualitätsmanagements (Hron, Lauche & Schultz-Gambard, 2000), die Förderung der Störungsdiagnosekompetenz von Instandhaltern in traditionellen Lernsettings (Schaper & Sonntag, 1998) oder computergestützten Lernumgebungen (Schaper, Zink, Spenke & Sonntag 2000; Sonntag, Schaper, Hochholdinger & Zink, 2004) sowie die Unterstützung des Lernens in der universitären Ausbildung z. B. in den Bereichen Medizin (Gräsel, Bruhn, Mandl & Fischer, 1997) oder Geologie (Mayer, Mautone & Prothero, 2002). In der ▶ Studie »Beispiel eines Kommunikationstrainings« wird anhand eines Kommunikationstrainings dargestellt, wie Methoden des Cognitive Apprenticeship bei der Trainingsgestaltung berücksichtigt werden können (vgl. Weisweiler & Theurer, 2009).

Studie: Beispiel eines Kommunikationstrainings

Weisweiler und Theurer (2009) verglichen ein häufig eingesetztes Kommunikations-Standardtraining (Kontrollgruppe) mit einem aus der konstruktivistischen Lerntheorie abgeleiteten Training, das auf den Gestaltungsprinzipien »Situiertheit«, »Authentizität«, »multiple Perspektiven« und »Raum für Eigenaktivität« basierte (Experimentalgruppe). Die Experimental- und die Kontrollgruppe unterschieden sich lediglich hinsichtlich der Gestaltungsprinzipien. Der Inhalt und die Dauer des Trainings blieben unverändert.

Inhalte des Trainings

Die beiden Kommunikationstrainings untergliederten sich in 5 Teilbereiche: Kommunikationsmodelle, Gesprächstechniken, nonverbale Kommunikation, Kritikgespräche und Konflikte. Zur Einführung in die Thematik der Kritikgespräche wurde eine Vielzahl von »Killerphrasen« vorgestellt. Hierbei handelt es sich um Formulierungen, welche ein konstruktives Gespräch ins Stocken oder sogar zur Eskalation führen können. Um dies zu verhindern, wurden Reaktionsmöglichkeiten aufgezeigt, welche ein sinnvolles Weiterführen des Gesprächs ermöglichen können.

Variation

In der Experimentalgruppe wurden Gesprächskonflikte bearbeitet, die die Teilnehmer/innen selber bestimmen konnten, während die Teilnehmer/innen der Kontrollgruppen Konfliktbeispiele vorgegeben bekamen. Durch das Einbringen eigener authentischer Gesprächskonflikte wurde der Lerngegenstand in der Experimentalgruppe zum Lerninhalt. Zusätzlich wurde ein Perspektivenwechsel möglich, indem die Teilnehmer von ihren eigenen Erfahrungen und Meinungen berichten und darüber diskutieren konnten. Im Themenblock »Killerphrasen« sammelte die Trainerin in der Experimentalgruppe zunächst bekannte Strategien der Teilnehmer, mit denen ein Gespräch abgeblockt oder zur Eskalation gebracht werden kann. Anschließend wurde diese Sammlung durch eine

Tab. 3.2. Übersicht einiger Gestaltungsmaßen unter Berücksichtigung des Cognitive Apprenticeship

Thema	Standard-Training	Gestaltungsmöglichkeiten und ihre Vorteile
Gesprächskonflikte	Beispiele werden vorgegeben	– Eigene Beispiele – Konkreter Bezug – Authentischer – Bessere Integration in eigenen Kontext
Gesprächstechniken	Vorstellung der Techniken durch den Trainer	– Techniken selbst erarbeiten und mit eigenen Erfahrungen anreichern – Perspektivenwechsel möglich – Diskussion – Eigenaktivität – Situiertheit
»Killerphrasen«	Präsentation von »Killerphrasen« und möglichen Reaktionen	– Bekannte Strategien sammeln – Diskutieren – Durch Präsentation ergänzt – Rollenspiele
Strukturierung der Lerninhalte	Kaum Strukturierung, reines Vorgehen nach der Gliederung	– Optischer Anker (Puzzleteile) – Einbindung in den - Gesamtkontext – Zettel »Was nehme ich aus dem Training mit?« → immer wieder Notizen machen

▼

Präsentation ergänzt. Der Kontrollgruppe wurde nur die Präsentation vermittelt (◐ Tab. 3.2).

Ergebnisse
Die Ergebnisse zeigten 3 Monate nach dem Training höhere Werte beim Wissenstest und der Kommunikationsleistung in der Experimentalgruppe. Die Zufriedenheit mit dem Standard-Training war jedoch in der Kontrollgruppe größer (Weisweiler & Theurer, 2009). Die Eigenaktivität ist anstrengend, so dass die gut gemachte »Berieselung« im Standardtraining bessere Werte erreicht.

> **Checkliste: Konsequenzen der konstruktivistischen Ansätze für die Gestaltung von Trainings**
> - Dem Lernenden sind explorative und aktivierende Lernmöglichkeiten zur Selbsterprobung zur Verfügung zu stellen.
> - In Trainings sollten realitätsnahe Situationen verwendet werden.
> - Lernende sollten das Gelernte aktivieren und reflektieren und für sich abstrahieren, um es auf neue Probleme anwenden zu können.
> - Methoden wie z. B. Cognitive Apprenticeship bieten eine gute Möglichkeit, die Teilnehmer stärker in den Lernprozess einzubeziehen und entdeckendes Lernen zu fördern.
> - Bedarfsorientiert sind Informationen und Anleitung bereitzustellen.

3.6 Selbstorganisationstheorie

Die Selbstorganisationstheorie (Synergetik) ist die Lehre vom Zusammenwirken von Elementen innerhalb eines komplexen dynamischen Systems und den daraus hervorgehenden Wechselwirkungen. Der Ausgangspunkt jeglicher Entwicklung, also auch des Lernens, ist in der Synergetik zunächst das Chaos. Nur im Zustand des Chaos ist der Vorgang der Selbstorganisation, also das spontane Auftreten neuer, aus evolutionärer Sicht stabiler und effizienter Verhaltensweisen und Strukturen denkbar. Regeln und Werte dienen ebenso dazu, aus diesem Chaos Ordnung zu schaffen.

Im Kontext von Trainings- und Weiterbildungsmaßnahmen wird insbesondere auf die Rolle der **Kompetenzen** als »Ordner« verwiesen (Erpenbeck & von Rosenstiel, 2007). Kompetenzen dienen dazu, den Anforderungen, denen der Einzelne gegenübersteht, gerecht zu werden, indem adäquate Problemlösestrategien entwickelt werden. Im ▶ Methodenüberblick »Lernprojekte zur selbstorganisierten Kompetenzentwicklung« ist anhand eines Lernprojekts dargestellt, wie selbstorganisiertes Lernen unterstützt werden kann.

> **Methodenüberblick: Lernprojekte zur selbstorganisierten Kompetenzentwicklung (vgl. Schaper, Mann & Hochholdinger, 2009)**
> Lernprojekte sind individuelle Lernvorhaben zur eigenverantwortlichen und selbstorganisierten Aneignung ausgewählter berufsbezogener Kompetenzen, die sich durch klar definierte Zielsetzungen, einen Lernplan sowie systematische Schritte zur Umsetzung und Überprüfung des Lernvorhabens auszeichnen. Um die eigenverantwortliche Durchführung eines Lernprojekts zu unterstützen, werden zum einen Materialien zur Anleitung und Unterstützung des individuellen Entwicklungsprozesses erarbeitet und zum anderen Hilfestellung in Form einer Beratung zu den
> ▼

einzelnen Lernschritten und möglichen Problemen angeboten. Es stehen z. B. Arbeitsblätter zur Verfügung, die die Lernenden schrittweise durch die Planung und Durchführung des Lernprozesses begleiten.

1. **Auswahl des Lernprojekts:** Die Auswahl eines persönlichen Lernprojekts erfolgt auf Basis des ermittelten Lern- bzw. Entwicklungsbedarfs. In einem ersten Schritt ist es im Sinne einer Ist-Analyse erforderlich, sich die eigenen Stärken und Schwächen zu vergegenwärtigen.
2. **Lernziel formulieren:** Nach der Auswahl der Lerninhalte gilt es im nächsten Schritt zu überlegen, wie das Ergebnis des Lernprozesses genau aussehen soll. Die Formulierung des Lernziels sollte dabei so konkret wie möglich gestaltet werden, d. h. sie sollte überprüfbar im Sinne von sichtbaren Veränderungen zu einem bestimmten Zeitpunkt sein.
3. **Mögliche Maßnahmen zur Erreichung des Lernziels sammeln:** Steht das Ziel des Lernprojekts fest, kann überlegt werden, welche Lernformen und Lernwege zur Erreichung des Lernziels geeignet sind. Der Lernende soll dabei zunächst überlegen, ob sich Zwischenziele ableiten und mögliche Maßnahmen für die einzelnen Lernschritte sammeln lassen.
4. **Lernplan aufstellen:** Die beschriebenen Überlegungen sollten daraufhin in einem Lernplan systematisiert werden. Der Lernplan sollte die konkreten Umsetzungsschritte des Lernprojekts in Form von Zwischenzielen, den Zielen zugeordnete einzelnen Maßnahmen sowie einen Zeitplan und die zu erreichenden Zwischenergebnisse beinhalten.
5. **Probleme und Unterstützungsbedarf klären:** Meist werden bereits mit dem Aufstellen des Lernplans mögliche Schwierigkeiten und Probleme bei der Umsetzung des Lernprojekts deutlich. Eine vorausschauende Lernplanung sollte sich mit möglichen Problemen auf organisatorischer Ebene (z. B. zu geringe zeitliche oder finanzielle Ressourcen für die ausgewählten Lernaktivitäten) und auf persönlicher Ebene (z. B. Unterstützungsbedarf bei der Anwendung des Gelernten) bereits vor der eigentlichen Realisierung des Lernprojekts auseinander setzen.
6. **Festhalten aller Vereinbarungen:** Die Pläne und Absprachen (z. B. mit dem Vorgesetzten oder mit Kollegen) sind abschließend schriftlich zu dokumentieren. Dies erhöht zum einen die Verbindlichkeit und zum anderen die Transparenz und Überprüfbarkeit der Lernplanung, v. a. in späteren Lernphasen.
7. **Lernphase mit regelmäßigen Lernerfolgskontrollen:** In der Lernphase steht die Umsetzung der geplanten Lernschritte im Vordergrund. Wichtig ist hierbei, den Lernfortschritt im Blick zu behalten, d. h. regelmäßig zu kontrollieren, ob inhaltliche Zwischenergebnisse in der eingeplanten Zeit realisiert werden konnten.
8. **Anwendung des Gelernten:** In einer fortgeschrittenen Phase des Lernprojekts stehen schließlich die Anwendung und der Transfer der neu erworbenen Kompetenzen im Mittelpunkt. Dafür sind ggf. weitergehende Anwendungsmöglichkeiten zu identifizieren oder zu vereinbaren.
9. **Reflexion des Lernprojekts:** Im Sinne einer abschließenden Bilanzierung sollten der gesamte Lernprozess und die erreichten Ergebnisse kritisch hinterfragt werden. So gilt es zum einen zu prüfen, ob das Lernziel erreicht wurde, d. h. in welchem Ausmaß die angestrebte Kompetenzentwicklung auch im Hinblick auf die inhaltliche und zeitliche Planung erreicht werden konnte. Zum anderen sollte reflektiert werden, welche der geplanten Maßnahmen tatsächlich umgesetzt wurden, was gut funktioniert hat und welche Schwierigkeiten aufgetreten sind, aber auch, welche Unterstützungsmöglichkeiten genutzt wurden und was bei einem neuen Lernprojekt anders gemacht werden sollte.
10. **Positionierung:** Abschließend ist der Nutzen der neu erworbenen Kompetenzen sowohl für den Lernenden selbst als auch für das Arbeitsumfeld herauszustellen. Hier ist zu überlegen, inwieweit die erworbenen Kenntnisse und Fähigkeiten für andere Mitarbeiter und andere Arbeitsbereiche nutzbar gemacht werden können (z. B. in der Funktion eines Multiplikators).

> **Checkliste: Konsequenzen der Selbstorganisationstheorie für die Gestaltung von Trainings**
> - Akzeptanz von Komplexität und Chaos und dem Leben in ständiger Unsicherheit
> - Orientierung an Werten
> - Konzentration auf das wesentliche Problem (Subjektorientierung)
> - Einbeziehen situativer Umstände (Situationsorientierung)
> - Handlungsorientierung
> - Gezielte Auswahl bzw. Kombination bereits vorhandener Fähigkeiten, Fertigkeiten, Qualifikationen und Kenntnisse

3.7 Neurobiologische Lerntheorien

Die neurobiologischen Lerntheorien untermauern viele der bislang aufgeführten Theorien. Da sie erklären, was sich beim Lernen im Gehirn abspielt, können sie viel zum Verständnis des Lernens beitragen.

Wie arbeitet das Gehirn?

Das Gehirn saugt nicht wie ein Schwamm alle einströmenden Eindrücke auf, sondern arbeitet hoch selektiv. Je häufiger eine Verbindung verwendet wird, umso automatisierter wird sie genutzt. Sie ist umso sicherer und abrufbarer, je öfter sie verwendet wird. Wiederholung ist daher ein wichtiges Kriterium für den Aufbau neuronaler Netze. Dabei festigen Verknüpfungen zu Bekanntem das Neue. Je mehr Verbindungen zu einem Thema hergestellt werden können, umso besser wird gelernt. Trainingsteilnehmer sollten daher die **Möglichkeit** haben, **mehrkanalig zu lernen**.

> Bilder, Geschichten, Texte und eigene Erfahrungen können einen besseren Zugang zu einem Trainingsinhalt schaffen als reine Fakten.

Im Gehirn wird entschieden, ob ein Impuls an irgendeiner Stelle anschlussfähig ist. Als Bewertungsinstanz für Eindrücke, für den Aufbau neuronaler Netze sowie für die Handlungsregulation gelten Gefühle. Wer entspannt und mit Freude lernt, ist eher zu kreativem Denken fähig als jemand, den Angst zum Lernen treibt. Im »Angstmodus« hält sich das Gehirn stärker an Bekanntes und versucht, auf vertrauten Wegen der Angstquelle zu entkommen. Hinzu kommt, dass die Angst gleichsam mit abgespeichert wird und beim Erinnern des Lernstoffs wieder mit an die Oberfläche kommt. Mit Freude zu lernen heißt nicht, dass Lernen immer ein Vergnügen sein muss. Spaß und Entertainment sind nicht die zentralen Elemente beim Lernen und Transferieren. Herausforderungen können anstrengend sein, aber trotzdem Freude machen.

Wenn ein Lerninhalt als besonders interessant und »lernenswert« empfunden wird, wird im Gehirn der Neurotransmitter Dopamin ausgeschüttet, was positive Emotionen auslöst. Mit positiven Emotionen behaftete Inhalte werden viel schneller und dauerhafter ins Langzeitgedächtnis überführt. Ebenso setzt der angestrebte Eintritt eines (Lern-)Erfolgs das hirninterne Belohnungssystem in Gang, was mit positiven, z. T. euphorischen Emotionen einhergeht. Diese optimistische Grundstimmung fördert nun wiederum die Motivation und das Selbstwertgefühl, was die optimale Voraussetzung für weitere Lernerfolge darstellt. Die selbst erarbeitete Lösung einer kniffligen Aufgabe kann tiefe Befriedigung und ein gestärktes Selbstbewusstsein erzeugen. Über Hindernisse und Sackgassen hinweg ein Problem zu lösen, mag mühsam sein, doch aus der Leistung und der gewonnenen Einsicht können Selbstvertrauen und tiefe Befriedigung erwachsen – und die Lust auf weitere Herausforderungen. So entsteht ein fortlaufender und sich selbst festigender Prozess: **Erfolg fördert Erfolg!** (◘ Abb. 3.13). Um diesen selbstverstärkenden Mechanismus in Gang zu bringen, ist es also wichtig, möglichst frühzeitig erste Erfolgserlebnisse sicherzustellen.

Die Abspeicherung von Informationen, also das Lernen, funktioniert langfristig dann besonders gut,

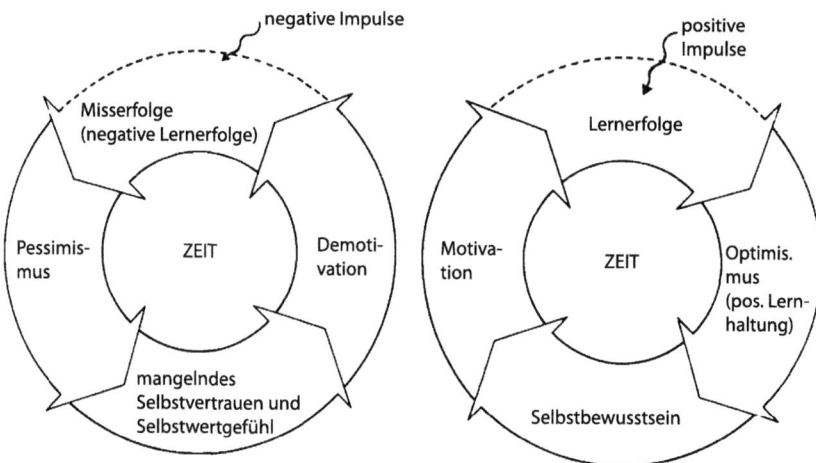

Abb. 3.13. Prinzip der Selbstverstärkung

wenn dabei der hirninterne Belohnungsmechanismus aktiviert wird. Jedes Gehirn belohnt sich durch die Ausschüttung von Dopamin quasi selbst und fördert dabei und dadurch die Abspeicherung neuer Lerninhalte. Deshalb ist der Lerneffekt immer dann besonders groß, wenn trotz großer Hürden und hoher Anstrengung ein Erfolg erzielt wird.

Für Trainings lässt sich daraus ableiten, dass Hürden und Anstrengung für das Lernen wichtig sind. Trainer, die für ihre Teilnehmer alle Schwierig-

> **Checkliste: Konsequenzen der neurobiologischen Lerntheorien für die Gestaltung von Trainings**
> - Die intrinsische Motivation sollte gefördert werden: Nicht lernen müssen sondern lernen *wollen*.
> - Die alltägliche Relevanz des Gelernten sollte deutlich werden, denn nur was das Gehirn als »wichtig« erachtet, wird abgespeichert. Das Gelernte muss also als sinnvoll, wichtig, vorteilhaft und emotional gehaltvoll empfunden werden.
> - Eine aktive Auseinandersetzung mit den Lerninhalten statt passives Hinnehmen erhöht die emotionale Valenz des Gelernten.
> - Je mehr sensorische Eingangskanäle (Hören, Tasten, Sehen) hierbei genutzt werden, desto vielseitiger wird das Gehirn beansprucht und desto dauerhafter und nachhaltiger erfolgt die Abspeicherung. Ein Wechsel der Lehr-/Lernformen ist hilfreich, weil alles Überraschende die Aufmerksamkeit weckt und das Lernen fördert.
> - Was tatsächlich ausgeführt wird, wird besser gelernt, als wenn es nur gehört wird.
> - Neue Lerninhalte sollten bei bereits Gelerntem anknüpfen. Stets vom Bekannten zum Unbekannten, vom Leichten zum Schwierigen vorgehen.
> - Den Lernstoff in einzelne »Häppchen« zerlegen, um Teilerfolge zu sichern.
> - Mehr Zeit für das Wiederholen, Vertiefen und Festigen (Automatisieren, Generalisieren).
> - Lernsituationen so gestalten, dass Anstrengung nötig, aber Erfolg möglich ist.
> - Lernen bedeutet vernetzen, einbetten, verbinden, denn Wissen wird im Gehirn nie als ganzheitliches »Paket« abgelegt, sondern in bereits Bekanntes »eingebettet«. Daher sollte stets an bereits vorhandenes Wissen angeknüpft werden.
> - Begleitung und Unterstützung bei der Überwindung von Misserfolgen: Misserfolge dürfen nicht allzu lange andauern, da sie positive Lernerfolge »blockieren« und so eine negative Selbstverstärkung initiieren können.

keiten aus dem Weg räumen, deaktivieren damit das hirninterne Belohnungssystem und erzeugen Motivationslosigkeit. Andererseits sollten die Teilnehmer aber auch nicht fortlaufend frustriert werden – wenn Lernanforderungen ständig nicht erreicht werden, kann das Belohnungssystem nicht aktiv werden. Wichtig sind also ausreichend hohe, aber bewältigbare Herausforderungen für die Teilnehmer.

3.8 Lernen im Erwachsenenalter

Die meisten Lerntheorien wurden für den pädagogischen Bereich entwickelt, also für die Erziehung von Kindern und Jugendlichen. Doch Lernen hört nicht etwa mit dem Ende der Schulzeit oder dem Arbeitseintritt auf. Nicht nur ist lebenslanges Lernen in unserer heutigen Gesellschaft schlichtweg unabdingbar – Erkenntnisse aus der Neurobiologie zeigen auch: »Das Gehirn lernt immer – es kann gar nicht anders!« (Spitzer, 2006).

Daher ist »Lernen im Alter« also keinesfalls ein Widerspruch. Dennoch gilt es bei der Gestaltung von Trainings verschiedene Prinzipien zu berücksichtigen (Tab. 3.3; vgl. Sonntag & Stegmaier, 2007; vgl. auch ▶ Kap. 1).

Zusätzlich weist die Andragogik auf folgende Aspekte hin:

- Erwachsene wollen genau wissen, warum sie etwas lernen.
- Erwachsene bevorzugen selbstgesteuertes Lernen.
- Erwachsene sind in der Lernsituation mehr durch Vorerfahrungen aus ihrem Arbeitsumfeld geprägt.
- Erwachsene glauben durch Erfahrung zu lernen.
- Erwachsene nähern sich einer Lernerfahrung eher mit einem problemzentrierten Ansatz.
- Erwachsene sind sowohl intrinsisch (z. B. persönliches Interesse an den Lerninhalten) als auch extrinsisch zum Lernen motiviert (z. B. Trainingsteilnahme für eine Gehaltserhöhung).

Tab. 3.3. Lernprinzipien bei der Gestaltung von Trainings bei älteren Mitarbeitern

Lernprinzip	Erläuterung
1. Übung und frühe Erfolge ermöglichen	Ältere sind in Trainingskontexten häufig unsicher und ängstlich, ob sie den Lernanforderungen gerecht werden. Das Training sollte daher so aufgebaut werden, dass die Älteren durch angemessene Übungsphasen frühe Erfolge erreichen können. Angst provozierende Wettbewerbssituationen sind zu vermeiden.
2. Vertrautheit herstellen	Bei der Vermittlung von neuem Wissen oder neuen Fähigkeiten sollte, soweit möglich, an vorhandenes Wissen/bestehende Erfahrungen angeknüpft werden.
3. Lerninhalte klar strukturieren und sequenzieren	Ältere können ihre Aufmerksamkeit oft nicht mehr so gut auf verschiedene Informationen gleichzeitig verteilen. Lerninhalte sollten daher sequenziert vermittelt werden, so dass ein neues Themengebiet erst dann begonnen wird, wenn ein bereits behandeltes sinnvoll abgeschlossen wurde.
4. Ausreichend Lernzeit einplanen	Da die Geschwindigkeit der Informationsverarbeitung mit dem Alter eher zurückgeht, benötigen ältere Lernende durchschnittlich mehr Zeit für den selben Lernstoff. Im Training sollte sichergestellt werden, dass die Älteren beim Lernen nicht unter Zeitdruck geraten.
5. Organisation des Lernens fördern	Im Training sollte (nebenbei) vermittelt werden, wie man neues Wissen organisieren kann. Durch Vermittlung von Lernstrategien können die Enkodierung, das Wiederholen und das Abrufen neuer Informationen erleichtert werden.

> **Checkliste: Konsequenzen des Lernens im Erwachsenenalter für die Gestaltung von Trainings**
> - Das »Vorurteil«, Ältere seien nicht mehr sehr lernfähig, sollte von Anfang an entkräftet werden.
> - Der Sinn des Gelernten sollte verdeutlicht werden.
> - Trainingsteilnehmer sollten den Raum haben, eigene Lernziele zu entwickeln.
> - Es ist von Vorteil, Erwachsene eine Lernerfahrung erleben zu lassen und anschließend darüber zu diskutieren.
> - An Erfahrungen sollte angeknüpft werden.

Zusammenfassung

Aus den lerntheoretischen Ansätzen können zahlreiche Gestaltungshinweise für Trainings gewonnen werden. Trainer können die genannten Konsequenzen der hier vorgestellten Ansätze als Handlungsempfehlungen nutzen, um theoretisch fundierte Trainings zu gestalten. Die Ansätze zeigen deutlich, dass Trainings nicht zu Unterhaltungsshows verkommen sollten. Gerade die neuesten Theorien weisen darauf hin, dass es darum geht, die Teilnehmer zu aktivieren, um Lernen zu ermöglichen. Trainings können durchaus mit Anstrengung verbunden sein.

4 Trainings in Organisationen

4.1 Der Zeitpunkt des Trainings im Lebenszyklus des Mitarbeiters – 75

4.2 Trainingsformen – 79
4.2.1 Die Struktur von Trainingsprogrammen – 79
4.2.2 Seminar – 80
4.2.3 E-Learning – 94

4.3 Der Lernort im Training – 106
4.3.1 Training on-the-job – 106
4.3.2 Training off-the-job – 107
4.3.3 Training near-the-job – 107

4.4 Nachhaltige Trainingsgestaltung – 107

Unternehmen können auf ein breites Spektrum an Weiterbildungsmethoden zurückgreifen. Diese sind auf unterschiedlichste Art und Weise systematisierbar. Sie lassen sich nach ihrer Zielsetzung (▶ Kap. 2) und ihrem Inhalt klassifizieren und können auf fachliche oder überfachliche Kompetenzen abzielen. Sie können von Vorgesetzten initiiert oder von Mitarbeitern eigeninitiativ gewählt sein. Sie können vom Unternehmen oder Mitarbeitern selbst finanziert werden. Sie können in der Arbeit oder in der Freizeit liegen. Sie können Teilnehmer mehrerer Organisationen, einer Organisation oder einer Organisationseinheit bedienen. In ◘ Tab. 4.1 sind verschiedene Formen der Kompetenzentwicklung in Unternehmen aufgelistet.

◘ **Tab. 4.1.** Checkliste zur Kompetenzentwicklung (CLK60+; Kauffeld, Grote, Dörr, Selke & Frieling, 2002)

Maßnahmen zur Kompetenzentwicklung	Welche werden bereits genutzt?	Welche sind sinnvoll und sollten genutzt werden?
I. Analyseverfahren mit Reflexion		
Beurteilungssysteme	☐	☐
Systematisches, formalisiertes Mitarbeitergespräch	☐	☐
Qualifikationsspiegel (Abbildung von Prozess- bzw. Arbeitsschritten und Kennzeichnung, inwieweit Mitarbeiter diese beherrschen)	☐	☐
Qualifikationspässe (systematisierte Abfolge von Tätigkeits- und Qualifizierungsstationen, die auf eine Funktion hin vorbereiten)	☐	☐
Individuelle Entwicklungspläne	☐	☐
Assessment-Center-Verfahren	☐	☐
Führungs-Audits	☐	☐
Vorgesetztenbeurteilung	☐	☐
360°-Feedback für Führungskräfte	☐	☐
II. Seminare und seminarähnliche Maßnahmen		
Fortbildungsseminare/Aufstiegsweiterbildung/Fernunterricht (an Universitäten bzw. sonstigen Einrichtungen)	☐	☐
Fachbezogene Seminare (z. B. EDV, Sprachen etc.)	☐	☐
Verhaltenstrainings (z. B. Moderation, Verhandlung, Konflikt, Kommunikation etc.)	☐	☐
Führungstrainings (z. B. Zielvereinbarung, Delegation, Anerkennung und Kritik etc.)	☐	☐
Sprachtraining im Ausland	☐	☐
Train-the-Trainer-Seminare	☐	☐

▼

◘ Tab. 4.1 (Fortsetzung)

Maßnahmen zur Kompetenzentwicklung	Welche werden bereits genutzt?	Welche sind sinnvoll und sollten genutzt werden?
III. Individual-, selbstorganisierte und EDV-gestützte Maßnahmen		
Intensivtraining durch Einzelbetreuung (z. B. Sprachen)	☐	☐
Coaching durch interne Experten	☐	☐
Coaching durch externe Experten (z. B. erfahrene Mentoren)	☐	☐
Patenmodelle	☐	☐
Lernen im Tandem	☐	☐
EDV-gestützte Selbstlernprogramme (CBT)	☐	☐
Planspiele	☐	☐
Informationssuche im Internet/Intranet (Training vorgeschaltet)	☐	☐
Lesen von Fachzeitschriften, Artikeln, Büchern	☐	☐
IV. Workshops und Review-Verfahren		
Themenzentrierte Workshops	☐	☐
Prozessbegleitende Workshops	☐	☐
Teamentwicklung	☐	☐
Systematische Nachbearbeitung von Meetings in Gesprächsrunden	☐	☐
Systematische prozessbegleitende Auswertung von Projekten	☐	☐
Systematische Auswertung abgeschlossener Projekte (Projektreview)	☐	☐
Learning Networks (Lerngruppen zu bestimmten Themen auf der Basis des Zusammenschlusses interessierter Mitarbeiter)	☐	☐
V. Vorträge, Kongresse, Messen und Foren		
Teilnahme an Vorträgen	☐	☐
Teilnahme an Kongressen und Tagungen	☐	☐
Teilnahme an Messen	☐	☐
Teilnahme und/oder Organisation von Foren und Informationstagen	☐	☐
Diskussionsforen im Internet/Intranet	☐	☐

▼

◘ Tab. 4.1 (Fortsetzung)

Maßnahmen zur Kompetenzentwicklung	Welche werden bereits genutzt?	Welche sind sinnvoll und sollten genutzt werden?
VI. Arbeitsintegrierte oder -nahe Maßnahmen		
Besuche in Betrieben (fremd/eigen; In- und Ausland)	☐	☐
Besuche von Forschungseinrichtungen/Laboren/Testeinrichtungen	☐	☐
Hospitationen für kurze Zeit vor Ort (Kennenlernen eines Bereichs)	☐	☐
Praktikum in einem Betrieb/einer Institution/Forschungsstätte	☐	☐
Mitarbeit an Projekt in anderer Institution, Forschungseinrichtung	☐	☐
Kooperation in einem Projekt mit anderen Unternehmen	☐	☐
Training on-the-job (systematisch geplante Abfolge)	☐	☐
Training entlang der Prozesskette	☐	☐
Mitarbeit in Projekten entlang der Prozesskette	☐	☐
Mitarbeit in interdisziplinären Projektgruppen	☐	☐
Auslandsaufenthalt in Konzern-/Tochter-/Zulieferbetrieben	☐	☐
VII. Lernen von und mit Kunden		
Gemeinsame Seminare mit Kunden	☐	☐
Hospitationen für kurze Zeit beim Kunden	☐	☐
Systematische Nachbearbeitung von Meetings in Gesprächsrunden mit Kunden	☐	☐
Systematische prozessbegleitende Auswertung von Projekten mit Kunden	☐	☐
Systematische Auswertung abgeschlossener Projekte mit Kunden (Projektreview)	☐	☐
Learning Networks gemeinsam mit Kunden (Lerngruppen zu bestimmten Themen interessierter Mitarbeiter und Kunden)	☐	☐
VIII. Programme und Laufbahnkonzepte		
Einarbeitungsprogramme für neue Mitarbeiter	☐	☐
Trainee-Programme	☐	☐
Förderprogramme für Führungsnachwuchskräfte	☐	☐

▼

4.1 · Der Zeitpunkt des Trainings im Lebenszyklus des Mitarbeiters

Tab. 4.1 (Fortsetzung)

Maßnahmen zur Kompetenzentwicklung	Welche werden bereits genutzt?	Welche sind sinnvoll und sollten genutzt werden?
Förderprogramme für Fachkräfte (z. B. IT)	☐	☐
Fachlaufbahnen (geplante Abfolge von Stationen, die auf dem Weg zur Fachkraft zu absolvieren sind)	☐	☐
Führungslaufbahnen (geplante Abfolge von Stationen, die auf dem Weg zur Führungskraft zu absolvieren sind)	☐	☐
Projektleiterlaufbahnen (geplante Abfolge von Stationen, die auf dem Weg zum Projektleiter zu absolvieren sind)	☐	☐

Entnommen aus Kauffeld, S., Grote, S., Dörr, K., Selke, A. & Frieling, E. (2002). Die ganz normale Andersartigkeit: Einblicke in schnell wachsende Unternehmen am Standort Deutschland. Wirtschaftspsychologie, 3, 18-28. Mit freundlicher Genehmigung von Pabst Science Publishers, Lengerich.

Die Klassifikation von Trainingsmaßnahmen kann auch nach dem Lebenszyklus der Mitarbeiter im Unternehmen erfolgen (vgl. ▶ Abschn. 4.1). Darüber hinaus sind Kompetenzentwicklungsmaßnahmen nach ihrem Lernort unterscheidbar. Das Training kann am Arbeitsplatz (on-the-job), außerhalb der Organisation (off-the-job) oder innerhalb der Organisation (near-the-job) stattfinden (◘ Abb. 4.1; vgl. ▶ Abschn. 4.3).

In der vorgestellten Definition (vgl. ▶ Kap. 1) dienen **Trainings** der systematischen Aneignung von Fähigkeiten, Konzepten oder Einstellungen, die zu verbesserter Leistung **in einer anderen Umgebung** führen (Goldstein & Ford, 2002), d. h. im strengen Sinne sind Trainings off-the-job angesprochen. Auf diese wird in ▶ Abschn. 4.2 näher eingegangen.

4.1 Der Zeitpunkt des Trainings im Lebenszyklus des Mitarbeiters

Anhand des Trainingszeitpunkts im Lebenszyklus eines Mitarbeiters können 4 Formen unterschieden

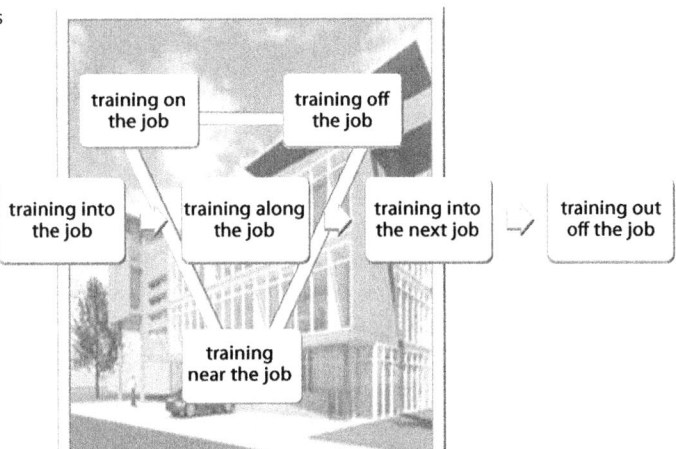

◘ **Abb. 4.1.** Lebenszyklus des Mitarbeiters im Unternehmen

werden: Training zur Vorbereitung auf den Job (into-the-job), jobbegleitend (along-the-job), zur Vorbereitung auf den nächsten Job (into-the-next-job) und zur Beendigung des Jobs (out-of-the-job).

Training into-the-job Das Training into-the-job dient dem Kennenlernen der Organisation, ihrer Ziele, Philosophie, Taktiken und Produkte. Es ermöglicht dem neuen Mitarbeiter, notwendige Informationen zu sammeln, so dass er schnell zu einem produktiven Mitglied der Organisation werden kann. Allgemein fördert es die Bindung zum Unternehmen und beugt somit Anpassungsproblemen vor. Training into-the-job wird bislang häufig vernachlässigt, obwohl es von neuen Mitarbeitern i.d.R. erwünscht ist, zu mehr Zufriedenheit und zu weniger Kündigungen während der ersten 6 Monate führt. Neben der Berufsausbildung, Trainee-Programmen und dem Vestibule Training (▶ Abschn. 4.2.3, Methodenüberblick »Vestibule Training«), können als arbeitsintegrierte Methode Patenmodelle genutzt werden. Ein Einarbeitungshandbuch kann sinnvoll sein, ebenso Ansätze zum Game-based Learning.

Training along-the-job Beim Training along-the-job können alle Formen des Trainings zum Einsatz kommen. Die Maßnahmen finden laufbahnbegleitend statt.

Training into-the-next-job

> Beim Training into-the-next-job werden identifizierte Potenzialträger auf eine bestimmte Zielperspektive hin entwickelt und gefördert.

Mentoren-Programme, bei denen eine erfahrene Führungskraft einen weniger erfahrenen Mitarbeiter oder eine weniger erfahrene Führungskraft in ihrem beruflichen Alltag, bei der Karriereplanung oder bei der persönlichen Weiterentwicklung unterstützt, sind hier ebenfalls einzuordnen. Mitarbeitern bei der Karriereplanung zu helfen, bindet diese an die Organisation, signalisiert Interesse am Einzelnen und bietet den Mitarbeitern Sicherheit und eine Perspektive. Dabei ist nicht nur an vertikale, sondern auch an horizontale Karrierepfade zu denken. Führungslaufbahnen sind genauso wie Fachlaufbahnen zu planen (◘ Abb. 4.2).

Die Thematik um die **Integration einer Fachlaufbahn** ist v. a. für das Ingenieurwesen bedeutsam geworden.

> Die Fachlaufbahn stellt, im Gegensatz zur Führungslaufbahn, eine Karriere ohne Personalverantwortung dar.

Das zunehmende Interesse der Unternehmen an Fachlaufbahnen ihrer Mitarbeiter liegt vorrangig im Wandel der Unternehmensstrukturen begründet. Die Zahl der Führungspositionen hat sich durch den Einzug des Lean Managements enorm reduziert (Börker, 2006). Hinzu kamen viele Fusionen und Zusammenlegungen von Abteilungen und Bereichen. Dennoch streben viele Ingenieure eine Führungsposition im Unternehmen an. Als Konsequenz daraus sind Unternehmen nun mehr denn je gefragt, sich für qualifizierte Experten attraktiv zu machen. Dies gilt nicht nur für die Werbung neuer Mitarbeiter, sondern hauptsächlich für deren langfristige Bindung an das Unternehmen. Wie wichtig Experten für Unternehmen werden, zeigt sich daran, dass zunehmend Innovationen in den Grenzgebieten der ingenieurwissenschaftlichen Disziplinen getätigt werden (▶ Übersicht »Vorteile der Fachlaufbahn für Mitarbeiter«; zur Entwicklung von Fachlaufbahnen s. Frieling, Grote & Kauffeld, 2000).

Vorteile der Fachlaufbahn für Mitarbeiter
- Die Option auf einen Titel, eigene Hierarchiestufen und lukrative Verdienstmöglichkeiten wird in Aussicht gestellt, was die Fachlaufbahn als attraktive Alternative erscheinen lässt.
- Die besten Spezialisten verdienen heute in den meisten Unternehmen auf gleichem Niveau wie die Führungskräfte, im Bereich der Forschung und Entwicklung teilweise sogar mehr.
- Die Expertenkarriere reizt durch ihren starken fachlichen Aspekt und die Themenbezogenheit. Personalverantwortung kann auch als Belastung empfunden werden.
- Experten haben einen hohen Wert für Unternehmen und müssen daher nicht so leicht um ihren Arbeitsplatz fürchten.

4.1 · Der Zeitpunkt des Trainings im Lebenszyklus des Mitarbeiters

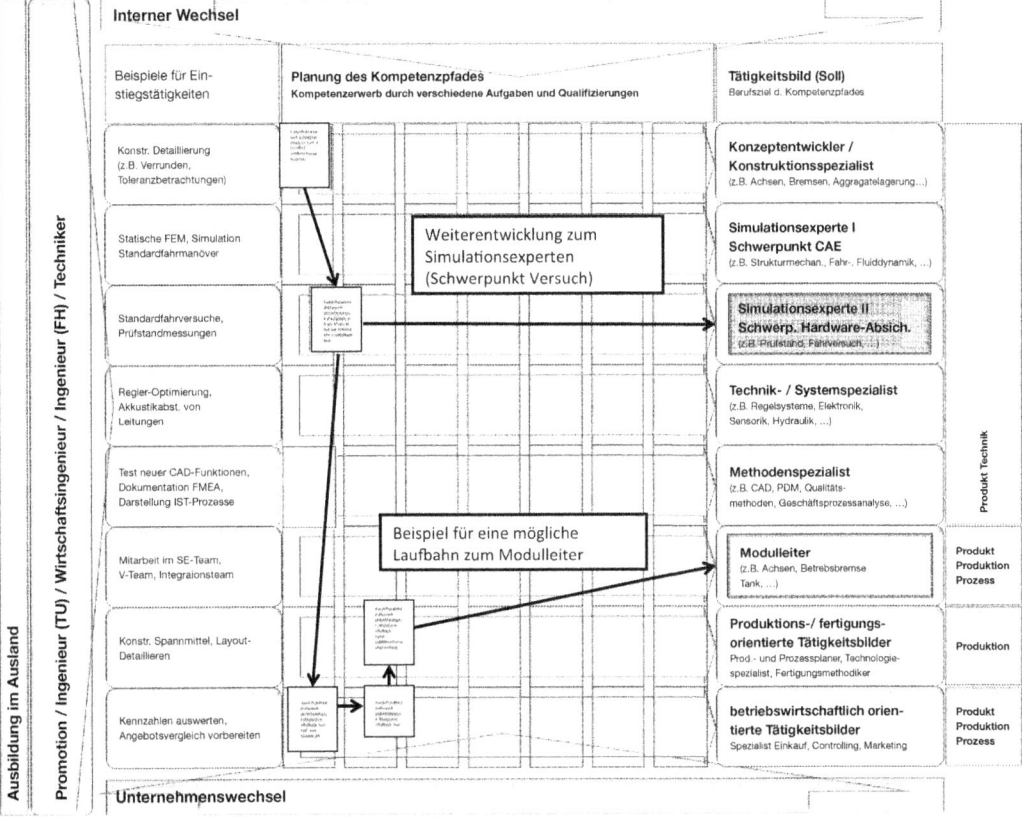

◘ Abb. 4.2. Prozessintegrierte Qualifikationsstrategie

> Die Fachlaufbahn soll eine alternative Karriereoption bilden und den Fachkräften ähnliche Chancen bieten wie den Führungskräften.

Training out-of-the-job Beim Training out-of-the-job im Unternehmen sollen 2 Formen berücksichtigt werden: zum einen das Outplacement (▶ Methodenüberblick »Outplacement«), das dem Arbeitnehmer den Wiedereinstieg in den Beruf bzw. das Finden einer neuen Perspektive erleichtern soll, wenn das Unternehmen Personal abbauen muss. Zum anderen wird die Ruhestandsvorbereitung aufgegriffen. Beide Veranstaltungsformen wenden sich an Mitarbeiter, die das Unternehmen verlassen werden. Trotzdem rentiert sich die Investition nicht nur für die Mitarbeiter, sondern auch für die Unternehmen, weil sie u. a. mit motivierten Mitarbeitern für die verbleibenden Monate rechnen können. Darüber hinaus setzt das Unternehmen ein positives Signal für die restliche Belegschaft.

Zu den Trainings out-of-the-job gehört auch die **Ruhestandsvorbereitung**. Viele angehende Rentner fokussieren bei der Vorsorge für die späteren Lebensjahre v. a. die finanzielle Absicherung. Eine tiefere Auseinandersetzung mit der neuen Lebenssituation erfolgt jedoch selten, so dass viele Rentner den Ruhestand dann als eine Zäsur im Lebenslauf erleben. Vor allem bei Führungskräften geht der Eintritt in den Ruhestand meist mit einem Gefühl des Kontroll- und Machtverlusts einher (Gillies, 2008). Einige Unternehmen haben sich mit diesem Thema befasst und bieten ihren Mitarbeitern Pensionsvorbereitungsseminare an, um ihnen Alternativen zum Ruhestand aufzuzeigen. Einer anfänglich leichten Skepsis gegenüber derartigen Veranstaltungen seitens der Teilnehmer stellt sich meistens recht

> **Methodenüberblick: Outplacement**
>
> Beim Outplacement handelt es sich um eine Methode, die dem Arbeitnehmer den Wiedereinstieg in den Beruf bzw. das Finden einer neuen Anstellung erleichtern soll. Meistens kommt es bei Unternehmensschließungen oder einem Verkauf zum Einsatz, da dann viele Arbeitsplätze in kurzer Zeit wegfallen. Das Outplacement beinhaltet u. a. Anregungen für den Lebenslauf, Hilfe bei der Stellensuche oder Tipps für künftige Vorstellungsgespräche. In der Praxis ist häufig eine Kombination des Gruppenoutplacements mit begleitender Einzelberatung zu finden (Rösler & Kauffeld, 2009). Diese Form der Kombination aus Training und Beratung hat in der Regel eine Laufzeit von 7 Monaten. Sie endet, sobald eine neue Anstellung gefunden wurde. Die Kosten übernimmt in den meisten Fällen der vorherige Arbeitgeber. Zunehmend entscheiden sich auch viele Arbeitnehmer aus eigener Initiative für eine Outplacementmaßnahme und tragen dann selbst die Kosten (Rösler & Kauffeld, 2009). Outplacement stellt eine freiwillige Leistung des Unternehmens dar. Zu der Hauptzielgruppe gehören hoch bezahlte Führungskräfte.
>
> Die Outplacementberatung verfolgt primär das Ziel der Selbsthilfe. Durch entsprechendes Coaching und Training soll es dem Klienten ermöglicht werden, in Eigenaktivität zu seinem Ziel zu gelangen. Den Lösungsansatz bildet jedoch nicht nur das Finden einer neuen Beschäftigung. Im Rahmen der Perspektivenfindung stellen auch Weiterqualifizierungsmaßnahmen oder eine selbstständige Tätigkeit Alternativen dar.
>
> **Vorteile** beim Outplacement ergeben sich sowohl für das Unternehmen als auch für den Arbeitnehmer. Das Unternehmen wird durch das Outplacement vor größeren Abfindungen, Prozessen vor dem Arbeitsgericht und v. a. auch vor Imageverlusten bewahrt (Stocker, 2004). Der Arbeitnehmer profitiert von dem Outplacementberater gleichermaßen. Outplacement als sanfte Form der Entlassung (Struck, Pfeifer & Krause, 2008) federt die Kosten und Folgen der bevorstehenden Arbeitslosigkeit erheblich ab. Durch die materiellen, psychologischen und sozialen Aspekte der Beratung wird dem Arbeitnehmer der Wiedereinstieg in den Beruf erleichtert. In einer Studie von Rösler und Kauffeld (2009) konnte gezeigt werden, dass nach 4–5 Monaten von 48 Befragten über 25 Klienten eine neue Perspektive fanden. 70% von ihnen fanden sogar eine Beschäftigung in einem neuen oder ähnlichen Berufsfeld.

zügig ein reges Interesse entgegen (Schiff, 2007). Beispielsweise kann Ängsten vor einem Umbruch im gewohnten Alltag durch Präsentation entsprechender Übergangsmodelle entgegengewirkt werden. Der Aspekt der Selbsterfahrung stellt zwar immer einen an sich kritischen Seminarpunkt dar, dennoch werden wichtige Denkanstöße für die künftige Lebensplanung gegeben. Das Unternehmen gewinnt durch die Seminare mehr als nur die Anerkennung seiner Mitarbeiter. Die Seminare bieten Motivation für die letzte Arbeitsperiode und verweisen zugleich auf mögliche Funktionen für das Unternehmen auch während des Ruhestands. Unternehmen nutzen das Expertenwissen ihrer Senioren bei der Einarbeitung junger Mitarbeiter. Eine weiterführende Laufbahn der Pensionäre als Berater hat sich längst etabliert (Gillies, 2008).

Prinzipiell sollte die Auseinandersetzung mit dem Seniorenalter so früh wie möglich beginnen, auch schon im Alter von 30–40 Jahren (Gillies, 2008). Grund dafür ist die im Alter abnehmende Offenheit für Neues. Interessen und Hobbys werden meistens bereits vor dem Ruhestand entwickelt, da man sich in höherem Alter als Neueinsteiger sehr schwer tut. Führungskräfte sollten sich daher bereits vor dem Pensionseintritt über ihre Stärken und Träume Gedanken machen, um in diesen Bereichen möglicherweise später eine Aufgabe für sich zu finden. Viele Unternehmen bieten Mitarbeitern, die ca. 1–2 Jahre vor der Pensionierung stehen, entsprechende Seminare an. In diesen **Pensionsvorbereitungsseminaren** sollen sich die Teilnehmer bewusst mit ihren Vorstellungen und Ansprüchen an ihren Ruhestand auseinander setzen. Die Erwartungen an die Pensionszeit werden dann zunächst relativiert, gleichermaßen werden aber auch Alternativen und neue Ansätze dargeboten.

4.2 Trainingsformen

Klassische Trainings finden außerhalb der täglichen Arbeitstätigkeit statt. Die Vermittlung der Inhalte erfolgt separiert vom Arbeitsplatz und von der Arbeitsaufgabe der Lernenden. Das bietet den Vorteil, dass sich die Lernenden in einer meist entspannten Lernsituation voll auf die Inhalte konzentrieren können. **Als Methoden außerhalb des Arbeitsalltags** werden im Folgenden Seminare und Formen des E-Learning sowie Kombinationen aus beiden Methoden diskutiert. Zunächst werden einige allgemein gültige Aussagen zur Struktur von Trainingsprogrammen getroffen, um darauf aufbauend exemplarische Elemente der Trainings off the job vorzustellen.

4.2.1 Die Struktur von Trainingsprogrammen

Bei der Entwicklung und Implementierung von Trainingsprogrammen stellt sich schnell die Frage nach der Struktur von Trainingsprogrammen (► Kap. 2). Wann und wie oft findet ein Training statt? Wie lang sind die Trainings-Sitzungen? Wie viele Gelegenheiten bekommen Teilnehmer, das, was sie gelernt haben, zu üben und anzuwenden? Wie viel Anleitung und individuelle Aufmerksamkeit erhält jeder Trainee? In der Forschung gibt es auf diese Fragen einige Antworten, die für die Konzeption von Trainings genutzt werden können.

Overlearning Die Mehrheit der Forschungsergebnisse unterstützt das alte Sprichwort »Übung macht den Meister« (► Kap. 3). Die Belege deuten darauf hin, dass Übung bis zu dem Punkt des Overlearnings (d. h. über das Lernziel hinaus) fortgesetzt werden sollte oder bis der Trainee das Gefühl hat, das Material verinnerlicht zu haben (McGehee & Thayer, 1961). Overlearning ist besonders wichtig, wenn die gelernte Fertigkeit in der Praxis nur selten geübt werden kann, die Leistung aber dennoch auf gleichem Niveau gehalten werden soll.

Automatisierung Auch das Konzept der Automatisierung betont den Stellenwert von Übung. Die Idee dahinter ist, dass sehr häufig wiederholte Fertigkeiten automatisiert ablaufen und nur noch minimale Aufmerksamkeit erfordern (► Kap. 3). Die Ausführung der Fertigkeit erfolgt schnell und effizient. Es wird sogar möglich, mehrere Tätigkeiten gleichzeitig auszuführen. Eine besondere Rolle spielt die Automatisierung, wenn Daueraufmerksamkeit erforderlich ist, wie z. B. bei Fluglotsen im Kontrollturm. Wenn die Signale, auf die reagiert werden muss, nur sehr selten auftreten, nimmt die Leistung mit der Zeit ab. Ist die Fertigkeit allerdings stark automatisiert, erfordert ihre Ausführung nur noch so wenig Aufmerksamkeit, dass der **Leistungsabfall verhindert** werden kann. Um eine so starke Automatisierung zu erreichen, können allerdings Tausende von Wiederholungen notwendig sein (Goldstein & Ford, 2002).

Intervalltraining Was ist effektiver: geballtes Üben ohne Unterbrechungen (**»massed practice«**) oder mehrere über die Zeit verteilte Übungssitzungen (**»spaced practice«**)? Nahezu alle Belege sprechen für eine über die Zeit verteilte Übung (Schmidt & Bjork, 1992; Goldstein & Ford, 2002; Kauffeld, Brennecke & Altmann, 2009; Kauffeld & Lehmann-Willenbrock, 2010). Das Unterrichtsmaterial in kontinuierlichen, aufgeteilten Sitzungen über das Semester zu studieren, übertrifft fast immer das Last-Minute-Lernen (► Kap. 6).

Üben Trainingsteilnehmer sollten die **zu erwerbende Fertigkeit auch selber ausüben!** Dieser Hinweis mag banal scheinen, aber oftmals werden Fertigkeiten nur vom Trainer demonstriert, es wird nur über ihre Ausübung gesprochen oder Teilnehmer üben eine von der Zielfertigkeit abweichende Fertigkeit aus. Motorische und mentale Fertigkeiten werden jedoch wesentlich effektiver erlernt, wenn man die Gelegenheit bekommt, sich selber an ihnen zu versuchen. Dies lässt sich leicht an einem Beispiel veranschaulichen: Obwohl vor jedem Flug die Benutzung der Schwimmwesten im Flugzeug erläutert wird, wüsste vermutlich kaum einer von uns, was er im Notfall mit der Weste anstellen sollte. Ganz anders sähe es wohl aus, wenn wir die Weste selbst einige Male angelegt, an der Kordel gezogen und die Notfallleuchte betätigt hätten (Goldstein & Ford, 2002).

Ganzheitliches Lernen Lernmaterial kann in separate Abschnitte unterteilt werden, was als **Part Learning** bezeichnet wird, oder es kann als Ganzes präsentiert werden **(Whole Learning)**. Forschungsergebnisse weisen darauf hin, dass Whole Learning besser geeignet ist als Part Learning, besonders wenn die Trainingsteilnehmer über ein **hohes Ausmaß kognitiver Fähigkeiten** verfügen (Adams, 1987) und die zu lernende **Aufgabe stark strukturiert und sehr komplex** ist (Goldstein & Ford, 2002). Es ist z. B. erfolgreicher, einem Arbeiter den Umgang mit einem Bulldozer durch Präsentation der gesamten Aufgabe beizubringen, d. h. Fahrzeug lenken und dabei die Schaufel steuern, als ihn beide Fähigkeiten separat erlernen zu lassen, insbesondere deshalb, weil die Steuerung des Bulldozers beide Tätigkeiten simultan erfordert. Wenn eine **Fertigkeit so komplex** ist, dass Whole Learning nicht sinnvoll ist (z. B. das Auswendigspielen einer Klaviersonate), kann eine Art sequenzielles Part Learning verwendet werden. Zuerst wird immer wieder der erste Abschnitt wiederholt. In der nächsten Sitzung wird ein zweiter Abschnitt hinzugefügt und beide werden im Zusammenhang geübt. Es werden immer weitere Abschnitte hinzugefügt, bis die Fertigkeit erlernt ist (Goldstein & Ford, 2002).

Feedback Ein anderes kritisches Element ist die Feedbackgabe an Trainees bezüglich ihrer Lern- und am besten auch Transferfortschritte (▶ Kap. 2 und ▶ Kap. 6). Training ohne Feedback führt häufig nur zu geringen Leistungssteigerungen. Erst mit Feedback entfaltet es seine volle Wirksamkeit (Goldstein & Ford, 2002). Dennoch ist nicht jede Art von Feedback gleichermaßen nützlich. Um effektiv zu sein, muss Feedback **unmittelbar statt verzögert** gegeben werden. Feedback sollte **spezifisch und glaubwürdig** und auf die individuellen Bedürfnisse der Teilnehmer abgestimmt sein. Leistungsschwache Teilnehmer benötigen beispielsweise besonders spezifisches und vorsichtiges Feedback (Goldstein & Ford, 2002). Mehr Feedback ist generell besser, obwohl es einen Punkt gibt, an dem zu viel Feedback Trainingsteilnehmer nur überfordert, verwirrt und Ohnmachtsgefühle weckt. Die Forschung hat gezeigt, dass **positives Feedback**, d. h. Informationen darüber, was ein Trainee richtig gemacht hat, **effektiver ist als negatives Feedback**, welches darauf fokussiert, was der Trainingsteilnehmer falsch machte (Martocchio & Webster, 1992).

Advanced Organizers Unter Advanced Organizers werden z. B. Zusammenfassungen, Gliederungen oder Diagramme verstanden, die vorab präsentiert werden, um den Trainees einen **Überblick über den Lerninhalt** zu geben. Auf diese Weise wird die Struktur des Lerninhalts erkennbar. Dadurch können Trainees während des Lernens ihre Aufmerksamkeit auf die relevanten Aspekte und Zusammenhänge lenken, die Lerninhalte besser organisieren und mit bereits vorhandenem Wissen verknüpfen (Mayer, 1989, zitiert nach Goldstein & Ford, 2002).

Struktur Trainingsprogramme sollten hoch strukturiert sein, damit sie effektiv sind. Dies erhöht die Bedeutsamkeit des Lernmaterials (Fantuzzo, Riggio, Connelly & Dimeff, 1989; Wexley & Latham, 1991). Ein Trainingsprogramm kann auf unterschiedliche Weise strukturiert werden. Eine Möglichkeit ist es, vor dem Training eine **allgemeine Übersicht über die Inhalte zu geben**, eine weitere Möglichkeit ist, eine logische oder planmäßige Ordnung in die Präsentation des Materials zu bringen. Trainingsteilnehmer sollten außerdem auf die **Wichtigkeit und die Ziele der Übungen** neuer Fähigkeiten hingewiesen werden (Cannon-Bowers, Rhodenizer, Salas & Bowers, 1998; ▶ Kap. 6).

4.2.2 Seminar

Ein Seminar ist eine häufig verwendete Methode, um Mitarbeiter im Rahmen einer Offsite-Methode, zu schulen. Es findet meist nicht am Arbeitsplatz statt und wird von einem oder mehreren Experten geleitet.

Die **klassischen Seminare** sind den meisten als Form der Schulung bekannt. Die Settings sind oft schulklassenähnlich. Ein Seminarleiter berichtet oder erarbeitet Wissen mit den Teilnehmern. Vorteilhaft ist dabei, dass man eine große Zahl von Teilnehmern gleichzeitig weiterbilden kann, wodurch die Kosten relativ niedrig sind. Aber es gibt auch Nachteile bei dieser Art von Weiterbildung. Die Kommunikation ist oft einseitig, da viele Seminare so ablaufen, dass der Leiter referiert und die Teilnehmer zuhören. Dies birgt die Gefahr, dass die Teilnehmer nicht aktiv mitarbeiten, mitdenken und sich die Inhalte nicht einprägen. Des Weiteren hängt die Qualität des Seminars und des Wissenszuwachses deutlich damit zusammen, wie professionell der Leiter arbeitet. Außerdem ist bei dieser Methode davon auszugehen, dass einige neu erlernte Inhalte nicht im Kontext des Arbeitsplatzes angewendet werden können. Einige Studien zeigen, dass diese Methode in manchen Aspekten eine der uneffektivsten sein kann (Carroll, Paine & Ivancevich, 1972). Positiv wurde die Methode dagegen bewertet, wenn die Teilnehmer eine höhere Ausbildung genossen hatten, also z. B. Manager waren (Burke & Day, 1986). Die Methode kann also durchaus erfolgreich sein. Aber welche Aspekte unterscheiden effektive von weniger effektiven Seminaren? Die nachfolgend aufgeführten Punkte tragen dazu bei, dass der Lerninhalt vielfältig erfasst, besser aufgenommen und behalten wird.

- Es wird angenommen, dass die Situation während des **Lernprozesses aus dem Alltag der Teilnehmer** stammen sollte. Durch die dadurch entstehende Bedeutsamkeit wirkt der Inhalt authentisch und kann als realitätsnaher Inhalt effektiver aufgenommen werden. Das Interesse der Teilnehmer wird, laut der modernen Didaktik, durch Themen, die die Teilnehmer als bedeutend und unmittelbar übertragbar empfinden, geweckt. Sie sind dann eher bereit, sich auszuprobieren und Neues zu erkunden.
- Wenn die Teilnehmer die Möglichkeit haben, in Gruppen zu arbeiten, gilt dies als positiv. Dabei trägt v. a. die **Multiperspektivität** der anderen Teilnehmer und des Leiters zum Lernerfolg bei und erweitert den Horizont der Einzelnen.
- Vorteilhaft ist das **Lernen mit allen Sinnen**. Es zeigt sich, dass die Vielfalt beim Lernen zum Erfolg führt. Die Teilnehmer könnten z. B. das Gelernte anderen erklären, es visualisieren und auf konkrete Beispiele anwenden.
- Des Weiteren wird vorgeschlagen, das **Wissen flexibel zu vermitteln**. So müsse man viele komplexe Probleme von mehreren Perspektiven beleuchten und diskutieren. Für das bessere Verständnis werden mehrere Anwendungsbeispiele gesucht und gelöst.
- Aspekte der **Selbstwirksamkeit und der Selbststeuerung** werden betont. Es wird davon ausgegangen, dass Erwachsene in ihrer mehrjährigen Lernerfahrung für sich erfolgreiche Lernstrategien entwickelt haben. Um dem einen Raum zu lassen, sollten die Ziele und Zwischenziele benannt werden. Die Überzeugung der Selbstwirksamkeit motiviert die Teilnehmer zum Lernen. Demzufolge sollte ihnen das Gefühl vermittelt werden, dass sie durch ihr Tun dem erwünschten Ziel näher kommen.
- Ein wichtiger Hinweis ist, dass es für Teilnehmer frustrierend sein kann, zu lernen ohne zu wissen, wo der Anwendungsbezug liegt. Daher empfiehlt es sich, schon beim Lernprozess aufzuzeigen, in welchen Situationen das Erlernte angewendet werden kann.

Methoden im Seminar

Es ist wichtig, die richtigen Methoden für das Seminar auszuwählen und anzuwenden. Die am häufigsten verwendeten Methoden sind: Lehrvortrag, Lehrgespräch, Murmelgruppenmethode, Rollenspiel und Gruppenarbeit. Im Folgenden werden wesentliche Methoden kurz skizziert.

Lehrvortrag Der Lehrvortrag ist nach wie vor *die* klassische Methode des Seminars. Jeder kennt ihn aus der (Hoch-)Schule. Bisweilen wird er durch Medieneinsatz begleitet.

> Der Lehrvortrag eignet sich zur Einführung in ein Thema, Wissensvermittlung, Erklärung von Zusammenhängen und Hervorhebung wichtiger Punkte.

So lässt sich viel Stoff in kurzer Zeit behandeln. Für den Trainer ist alles planbar, er kann sich gut vorbereiten und fühlt sich einigermaßen sicher. Aber wie geht es dem Teilnehmer? Der Teilnehmer ist zur Passivität verurteilt, seine begrenzte Aufmerksamkeit wird strapaziert, sein Arbeitsgedächtnis wird überlastet. Wie lange der Zuhörer dabeibleibt und wie viel er sich letztendlich merken kann, ist von vielen Faktoren wie dem eigenen Interesse und Vorkenntnissen sowie den Qualitäten des Redners abhängig (▶ Checkliste »Kernelemente eines guten Vortrags«) (vgl. Weidenmann, 2002; Kießling-Sonntag, 2003; Langer, Schulz von Thun & Tausch, 2002). Um die Teilnehmenden zu aktivieren, können kleine Übungen und Fragen eingebaut werden. Bei Abstimmungen können Handzeichen gegeben werden. Noch mehr Dynamik wird dabei durch Aufstehen der Teilnehmer erzeugt. Nonverbale Reaktionen der Teilnehmer, wie hochgezogene Augenbrauen, verwirrte Blicke oder nervöses Scharren, können aufgegriffen werden.

Lehrgespräch

> Beim Lehrgespräch wird ein Vortrag des Trainers durch Fragen an die Teilnehmer unterbrochen. Es handelt sich um eine abgemilderte, interaktivere Form des Lehrvortrags.

Checkliste: Kernelemente eines guten Vortrags

Einfachheit
Verwenden Sie kurze Sätze, vermeiden Sie übermäßigen Fachjargon, werden Sie konkret.

Gliederung
Präsentieren Sie vorab die Gliederung ihres Vortrags und weisen Sie im Verlauf immer wieder darauf hin, an welcher Stelle Sie sind. Erschlagen Sie Ihre Zuhörer nicht gleich mit Details, sondern bieten Sie am Anfang des Vortrags einen groben Überblick, in den die Feinheiten später eingeordnet werden können. Machen Sie durch Überleitungen deutlich, wie 2 Punkte miteinander zusammenhängen: von Satz zu Satz (»Dadurch …«, »Im Gegensatz zu …«, »Vergleichbar mit …« usw.) und von Abschnitt zu Abschnitt (»Eben haben wir über … gesprochen, jetzt wenden wir uns der Gegenposition zu« etc.). Zentrale Punkte sollten durch Medieneinsatz, Stimme, Körpersprache etc. hervorgehoben und wiederholt werden. Unterstützen Sie den Behaltensprozess durch kurze Zwischenzusammenfassungen und eine Schlusszusammenfassung.

Kürze/Prägnanz
Überlegen Sie sich vorab, welches Ziel Sie mit dem Vortrag erreichen wollen. Vermeiden Sie umständliche Ausschweifungen, konzentrieren Sie sich auf Ihren roten Faden. Sprechen Sie maximal 20 Minuten am Stück.

Zusätzliche Anreicherung
Verwenden Sie Beispiele, Bilder, Metaphern und Vergleiche. Nutzen Sie Medien. Persönliche Ansprache und Anknüpfungen an die Erfahrungen der Zuhörer können diese motivieren.

Körpersprache
Die Körpersprache und die Stimmqualität tragen mindestens ebenso viel zu einem gelungenen Vortrag bei wie dessen Inhalt. Stehen Sie aufrecht, bewegen Sie sich, ohne dabei hektisch zu werden, halten Sie Blickkontakt zu den Teilnehmern, verwenden Sie Gestik und Mimik, um wichtige Punkte zu unterstreichen.

Stimme und Sprache
Sprechen Sie ausreichend langsam und deutlich, mit ruhiger Atmung, melodisch statt monoton. Verwenden Sie Betonungen und Pausen zur Hervorhebung einzelner Aspekte. Überstrapazieren Sie Ihre Stimme nicht durch zu lautes Sprechen. Versuchen Sie frei zu sprechen. Versprecher sind dabei normal, es muss nicht klingen wie abgelesen.

Behalten fördern
Regen sie zu Notizen oder Mindmaps an, um das Arbeitsgedächtnis zu entlasten.

Enthusiasmus
Wenn Sie mit Begeisterung über ihr Thema sprechen, befolgen Sie die meisten dieser Tipps ganz von selbst! Wenn Sie es allerdings öde finden, werden es auch ihre Zuhörer tun. Fragen Sie sich, was an dem Thema spannend ist, warum es interessant und wichtig ist. Lassen Sie den Funken überspringen!

Im Idealfall kann auf diese Weise gemeinsam ein Thema erarbeitet werden, ohne dass bei den Teilnehmern allzu viel Langeweile aufkommt. Ein weniger gelungenes Lehrgespräch ähnelt allerdings eher einem Ratespiel als einem echten Gespräch. Die Teilnehmer fühlen sich dann als reine Stichwortlieferanten nicht ernst genommen. Um gleichzeitig den eigenen Plan und die Interaktionen mit den Teilnehmern unter einen Hut zu bringen, braucht der Trainer Fähigkeiten zur Gesprächslenkung, ein großes Vorwissen auf dem Themengebiet und die Fähigkeit, Schweigen auszuhalten. Das Lehrgespräch eignet sich für Themengebiete, bei denen die Beiträge der Teilnehmer tatsächlich von Interesse sind. Beispielsweise, wenn Lerninhalte mit Erfahrungen der Teilnehmer verbunden oder auf das Berufsleben übertragen werden sollen. Es eignet sich auch gut, wenn das Themengebiet stark strukturiert ist und sich der rote Faden den Teilnehmern wie von selbst erschließt. Wichtig ist es, darauf einzugehen, was an dem Beitrag eines Teilnehmers interessant, wichtig oder bemerkenswert ist.

Murmelgruppe

> Bei der Murmelgruppe wechselt sich der Lehrvortrag mit Kleinstgruppenarbeit ab.

Die Teilnehmer bleiben dazu an ihrem Platz sitzen und arbeiten leise »murmelnd« mit einem oder 2 Sitznachbarn. Anschließend wird das Erarbeitete kurz besprochen und darauf folgt wieder eine kleine Portion Lehrvortrag. Zum Beispiel hält der Trainer 10 Minuten lang einen Vortrag, in dem er die wichtigsten Kenntnisse zu einem Produkt vermittelt, danach wird 10 Minuten darüber gemurmelt, welche Zielgruppe das Produkt anspricht. Die Ergebnisse werden dann auf einer Tafel stichwortartig zusammengetragen und zusammengefasst, offene Fragen werden notiert. Diese Methode ist zwar etwas zeitaufwendiger als das Lehrgespräch, hat aber den Vorteil, dass die Teilnehmer sich wirklich mit dem Stoff beschäftigen, statt zu Quizteilnehmern degradiert zu werden. Für die Teilnehmer ist die Murmelgruppe meist sehr angenehm. Oft wird die Interaktion mit den Sitznachbarn als wohltuende, nicht zu lange währende Abwechslung zum Vortrag empfunden. Außerdem kommen die Teilnehmer besser zu Wort und lernen sich besser kennen als bei der Gruppenarbeit.

Stillarbeit

> Bei der Stillarbeit bearbeitet jeder Teilnehmer für sich im Stillen eine Aufgabe.

Mögliche Aufgaben sind z. B. die Bearbeitung von Fallstudien, Aufgabenblättern, das Studieren von Texten oder das Brainstorming. An eine Stillarbeitsphase lässt sich gut eine Diskussion oder Gruppenarbeit anschließen, in der unterschiedliche Lösungsansätze präsentiert und verglichen sowie Probleme behandelt werden können. Diese Form der Arbeit ist nützlich, wenn eigene Ideen und Lösungsansätze entwickelt werden sollen. Sie ist ebenfalls von Nutzen, wenn sich die Teilnehmer besonders intensiv und selbstständig mit einem Themengebiet auseinander setzen, nachdenken, ganz in Ruhe und im eigenen Tempo etwas durcharbeiten oder eigenen Meinungen und Empfindungen nachgehen sollen.

Diskussion Bei einer Diskussion werden Meinungen und Argumente ausgetauscht, unterschiedliche Standpunkte kennen gelernt, Probleme erörtert und bearbeitet. Manchmal geht es darum, sich auf einen Standpunkt zu einigen, manchmal sollen verschiedene Standpunkte voneinander abgegrenzt werden.

> In diesem Prozess können Teilnehmer eine eigene differenzierte Meinung entwickeln und lernen, diese durch Argumente zu unterstützen. Für eine Diskussion müssen ausreichende Vorkenntnisse zum Thema vorhanden sein.

Der Leiter ist dafür verantwortlich, die Diskussion zu strukturieren und anzuleiten. Er sorgt dafür, dass jeder zu Wort kommt, keine Endlosmonologe gehalten werden und den einzelnen Beiträgen zugehört wird. Er greift ein, wenn der Ton zu harsch wird, und liefert zwischendurch immer wieder kurze Zwischenzusammenfassungen, um zu verhindern, dass sich das Gespräch im Kreis dreht. Am Ende der Diskussion fasst er das Erarbeitete noch einmal zusammen. Durch das **Visualisieren** in der Diskussion wird die Aufmerksamkeit der Empfänger sichtbar auf die genannten Punkte fokussiert. Der Redeaufwand kann verkürzt werden. Visualisierung kann dabei helfen, das Gesagte besser im Gedächtnis zu speichern sowie Missverständnisse zu beseitigen.

Storytelling

> Storytelling bedeutet das systematische Sammeln, Aufbereiten und Verbreiten von Geschichten innerhalb einer Organisation zu Trainingsinhalten oder zum Trainingserfolg (▶ Methodenüberblick »Prozess und Vorgehen beim Storytelling«).

Themen dieser »organisationalen Geschichten« sind z. B. die Bewältigung einer Niederlage, der Umgang mit Problemen oder Statusunterschiede zwischen Vorgesetzten und ihren Untergebenen.

Mit dem Storytelling lassen sich verschiedene Ziele verfolgen (Thier, 2006):

- **Wissensmanagement:** Storytelling macht Erfahrungswissen der Mitarbeiter greifbar, welches mit anderen Methoden nur schwer zu fassen ist oder im Tagesgeschäft untergeht. Solches Erfahrungswissen kann z. B. die Zusammenarbeit im Team, Kommunikationsprozesse oder den Umgang mit einem wichtigen Kunden betreffen. Besonders wichtig ist dies, wenn sehr erfahrene und langjährige Mitarbeiter aus dem Unternehmen ausscheiden (»leaving experts«). Ihr Erfahrungsschatz kann in Form einer Geschichte bewahrt und weitergegeben werden. Bewährte Strategien bleiben dem Unternehmen erhalten und Fehler müssen sich nicht wiederholen.

Methodenüberblick: Prozess und Vorgehen beim Storytelling

1. **Planung:** Legen Sie in Zusammenarbeit mit den verantwortlichen Führungskräften das Ziel des Storytellings und die Zielgruppe der Geschichte fest. Einigen Sie sich auf ein grobes Thema oder Ereignis, um das sich die Geschichte drehen soll.
2. **Interview:** Befragen Sie maximal 25 beteiligte Personen zu dem Thema oder Ereignis. Versuchen Sie, so viele Perspektiven wie möglich aus unterschiedlichen Abteilungen und Hierarchieebenen zu sammeln. Berücksichtigen Sie auch die Perspektive von Kunden, Lieferanten und Abnehmern. Verwenden Sie dazu einen halbstrukturierten Interviewleitfaden, lassen Sie aber ausreichend Raum für freies Erzählen. Lassen Sie die Beteiligten aus ihrer Sicht berichten und fragen Sie auch danach, welche Lehren sie aus dem Ereignis gezogen haben.
3. **Extraktion:** Sortieren Sie das Material in Kategorien ein. Eine häufig verwendete Methode dazu ist die Qualitative Inhaltsanalyse. Bei der Qualitativen Inhaltsanalyse ordnen Sie einzelne Textstellen entweder theoretisch abgeleiteten oder induktiv aus dem Material heraus gebildeten Kategorien zu. Die Kategorien können wiederum zu übergeordneten Themen zusammengefasst werden.
4. **Schreiben:** Verarbeiten Sie das Material zu einer Erfahrungsgeschichte von 25–100 Seiten. Versuchen Sie, unterhaltsam und spannend zu schreiben. Sowohl chronologisches als auch themenorientiertes Erzählen ist möglich. Jede Geschichte besteht aus einer Ausgangssituation, einem Ereignis und einer Konsequenz. Das übliche Layout der Geschichten ist zweispaltig: In der rechten Spalte wird anhand von Zitaten der Beteiligten das Ereignis nacherzählt, in der linken Spalte stehen Ihre Anmerkungen oder provokanten Fragen. Am Anfang der Geschichte steht eine »Anleitung« zu ihrem Gebrauch, in der kurz der Hintergrund des Geschehens und das Ziel der Geschichte erläutert werden.
5. **Validierung:** Geben Sie die Geschichte an die Beteiligten zurück, um ihnen Gelegenheit für Einwände oder Kritik zu lassen. Bauen Sie etwaige Änderungen ein. Geben Sie die Geschichte auch den zuständigen Führungskräften, um ihr O.K. zu bekommen.
6. **Verbreitung:** Sie können, je nach Zielsetzung, die Geschichte im Firmenintranet, der Firmenzeitung oder in Handbüchern veröffentlichen. Oder Sie bearbeiten sie gemeinsam in kurzen Workshops (vgl. Thier, 2006).

- **Qualitätsmanagement:** Geschichten, und auch ihr Entstehungsprozess, geben Aufschluss über Stärken und Schwächen des Unternehmens. Durch Berücksichtigung verschiedener Perspektiven werden Muster deutlich. Was läuft systematisch schief, womit sind die Mitarbeiter zufrieden? Die Geschichte kann neben individuellen Lernprozessen Veränderungsprozesse in der Organisation anregen.
- **Verbreitung der Firmenphilosophie:** Geschichten sind das ideale Medium, um insbesondere neue Mitarbeiter – in Trainings sehr gezielt – mit der Firmenphilosophie bekannt zu machen und sie von ihr zu überzeugen.
- **Projektdebriefing:** Storytelling kann auch routinemäßig nach Abschluss von Projekten in Workshops durchgeführt werden. Die Mitarbeiter erstellen gemeinsam eine Geschichte aus ihren Erfahrungen mit dem Projekt. Die Geschichten können in ein Training zum Projektmanagement einfließen. Dies ist analog dazu auch bei anderen Themen wie Führung oder Vertrieb möglich.

Das **Storytelling** macht Spaß und Mitarbeiter genießen es, an der Entstehung der Geschichte beteiligt zu sein. Sie fühlen sich wertgeschätzt und bringen »unter den Teppich gekehrte« Tabuthemen ans Licht. Dafür ist jedoch gegenseitiges Vertrauen und Akzeptanz gegenüber der Methode erforderlich.

Gruppenarbeit Bei der typischen Gruppenarbeit bearbeiten die Teilnehmer in kleinen Gruppen in vorgegebener Zeit eine bestimmte Aufgabe. Die Ergebnisse der Arbeit werden anschließend im Plenum gemeinsam ausgewertet.

> Gruppenarbeit ist geeignet, wenn ausreichend Zeit vorhanden ist, sich intensiv mit einem Thema auseinander zu setzen.

Entscheidend ist, dass den Teilnehmern Sinn und Zweck der Gruppenarbeit klar sind, damit sie auf das deutlich definierte Ziel zuarbeiten, anstatt ratlos herumzusitzen. Die Aufgabenstellung sollte auf Arbeitsblättern schriftlich festgehalten oder gut sichtbar auf einem Flip-Chart dargestellt sein. Manche Trainer gehen während der Gruppenarbeit von Gruppe zu Gruppe, um noch offene Fragen zu klären. Andere ziehen sich ganz zurück und lassen die Gruppen allein arbeiten. Die Zusammenstellung der Gruppen kann zufällig oder anhand vorab erstellter Listen erfolgen. Das hat den Vorteil, dass immer wieder neue Konstellationen entstehen. Oft ist es jedoch am günstigsten, wenn sich die Teilnehmer selber zu Gruppen zusammenfinden. Die Ergebnisse der Kleingruppenarbeit sollten von den Teilnehmern stichwortartig festgehalten werden, um sie in das Seminar einbringen zu können.

Fallstudie Bei einer Fallstudie erhalten die Teilnehmer detaillierte Informationen zu einem Problem oder einer schwierigen Situation in einer Organisation. Die Hintergrundinformation wird schriftlich ausgeteilt und umfasst einige Seiten, gerne verwendet man hierfür reale Fälle (▶ Methodenüberblick »Fallstudie«). Die Informationen repräsentieren den Wissenshorizont der betroffenen Personen. Das heißt, dass die Information oft unvollständig, zweideutig oder sehr komplex ist. Es gibt verschiedene Arten der Fallstudie. Bei den **Informationsfällen** sind die für die Falllösung relevanten Daten vollständig, lückenhaft oder auch gar nicht gegeben. Relevante Informationen müssen selbstständig zusammengetragen werden. Beim **Beurteilungsfall** ist das der Fallstudie zugrunde liegende Problem ausdrücklich benannt. Der Teilnehmer soll das Problem beurteilen bzw. eine Lösung erarbeiten. Beim **Problemfindungsfall** ist der Lernende gefordert, die Probleme eigenständig zu erkennen und ihre Relevanz abzuwägen. Beim **Entscheidungsfall** müssen Lösungsalternativen bzw. Lösungen vom Lernenden gesucht werden. Ebenso kann aber die Lösung vorweggenommen und zum Diskussionsgegenstand gemacht werden. Die Teilnehmer müssen sich in die Lage einer Führungsperson oder eines Beraters der Organisation versetzen. Sie analysieren die Lage, produzieren und bewerten Lösungsvorschläge und kommen zu einer Entscheidung. Meist geschieht dies zuerst einzeln, und in einer anschließenden Phase werden die Lösungsvorschläge in der Gruppe zusammengetragen und gemeinsam diskutiert. Es gibt keine einzelne »richtige« Lösung, sondern unendlich viele Möglichkeiten, die alle verschiedene Konsequenzen nach sich ziehen.

> **Methodenüberblick: Fallstudie**
>
> **Beispiel für eine Fallstudie**
> Die Teilnehmer bekommen 5 Seiten zu der Hintergrundsituation einer Firma, einem bekannten deutschen Hygieneartikelhersteller, ausgeteilt. Sie arbeiten die Seiten in Einzelarbeit durch. Daraus erfahren sie, dass der Hygieneartikelhersteller aufgrund eines erstarkenden Konkurrenten Verluste macht. Bedeutende Kunden springen ab. Ein beträchtlicher Teil der Belegschaft musste entlassen werden. Unter den Mitarbeitern herrscht große Angst um den eigenen Job. Wie kann man die Mitarbeiter in dieser schwierigen Situation motivieren, weiterhin Höchstleistungen zu bringen?
>
> **Wie erstelle ich eine Fallstudie?**
> Eine Fallstudie sollte die Teilnehmer mitreißen und interessieren, daher bietet es sich an, an aktuelle Probleme oder Fragestellungen anzuknüpfen. Wenn möglich sollten die echten Personen- und Ortsnamen verwendet und auch der Zeitpunkt des Geschehens erwähnt werden. Die Fallstudie kann, wie eine Geschichte, in Vergangenheitsform geschrieben werden. Sie sollte kurz, knapp und gut lesbar sein.
>
> Oft stellen Führungskräfte bereitwillig eine Geschichte aus ihrem Betrieb als Grundlage für eine Fallstudie zur Verfügung. Für Unternehmen bieten Fallstudien den Vorteil, dass sie sich positiv auf das Image auswirken können.
>
> Wählen Sie aus den Geschichten die passende aus und identifizieren Sie die Hauptperson. Mit ihr führen Sie ein maximal zweistündiges Interview. Sie sollten vorab genau wissen, welche Informationen Sie brauchen.
>
> Legen Sie die Aufgabe für die Teilnehmer fest. Sollen sie bekannte oder fachfremde Theorien anwenden? Wollen Sie die Information in der Fallstudie vollständig präsentieren oder unvollständig, falsch und durcheinander? Sollen die Teilnehmer eine Entscheidung bewerten, selber treffen oder müssen sie erst das Problem finden?
>
> Schreiben Sie einen Entwurf der Fallstudie. Fehlende Informationen besorgen Sie sich durch Rückfragen an das Unternehmen. Besondere Beachtung verdient die Frage, an welcher Stelle Sie die Schilderung abbrechen wollen.
>
> Holen Sie sich auch die Rückmeldung vom Unternehmen, ob die Darstellung angemessen ist und die Fallstudie so veröffentlicht werden darf.
>
> Es ist ebenfalls möglich, sich »im Lehnstuhl« eine Fallstudie selber auszudenken. In der Regel sind aber realitätsbasierte Fallstudien interessanter, komplexer und mitreißender.

> Die Methode der Fallstudie bietet Teilnehmern die Möglichkeit, sich ausführlich und intensiv mit einem realitätsnahen und konkreten Problem zu beschäftigen.

Die Transfersicherung kann z. B. dadurch erfolgen, dass die Teilnehmer Fälle aus der eigenen Organisation bearbeiten. Anschließend kann gemeinsam versucht werden, Gelerntes auf anstehende Probleme und Entscheidungen in den Abteilungen der Teilnehmer zu übertragen (Goldstein & Ford, 2002).

Rollenspiel Das Rollenspiel ist eine Methode, bei der die Teilnehmer »so tun als ob« – sie handeln, als wären sie in einer realen Situation außerhalb der Seminarwelt. Es ist die einzige Methode im Seminar, bei der neue Verhaltensweisen nicht nur besprochen, sondern auch ausprobiert und eingeübt werden können. Im geschützten Rahmen des Seminars lässt sich zudem mit verschiedenen Verhaltensweisen experimentieren. Die Teilnehmer können sich in andere Personen hineinversetzen, ihre Selbstwahrnehmung schärfen und herausfinden, wie sie auf andere wirken. An mancher Stelle ist diese, zugegebenermaßen sehr zeitaufwendige, Methode daher unverzichtbar.

> Das Rollenspiel kann nützlich sein, um den eigenen blinden Fleck zu verkleinern und Selbst- und Fremdwahrnehmung abzugleichen.

Trainer sind während des Rollenspiels stark gefordert. Sie müssen sehr genau beobachten, im Notfall eingreifen, unterbrechen oder abbrechen. Letzteres wird notwendig, wenn Teilnehmer Schaden zu nehmen drohen oder Langweile aufkommt. Bei Videoaufzeichnungen müssen oft technische Schwierigkeiten überwunden werden. Eine besondere Herausforderung ist die anschließende Auswertung des Rollenspiels. Hierfür gibt es zahllose Möglichkeiten. Eine Vorgehensweise ist, zunächst die Rollenspieler selbst ihre Eindrücke schildern zu lassen, dann das kollegiale Feedback der anderen Teilnehmer einzuholen und mit dem Trainerfeedback abzuschließen. Um den Zeitaufwand nicht explodieren zu lassen, kann das kollegiale Feedback auch auf Karten oder auf Feedbackbögen festgehalten werden. Daraus sollten die Rollenspieler mit den anderen gemeinsam einen Vorsatz erarbeiten. Wichtig ist, dass keine Vorsätze aufgezwungen werden, sondern aus den Personen heraus entstehen. Der Trainer soll also nicht anleiten, sondern vorsichtig anregen und anstoßen. Eine weitere Methode besteht darin, die Spieler nach dem Rollenspiel aufschreiben zu lassen, was ihnen an ihrem Verhalten gefallen hat, was sie weniger gut fanden und verändern wollen und was sie von den anderen Teilnehmern erfahren möchten (nach Kießling-Sonntag, 2003). In jedem Fall sollten Feedbackregeln beachtet werden, die die Gruppe vorher selbst erarbeiten kann. Mögliche Regeln sind z. B. konkrete Verhaltensbeobachtungen statt allgemeiner Bewertungen liefern, Ich-Aussagen verwenden, Feedback auch zu positiven Aspekten geben etc. Es gibt unendlich viele Variationen des Rollenspiels: Beim Rollentausch wird während des Spielens die Rolle getauscht, beim leeren Stuhl »interagiert« die spielende Person mit einem leeren Stuhl und spielt anschließend aus dessen Perspektive weiter, beim Spielerwechsel wird während des Spielens ein Spieler durch einen anderen ersetzt, beim Rollenzuwachs kommt ein neuer Spieler während des Spiels dazu (vgl. ausführlich Kießling-Sonntag, 2003, und Weidenmann, 2006).

Kollegiale Beratung

> Die Kollegiale Beratung beschreibt die Möglichkeit, berufliche Probleme in der Praxis des Alltags innerhalb einer Gruppe zu besprechen, zu reflektieren und zusammen mit Kollegen aus unterschiedlichen Unternehmensbereichen Lösungen zu entwickeln.

Ein Teilnehmer (Hauptperson) stellt ein reales Anliegen aus seinem Arbeitsalltag vor. Er wird dabei nicht unterbrochen. Themenbeispiele sind Konflikte mit einem Kollegen, Schwierigkeiten, sich in eine neue Abteilung einzuleben, oder Probleme mit einem Computerprogramm. Die anderen Teilnehmer stellen Fragen, um Unklarheiten zu klären. Sie präsentieren ihre Eindrücke, Ideen, Lösungsvorschläge etc. Die Hauptperson lässt diese zunächst auf sich wirken, ohne die anderen zu unterbrechen. Danach gibt die Hauptperson Rückmeldung zu den Lösungsvorschlägen. Gemeinsam wird darüber nachgedacht, wie der Lösungsprozess abgelaufen ist. Ein wichtiges Merkmal der kollegialen Beratung ist, dass jeder Teilnehmer die Rolle des Ratnehmers und des Beraters innerhalb der Gruppe einnimmt. Eine klare Struktur, die von den Teilnehmern oft als entlastend empfunden wird, regelt das systematische Vorgehen (Rowold & Rowold, 2008; Tietze, 2009).

Reflecting Team Die Technik des Reflecting Teams kommt ursprünglich aus der systemischen Beratung und findet oft auch im Coaching Anwendung. Der Schauplatz für das Reflecting Team sieht folgendermaßen aus: Ein »Berater« und ein »Klient« sitzen sich gegenüber. Das eigentliche »reflektierende Team« besteht aus bis zu 4 Personen. Es sitzt etwas abseits, so dass es dem Berater und dem Klienten gut zuhören und sie beobachten kann. Das Besondere an dieser Technik ist, dass Berater und Klient nicht direkt mit dem Team kommunizieren.

Der Ablauf findet in 3 Schritten statt: Der Klient trägt dem Berater sein Anliegen vor. Er spricht nur zum Berater, dabei gibt es keinen Blickkontakt zum Team. Der Berater stellt Fragen, um die Gesamtsituation und das konkrete Problem deutlicher zu erfassen. Währenddessen hört das Team aufmerksam zu und macht Notizen, unterbricht Klient und Berater aber nicht.

Das Team tauscht im nächsten Schritt Beobachtungen, Gedanken und auch Lösungsmöglichkeiten zum Anliegen des Klienten aus. Dabei wird ausschließlich mit den anderen Mitgliedern des Teams gesprochen. Berater und Klient hören lediglich zu und lassen das Gespräch auf sich wirken.

Der Klient reflektiert dann mit dem Berater das Gespräch des Teams. Was fand der Klient interessant, wie hat er das Gespräch empfunden, was war neu und was hat gefehlt? Welche Lösungsmöglichkeiten kommen für den Klienten in Frage? Der Berater unterstützt den Klienten, indem er Fragen stellt. Bei Bedarf beginnt dann ein weiterer Durchlauf.

Während der Gesprächsphasen werden »Kommunikationsregeln« aus der systemischen Beratung eingehalten:
1. Wertschätzung, insbesondere gegenüber dem Klienten, der in einer exponierten Situation ist.
2. Es gibt keine richtigen oder falschen Wahrnehmungen, verschiedene Perspektiven sind gleich wertvoll.
3. Beobachtungen und Vorschläge werden vorsichtig vorgetragen (»Man könnte ...« statt »Du musst!«).

> Teilnehmer können durch das Reflecting Team die eigene Wahrnehmung einer festgefahrenen Situation verändern und sich neue Perspektiven erschließen.

An der Situation völlig Unbeteiligte tragen manchmal zu neuartigen Lösungsmöglichkeiten bei. Die Teilnehmer, die das Team bilden, üben sich darin, sich in die Sichtweise und Situation anderer hineinzuversetzen. (Biermann & Steinke, 2005; Tomaschek, 2005).

> Seinen historischen Hintergrund hat das Reflecting Team in der systemischen Familientherapie (▶ Kap. 3). Der norwegische Psychiater und Psychotherapeut Prof. Andersen hat in den 80er Jahren des 20. Jh. mit dem Zweikammermodell gearbeitet. Dabei sind ihm 2 Dinge negativ aufgefallen. Erstens hatten die Familienmitglieder während der gesamten Sitzungen keinen Kontakt und keinen Einblick in die Analyse des psychotherapeutischen Teams und zweitens – was er als schwerwiegender einstufte – lief die interne Therapeutenkommunikation teilweise respektlos ab. Bedingt durch einen technischen Fehler, konnte eine Familie das Analysegespräch mitverfolgen. Entgegen Andersens Einschätzung, waren die Hinweise
▼

seiner Kollegen für die Familienmitglieder hilfreich und wertvoll. Andersen entwickelte daraufhin ein verändertes Setting, das den Kommunikationsprozess des Therapeutenteams mit einer räumlichen Einschränkung (Einwegspiegelscheibe) offen legte und eine zweite Beratungsphase innerhalb der Sitzung für die Familie mit ihrem Therapeuten bereithielt.

Medieneinsatz im Seminar

Zu den am **häufigsten verwendeten Medien** in Seminaren gehören Overheadprojektor, Beamer, Flip-Chart, Pinnwand, Tonkassetten, Video und zunehmend auch Lernsoftware und E-Learning. Wie sinnvoll eine Methode ist, entscheidet sich anhand des Themas, der Zielgruppe und der vorgegebenen Zeit. Mit Beamer und Powerpoint sind beeindruckende Präsentationen möglich. Obwohl diese Technik Standard ist, ist sie nicht immer die am besten geeignete. Mit einer traditionellen Wandtafel, einer Pinnwand oder einem Flip-Chart ist es möglich, schrittweise komplexe Grafiken in Interaktion mit den Teilnehmern zu entwickeln. Zum Einsatz traditioneller Medien gibt es viele gute Ratgeber, auf die an dieser Stelle verwiesen werden soll (z. B. Weidenmann, 2006; Kießling-Sonntag, 2003). Der Einsatz von Video im Seminar sowie E-Learning und Blended-Learning-Ansätze werden in den folgenden Abschnitten vertieft behandelt.

Videofilme

Video kann im Training vielfach genutzt werden: zur Inspiration, als Anreiz, als Lernanstoß, zur Erläuterung von Sachverhalten, als Anlass zur Reflexion und zum Videofeedback (vgl. auch Kießling-Sonntag, 2003). Die verschiedenen Funktionen von Videofilmen im Seminar werden nachfolgend erläutert.

Interesse wecken Es gibt wohl kaum einen Seminarteilnehmer, der von der Aussicht, ein Video zu sehen, nicht angetan ist. Über unzählige »Heimtrainingsstunden« hinweg hat sich bei den meisten Teilnehmern eine außerordentlich stabile Verbindung zwischen Fernsehen und Unterhaltung verfestigt.

4.2 · Trainingsformen

> Videos eignen sich gerade deshalb hervorragend dazu, das Interesse anzuregen, nach einem schwierigen Thema die Stimmung aufzulockern oder einen langen Seminartag mit etwas Humor zu beschließen.

Dafür bieten sich unfreiwillig komische »Guru-videos« prominenter Personen an, Tipps von Monty-Python-Mitgliedern, wie man möglichst schnell einen Kunden los wird oder wie das Besprechungsdesaster unvermeidbar wird. Die Teilnehmer können auch selbst ein Video drehen, um sich einem Thema anzunähern oder ihren Lernerfolg zu dokumentieren (▶ Methodenüberblick »Barfuß-Video«; Lipp & Will, 2008). Der Trainer kann ein selbstgedrehtes Video verwenden, in dem eine Schlüsselperson wichtige Aspekte für die Seminarinhalte einbringt oder in dem ein Auftraggeber seine Erwartungen an die Seminarteilnehmer formuliert.

Sachverhalte erläutern Videofilme können **Sachverhalte zeigen oder erklären**, die sonst nur schwer in das Seminar integriert werden könnten.

> Durch Veranschaulichung im Film werden Beobachtungslernen, Behaltensleistung und Verständnis gefördert.

Hierfür gibt es eine enorme Auswahl professionell vorproduzierter Videos im Handel. Solche Videos sind eher dokumentarisch, z. B. eine realistische Darstellung eines gelungenen Kundengesprächs. Liegt der Fokus auf der Erklärung eines komplizierten Sachverhalts, können Videos die unendlichen Möglichkeiten von Spezialeffekten, Zeichentrick und Computeranimation ausnutzen. Bei Bedarf kann das Video auch mehrmals gezeigt werden. Anschließend sollte das Gesehene nicht einfach im Raum stehen gelassen, sondern gemeinsam kritisch reflektiert werden.

Reflexionsmaterial bieten Den Teilnehmern werden alltagsnahe und für den Trainingsinhalt relevante Situationen filmisch dargestellt. In einem Verkaufstraining könnten z. B. reale oder mit Schauspielern gedrehte Verkaufssituationen per Video gezeigt werden. Richtiges und falsches Verhalten sowie die jeweiligen Folgen desselben werden aufgezeigt. Dies kann als Anlass zur Reflexion und ggf. Modifikation der eigenen Verhaltensweisen dienen (▶ Kap. 3). Danach besteht im Rahmen eines Verhaltenstrainings die Möglichkeit zur Imitation der als adäquat identifizierten Verhaltensweisen (▶ Kap. 3).

Video-Feedback ermöglichen Beim **Verhaltenstraining** wird im Seminar eine kurze Präsentation oder ein Rollenspiel mit der Videokamera aufgenommen. Das könnte z. B. ein gespieltes Mitarbeitergespräch zu einem unangenehmen Thema, ein Einstellungsinterview oder eine Kundenpräsentation sein. Hauptdarsteller sind die Teilnehmer. Das Anschauen des Videos hilft dabei, sich aus der Außenperspektive zu sehen. Man spürt, wie man auf andere wirkt, und kann objektiver einschätzen, wie nah man an einem bestimmten Zielverhalten ist.

Darüber hinaus ist der Videoeinsatz auch in realen Situationen möglich. Die Aufarbeitung erfolgt

---

Methodenüberblick: Barfuß-Video

Das »Barfuß-Video« ist eine Trainingsmethode, bei der die Teilnehmer von Seminaren, Trainings oder Workshops einen kurzen Videospot in Eigenregie drehen (Lipp & Will, 2008). Mit einer einfachen technischen Ausrüstung wird zu einem vorgegebenen Thema auf unkomplizierte Weise ein laienhaftes Video erstellt, mit einer Abspieldauer von ungefähr 3–5 Minuten. Entweder wird das Barfuß-Video als »Input« zum Seminar mitgebracht oder es wird innerhalb des Workshops erst erstellt. Bei der ersten Variante kann das Video von ehemaligen Mitarbeitern, von Kunden oder vom Vorgesetzten gedreht worden sein. Der Inhalt des Videos bezieht sich dabei dann auf einen bestimmten Sachverhalt innerhalb des Unternehmens, der in dem Workshop behandelt werden soll. Bei der zweiten Variante wird das Video im Workshop von den Teilnehmern gedreht, z. B. als Zusammenfassung einer Gruppenarbeit oder als Reportage zu einem Thema.

▼

Aufbau
Die Trainingsmethode »Barfuß-Video« lässt sich in 6 Phasen einteilen:
1. Aufgabenstellung
   Die Aufgabe und das Thema des Videos müssen jedem Teilnehmer einer Gruppe klar sein. Danach werden die Aufgaben innerhalb der Gruppe verteilt. Die Planung und die Erstellung eines Drehbuchs sowie die Zeiteinteilung für die einzelnen Schritte zur Produktion des Videos werden vorgenommen. Dabei muss beachtet werden, dass das Video maximal 5 Minuten lang sein sollte. Insgesamt sollten für die Vorbereitung und Planung 1,5 Stunden veranschlagt werden. Pausen sind großzügig mit einzuplanen.
2. Szenenauswahl
   Die Szene, die dargestellt werden soll, sollte in Abhängigkeit vom Lernziel ausgewählt werden. Anstelle eines Drehbuchs mit konkreten Äußerungen wird eine Szene von der Gruppe improvisiert. Hierbei ist der situative Hintergrund der Szene zu beachten. Bei der Planung sollte eine eventuelle Störung des laufenden Betriebs ausgeschlossen werden. Eine Dreherlaubnis sollte vorab eingeholt werden, soweit es erforderlich erscheint. Empfehlenswert ist eine Probeaufnahme.
3. Technik
   Die technische Ausrüstung sollte leicht zu bedienen sein. Beim Drehen des Videos sollte besonders auf die Tonqualität und auf gute Lichtverhältnisse geachtet werden. Notfalls können Mikrophone oder zusätzliche Lichtquellen zum Einsatz kommen. Ausreichend bespielbare Videokassetten müssen vorhanden sein, sowie auch Stromanschlüsse und volle Akkus. Die Geräte sollten funktionstüchtig bereitstehen.
4. Umgebung
   Hierbei geht es darum, die Umgebung entsprechend einzurichten und notwendige Requisiten zu beschaffen, wie z. B. Flip-Charts mit Texten, die als Gedächtnisstütze dienen können.
5. Video
   Die Videos entstehen ohne Schnitt und Vertonung. Falls Musik unterlegt werden soll, ist ein CD-Player oder Kassettenrekorder ausreichend. Kurze Gags können zur Auflockerung eingebaut werden.
6. Auswertung
   In der letzten Phase wird die Aufführung der Videos inszeniert. Darauf folgen die Analyse und die Diskussion in der Gruppe der Teilnehmer.

Chancen
- Bereits durch die Planung des Videos und die darauf folgende Umsetzung wird der Lernstoff deutlich und einprägsam verarbeitet. Die lebendige Anschaulichkeit der Ergebnisse regt die Aufnahmefähigkeit der Lernenden an. Eine dauerhafte Speicherung der Lerninhalte wird erleichtert.
- Die Nähe zum Arbeitsalltag hat sich für das Verständnis als förderlich erwiesen, da auch subjektive und emotionale Bereiche der Wahrnehmung angesprochen werden. Somit wird ein leichterer Zugang zur Informationsspeicherung ermöglicht.
- »Barfuß-Videos« haben den Vorteil, dass die Hemmungen der Teilnehmer geringer sind als in den Live-Szenen der Rollenspiele. Das Reflektieren ist durch wiederholtes Anschauen gegeben und schafft für die Darsteller die Möglichkeit, die Szenen selbst zu analysieren, aus eventuellen Fehlern zu lernen und Verbesserungsmöglichkeiten zu entwickeln (Lipp & Will, 2008).

Risiken
- Bei der technischen Ausrüstung kann es manchmal zu Schwierigkeiten kommen. Nicht jeder Teilnehmer ist mit der Technik vertraut. Hier sollte auf eine einfache Handhabung der Geräte geachtet werden.

in dem Fall im nachfolgenden Training. Ein Beispiel dafür ist **act4teams**® (Kauffeld, 2006; Kauffeld, Tiscar-Lorenzo, Montasem & Lehmann-Willenbrock, 2009). act4teams® nutzt die Technik der Videoanalyse, wie sie im Hochleistungssport, beispielsweise im Fußball, erfolgreich eingesetzt wird. Mithilfe der Videoaufzeichnung ist ein Fußballtrainer in der Lage, ein Spiel mit seiner Mannschaft im Nachhinein zu analysieren und zu besprechen. Er kann den Spielern anhand von konkreten Sequenzen zeigen, wo ihre Stärken liegen und welche Fehler sie gemacht haben. Darüber hinaus kommt eine speziell entwickelte Software zum Einsatz, die Daten über Spielgeschwindigkeit, Laufwege, Pässe und Ballkontakte sammelt. Diese Informationen ermöglichen eine genaue Rückmeldung an die Spieler. Sie helfen dem Trainerstab, eine ausgefeilte Taktik zu entwickeln. Das Resultat: Die Spieler lernen aus ihren früheren Leistungen und können sich immer weiter verbessern. Dasselbe Prinzip wird auch bei act4teams® genutzt. Ähnlich wie bei der Videoanalyse im Fußball wird beim Einsatz von act4teams® eine zentrale Team-Situation ausgewählt und aufgezeichnet. Im Fußball ist diese das Spiel, in der Wirtschaft die Team-Besprechung. Dort bündelt sich die Expertise aller Mitarbeiter eines Teams und es werden wichtige Anstöße für spätere Optimierungen in der Arbeit gegeben. Hier wird z. B. deutlich, wie gut Mitarbeiter in der Lage sind, ihr Know-how einzubringen und an Veränderungen mitzuwirken (▶ Methodenüberblick »act4teams®«). Mit diesem Ansatz wird die Realität in das Training

---

Methodenüberblick: act4teams®
Advanced interaction analysis for teams®, abgekürzt act4teams®, ist ein prozessanalytisches Instrument zur Erfassung der beruflichen Handlungskompetenz in Teams. Bei der Messung mit act4teams® wird mit Hilfe der Technik der Videoanalyse eine zentrale Teamsituation analysiert: die **Teambesprechung**. In dieser Situation bündelt sich die Expertise aller Mitarbeiter im Team und es werden wichtige Anstöße zur Optimierung der eigenen Arbeit gegeben. Im Anschluss an die Besprechung werden die aufgezeichneten Informationen extern ausgewertet. Das Ergebnis ist eine zuverlässige **Analyse der Stärken und Entwicklungsfelder eines Teams**.

Als Diagnoseinstrument erfasst act4teams® die **berufliche Handlungskompetenz** im Team (Kauffeld, 2006). Dabei wird zwischen 4 Kompetenzfacetten unterschieden: Professionelle Kompetenz, Methodenkompetenz, Sozialkompetenz und Selbstkompetenz. Die **Professionelle Kompetenz** zeigt sich in den inhaltlichen Beiträgen der Teammitglieder. Sie spiegelt ihre Fähigkeiten und ihre Kenntnisse über die Organisation, die Aufgaben und Prozesse sowie den Arbeitsplatz wieder. Bei der **Methodenkompetenz** geht es darum, inwiefern ein Team Mittel und Ressourcen zur Strukturierung der Diskussion, z. B. ein Flip-Chart, einsetzt. Die **Sozialkompetenz** zielt auf das »Miteinander« der Teammitglieder ab. Sie erfasst, wie die Teammitglieder zusammenarbeiten und wie sie miteinander kommunizieren. Ein **selbstkompetentes Team** ist motiviert, die gegebene Arbeitssituation zu verändern und bei Veränderungen mitzuwirken. Es zeichnet sich durch ein hohes Maß an Eigeninitiative aus.

Um Kompetenzen mit act4teams® messbar zu machen, werden Teams bei der Bewältigung von **Optimierungsaufgaben in Gruppendiskussionen** beobachtet. Das Team diskutiert eine aktuelle, unternehmens- und mitarbeiterrelevante Optimierungsaufgabe wie z. B. »effizienteres Zeitmanagement im Tagesablauf« oder die »Verbesserung der Zusammenarbeit«. Gegenstand der Diskussion können alle innerhalb einer Arbeitsgruppe **anstehenden Probleme** wie z. B. die Koordination der Arbeit innerhalb der eigenen sowie mit anderen Abteilungen sein. Die Mitarbeiter werden aufgefordert, das Thema so, »wie sie es sonst auch tun würden«, zu bearbeiten. Die Gruppendiskussion wird auf Video aufgezeichnet.

Geschulte **Experten (Rater) analysieren** mit act4teams® die **auf Video aufgezeichneten Beiträge** der Teilnehmer. Im Mittelpunkt des Interesses stehen dabei die verbalen Äußerungen der Gruppenteilnehmer, die während der Optimierungssit-
▼

zung gemacht werden. Diese werden einer der **44 exklusiven act4teams®-Kategorien** zugeordnet. Durch die Kodierung der verbalen Äußerungen wird die Handlungskompetenz im Team objektiv messbar. Die Beobachtungskriterien wurden aus theoretischen Überlegungen und empirischen Untersuchungsergebnissen abgeleitet (vgl. Kauffeld, 2006; Kauffeld & Lehmann-Willenbrock, in Druck). Die Kategorien sind unabhängig von konkreten Aufgabenstellungen definiert, um so die **Vergleichbarkeit zwischen Gruppen** zu gewährleisten.

Die Ergebnisse einer act4teams®-Analyse können optimal genutzt werden, wenn man diese mit einem **Coaching-Prozess** verknüpft. Durch Einmalinterventionen können kaum Kompetenzverbesserungen hervorgebracht werden, die die Kosten rechtfertigen. Das Coaching-Programm **act4teams-coaching®** verbindet Elemente von erfolgreichen Maßnahmen zur Team-Entwicklung und zum Führungskräfte-Coaching mit der act4teams®-Diagnose. Das Coaching-Programm besteht aus mehreren **aufeinander aufbauenden Modulen**, die inhaltlich und in ihrem zeitlichen Ablauf klar definiert sind. So entsteht ein transparenter Prozess, der eine nachhaltige und erfolgreiche Begleitung von Teams ermöglicht.

Die Prozessbegleitung mit act4teams-coaching® beginnt mit einer **Aktivierungsphase** (Modul »Activation«), in der Erwartungen an das Team-Coaching geklärt und erste Problembereiche thematisiert werden. Die Mitarbeiter im Team werden dort abgeholt, wo sie sind, d. h. bereits in dieser frühen Phase wird der Coaching-Prozess an die individuellen Bedürfnisse des jeweiligen Teams angepasst. Nach dieser ersten Bestandsaufnahme startet die **erste »Action«-Phase**. Nach der Vereinbarung zu Inhalt und Ablauf der anschließenden Teambesprechung erfolgt die erste act4teams®-Messung. Diese diagnostische Grundlage bildet den Ausgangspunkt für das dritte Modul »**Reflection**«. Es folgt eine intensive Auseinandersetzung mit den Ergebnissen des eigenen Teams, aus der Maßnahmen zur Teamentwicklung abgeleitet werden. Auf Wunsch kann an dieser Stelle zusätzlich eine individuelle Auswertung erfolgen. Diese Form der Auswertung wird gemeinsam mit dem act4teams®-Coach individuell reflektiert. Dies ermöglicht dem einzelnen Teammitglied eine bessere Positionierung der eigenen Rolle innerhalb des Teams. Im vierten Modul »**Progress**« wird weiter an den Themen des Teams gearbeitet. Es ergeben sich Hinweise, welchen Beitrag jeder Einzelne zum Ergebnis leistet. Neue Maßnahmen werden geplant, um das Team voranzubringen. Bei den Maßnahmen ist nicht nur an klassische Maßnahmen zu denken, sondern auch an **arbeitsintegrierte oder strukturelle Maßnahmen**. Die **zweite act4teams®-Messung** im **Modul »Advanced Action«** befasst sich mit der Planung weiterer Schritte, die das Team in seiner Entwicklung voranbringen. Durch diese zweite Messung lassen sich Veränderungen und Verbesserungen im Team über die Zeit nachweisen. Bei der erneuten Messung sollten sich bereits deutliche Erfolge durch die inzwischen umgesetzten Teamentwicklungsmaßnahmen abbilden. In der Abschlussphase (Modul »**Evaluation**«) werden die Ergebnisse der zweiten act4teams®-Messung zurückgemeldet und im Team reflektiert. Das Team bilanziert die eigene Entwicklung und kann entscheiden, wie die Erfolge des Teams verstetigt werden können.

Durch die act4teams®-gestützte Analyse der Prozesse im Team entsteht die Möglichkeit, die entscheidenden Handlungsfelder herauszufiltern und im Anschluss zielgerichtet an ihnen zu arbeiten. Als angenehmes Nebenprodukt wird durch den mehrmaligen Einsatz der act4teams-Diagnose eine Erfolgsevaluierung der abgeleiteten Maßnahmen durchgeführt, da bei jeder neuen Messung alle Veränderungen sichtbar werden. Dies ermöglicht dem Auftraggeber eine **Transparenz über den Erfolg** des act4teams-coaching®-Prozesses.

Die **Prozessbegleitung mit act4teams-coaching®** eignet sich sowohl für Teams, die bereits auf einem hohen Niveau zusammenarbeiten und noch besser werden wollen, als auch für neu zusammengesetzte Teams. Darüber hinaus ist die Organisationsentwicklung einzelner Unternehmensbereiche oder des ganzen Unternehmens möglich, da sich in den Analysen oft eine organisations- oder bereichsspezifische DNA abbilden lässt (vgl. Kauffeld, Lorenzo, Montasem & Lehmann-Willenbrock, 2009).

hineingeholt. Die Teams arbeiten an ihren ganz speziellen Themen und verbessern sich durch das Videofeedback. Der Trainer ist in diesem Prozess Unterstützer und nicht Ankläger (Kauffeld & Montasem, 2009).

Ein zweiter videobasierter Ansatz zur Übertragung von Wissen findet sich im ▶ Methodenüberblick »Wissenstransfer zwischen Arbeitsgruppen«. Das Interventionsdesign bezieht sich auf den Wissenstransfer von einer Gruppe auf eine andere: »**Many**

Methodenüberblick: Wissenstransfer zwischen Arbeitsgruppen

1. Die Gruppe der Wissensträger begibt sich im Innenkreis auf eine Zeitreise und erinnert sich an den Beginn des Projekts. Was wusste ich zu Beginn des Projekts noch nicht, was waren kritische (Lern-)Ereignisse? Was hat sich dabei als hilfreich erwiesen? Was musste auch (aus welchem Grund) wieder verworfen werden? Im Außenkreis beobachten die Wissensnehmer die Diskussion, die auf Video aufgezeichnet wird, und notieren sich Fragen. Zur Vorbereitung der Wissensnehmer empfiehlt es sich, dass diese sich darüber klar sind, was zentrale Aufgaben im Projekt sein werden, was Sie darüber wissen, wo Wissenslücken sind, und was sie von der Gruppe der Wissensträger in jedem Fall erfahren wollen. Ziel des Trainings ist es, neben dem direkten Wissenstransfer, den Teilnehmern metakognitive Strategien zu vermitteln.
2. Daher werden die Teilnehmer in einem zweiten Schritt für Prozesse der Enkodierung und Speicherung, der Aktualisierung des Metawissens der Allokation von Information sowie der Koordination des Abrufs sensibilisiert.
3. Mit diesem Wissen verfolgen die Teilnehmer die Diskussion auf Video. Das Video wird gestoppt, falls Fragen auftauchen. Die Fragen werden von der Gruppe der Wissensträger beantwortet. Dabei wird auf die Prozesse des Wissenstransfers Bezug genommen.
4. Abschließend diskutiert die Gruppe der Wissensnehmer im Innenkreis, was das neue Wissen für ihre weitere Projektarbeit bedeutet und was ggf. die nächsten Schritte sind.
5. Die Gruppe der Wissensträger, welche die Diskussion im Außenkreis beobachtet hat, gibt Feedback dazu. Die zentralen Elemente des Trainingskonzepts sind in ◘ Tab. 4.2 veranschaulicht.

◘ **Tab. 4.2.** Training zum Wissenstransfer

Schritt	Elemente
V	Vorbereitung der Wissensnehmer: Was werden zentrale Aufgaben im Projekt sein? Was weiß ich darüber? Was könnten andere darüber wissen? Wo sind ggf. Wissenslücken?
1	Reflexion der Wissensträger als Zeitreise im Innenkreis (ca. 45 Minuten): Wenn Sie sich zurückerinnern, als Sie mit dem Projekt begonnen haben, was wussten Sie, was nicht? Was waren kritische Lernereignisse? Was/wer war hilfreich? Wissensnehmer im Außenkreis: Sie beobachten die Diskussion und notieren sich W-Fragen (gezielte Beobachtung). Die Diskussion wird auf Video aufgezeichnet.
2	Input zum Aufbau von transaktiven Wissenssystemen: Wie laufen Prozesse ab? Welche Strategien gibt es?
3	Wissenstransfer: Wissensnehmer und Wissensträger schauen gemeinsam das Video an. An Stellen, wo Fragen auftauchen, wird das Video angehalten. Die Fragen der Wissensnehmer werden von den Wissensträgern beantwortet.
4	Reflexion der Wissensnehmer im Innenkreis: Was heißt das für unser neues Projekt/unsere Projektarbeit? Wissensträger im Außenkreis beobachten.
5	Feedback der Wissensträger

to Many« (Aktivitätstransfer zwischen organisatorischen Einheiten, Erfahrungstransfer zwischen unterschiedlichen Gruppen, Bildung neuer Wissensstrukturen in einer Gruppe). Ziel der Intervention muss es sein, das implizite prozedurale Wissen der Wissensträger zu explizieren. Die Schwierigkeit dabei ist, dass das implizite prozedurale Wissen nicht mehr direkt zugänglich ist. Es wird nicht mehr darüber nachgedacht, wie eine Aufgabe bewältigt wird.

> **Eine erfolgversprechende metakognitive Strategie, um das implizite Wissen anderer Personen zu explizieren, ist die Beobachtung.**

Um implizites prozedurales Wissen zu explizieren, wird im Rahmen eines Workshops mit den beiden Gruppen der Wissensträger und Wissensnehmer die Beobachtung und die Moderationsmethode des **Reflecting Teams** genutzt.

4.2.3 E-Learning

Das **E** in E-Learning steht für elektronisch, und unter E-Learning versteht man Lernen, welches mit elektronischen Informations- und Kommunikationstechnologien unterstützt bzw. ermöglicht wird. E-Learning ist aber nicht allein ein Hilfsmittel, sondern unmittelbar mit dem Lernprozess verbunden. Zwei weitere Begriffe, die in diesem Zusammenhang häufig anzutreffen sind und manchmal für Verwirrung sorgen, sind CBT und WBT.

CBT steht **für Computer-based Training**. Computer-based Training bedeutet, dass Software auf dem Computer installiert wird und das Lernen dann unabhängig von Netzwerkanschlüssen funktioniert. Dadurch sind aufwendige Animationen möglich.

WBT steht für **Web-based Training**. Es wird also per Internet auf die Lernsoftware zugegriffen. Das hat mehrere Vorteile. Inhalte können schnell aktualisiert werden und Trainer können den Kurs direkt »steuern«, indem sie z. B. Änderungen vornehmen oder bestimmte Module freischalten, so dass auch individuell maßgeschneidertes Lernen möglich ist. Ein weiteres Plus ist, dass die Teilnehmer per Chat oder E-Mail untereinander und mit den Trainern interagieren können.

Synchron vs. asynchron Eine weitere Unterscheidung im Bereich des E-Learnings ist die zwischen synchroner und asynchroner Kommunikation, d. h. zwischen gleichzeitiger und zeitversetzter Kommunikation. Zu den **synchronen Kommunikationsmedien** zählen Chats und Videokonferenzen, bei denen die Teilnehmer zwar an verschiedenen Orten, aber doch gleichzeitig vor dem Bildschirm sitzen. Das hat den Vorteil, dass Teilnehmer sich direkt miteinander austauschen und auf Beiträge reagieren können. Allerdings ist der Erfolg synchroner Kommunikation stark von der Moderation des Trainers abhängig, denn Teilnehmer können – anders als im persönlichen Gespräch – ohne die subtilen nonverbalen Signale nur schwer erkennen, wann der Zeitpunkt passend ist, einen Beitrag einzubringen. Zu den **asynchronen Kommunikationsmedien** gehören E-Mails und Webforen, bei denen Teilnehmer einen Beitrag verfassen können, wann es ihnen gerade passt. Dadurch ist ausreichend Zeit, um Inhalte zu durchdenken, Fragen auszuformulieren oder komplexe Gedankengänge nachzuvollziehen. Der Austausch wird automatisch dokumentiert und ist dann in den E-Mails oder Postings auf Foren nachlesbar. Nachteile asynchroner Kommunikation liegen darin, dass keine direkte Reaktion auf Beiträge möglich ist und längere Wartezeiten entstehen können. Außerdem ist auch hier der Trainer gefragt, immer wieder auf den roten Faden hinzuweisen.

Über diese einfache Unterscheidung bezüglich der Kommunikationsart hinaus spricht man auch vom synchronen E-Learning. Hiermit ist eine Art Präsenztraining in einem virtuellen Klassenzimmer gemeint. Trainer und Teilnehmer verabreden sich hierzu für einen bestimmten Zeitpunkt im Netz. Dort finden dann beispielsweise Webkonferenzen (mit oder ohne Video) oder live übertragene Vorlesungen mit anschließender Chatfragestunde statt. Gegenüber klassischen Web-based und Computer-based Trainings müssen für synchrones E-Learning keine sperrigen, teuren und unflexiblen Softwareprogramme entwickelt und gepflegt werden. Die Aktualisierung von Inhalten geht problemlos und blitzschnell. ◘ Tab. 4.3 stellt das synchrone E-Learning dem klassischen asynchronen Ansatz gegenüber.

Was spricht für den Einsatz von E-Learning? E-Learning hat in den letzten Jahren einen großen Aufwind erlebt. Für die Beliebtheit von E-Learning

Tab. 4.3. E-Learning: asynchroner vs. synchroner Ansatz

Asynchroner Ansatz	Synchroner Ansatz
Klassische Computer-based/Web-based Trainings	Zum Beispiel Webconferencing, Livevorlesungen
+ Für Grundlagentraining und grundlegenden Wissensaufbau geeignet	+ Für Wissenstransfer geeignet
+ Verwaltung von Lerndaten mittels E-Learning-Managementsystemen	+ Inhalte schnell und weltweit verteilbar
– Entwicklung und Pflege zeitaufwendig, unflexibel und teuer	+ Direkte Interaktion unter allen Beteiligten
– Mangel an direkter Interaktion	– Stark von der Moderationskompetenz des Trainers abhängig

gibt es verschiedene Gründe. Steigender Wettbewerb auf globalisierten Märkten führt dazu, dass Produkte und Dienstleistungen immer schneller auf den Markt gebracht werden müssen. E-Learning kann langwierige Verzögerungen durch Präsenztraining mit großen Mitarbeiterzahlen verhindern. Von Unternehmensmitarbeitern wird zudem erwartet, dass sie sich kontinuierlich weiter spezialisieren und sich aktuelles Wissen aneignen. Besonders aufgrund einer wachsenden Informationsflut reicht es nicht mehr aus, ein oder zweimal im Jahr eine Fortbildung zu besuchen. Und für dezentralisierte, weit über verschiedene Kontinente verteilte Mitarbeiter ist der Besuch eines gemeinsamen Präsenztrainings wenig praktikabel. Zudem versuchen Unternehmen, mit E-Learning dem weiteren Ansteigen von Personal- und Ausbildungskosten entgegenzuwirken. Die für E-Learning notwendige Technologie steht in den meisten Unternehmen bereit und kann genutzt werden, da auch für Mitarbeiter das Wissen über die Anwendung von Computer und Internet immer unverzichtbarer geworden ist.

Vor diesem Hintergrund besteht die Versuchung, ohne viel Nachdenken ein teures, schickes E-Learning-Produkt zu installieren. Angesichts der Nachteile und Risiken des E-Learnings führt das unter Umständen nicht zu dem gewünschten Erfolg. Vor der Implementierung eines E-Learning-Systems sollten einige Analyseschritte vollzogen werden (▶ Checkliste »Analyseschritte zur Implementierung von E-Learning-Systemen«).

Checkliste: Analyseschritte zur Implementierung von E-Learning-Systemen
- **Anforderungsanalyse:** Welche Inhalte sollen gelehrt werden? Wie häufig sollen oder müssen diese Lerninhalte aktualisiert werden? Welche Vorteile kann E-Learning dem Unternehmen bringen?
- **Analyse der technischen Möglichkeiten:** Welche technischen Möglichkeiten sind vorhanden? Reichen z. B. bestehende Serverkapazitäten aus?
- **Angebotsanalyse:** Gibt es bereits fertige E-Learning-Produkte für den Themenbereich? Können diese Produkte an die Anforderungen des Unternehmens angepasst werden?
- **Analyse der Trainerkapazitäten:** Welche Kenntnisse und Kapazitäten haben die unternehmenseigenen Trainer oder Tutoren? Welche Kompetenzen müssen noch aufgebaut werden?
- **Kosten-Nutzen-Analyse: Lohnt sich der Aufwand für den erwarteten Nutzen?** Lohnt sich das E-Learning gegenüber einem herkömmlichen Seminar? Wurde der Implementierungsaufwand ausreichend berücksichtigt?

Implementierung Die Akzeptanz und Nutzung von E-Learning kann an mangelnder Motivation und Medienkompetenz der Mitarbeiter scheitern. Vor der Implementierung gilt es daher darüber nachzudenken, wie sich so ein Misserfolg vermeiden lässt (▶ Checkliste »Gestaltungsprinzipien für E-Learning und Blended Learning«). Wichtig ist, dass Mitarbeiter umfassend über Sinn und Zweck des E-Learnings informiert werden. Dazu lassen sich verschiedene Kanäle in Unternehmen nutzen. Um Berührungsängste mit dem E-Learning zu vermeiden, muss erkundet werden, welche technischen Kenntnisse die Mitarbeiter haben. Ferner sollte überlegt werden, wie sie an das E-Learning herangeführt werden können und wie die weitere Betreuung aussehen soll. Die Motivation der Mitarbeiter kann durch Anreize wie z. B. Zeugnisse, Urkunden oder Boni unterstützt werden. Auch die Nutzungsmöglichkeiten für E-Learning sollten vorab genau geklärt werden. Hierbei stellt sich die Frage, wann und wo das Lernen stattfinden soll. Sollen spezielle Lernplätze oder -räume eingerichtet werden? Sollen oder dürfen die Mitarbeiter die Programme auch von zu Hause aus nutzen und, wenn ja, haben sie dazu die notwendige technische Ausstattung?

Vorteile E-Learning sorgte anfänglich für große Begeisterung, weil es sowohl für Teilnehmer als auch für Unternehmen viele Vorteile birgt. Für die Teilnehmer ist angenehm, dass das Lernen im E-Learning ganz individuell auf sie zugeschnitten werden kann. Sie können selbstgesteuert, nach eigenem Tempo lernen, und es gibt kein langweiliges Warten auf langsamere Teilnehmer. Ihr individuelles Vorwissen kann berücksichtigt und bereits Bekanntes übersprungen werden. Lücken können in aller Ruhe geschlossen werden. Das Lernen ist zeit- und ortsunabhängig. Die Teilnehmer können sowohl am Arbeitsplatz als auch zu Hause über das Internet lernen, zu der Tageszeit, an der es ihnen am besten passt. Die Überprüfung des Lernerfolgs geschieht beim E-Learning schnell, unkompliziert und oft sogar automatisch. Die Softwaresysteme können Leistungsdaten der Teilnehmer speichern, um den wachsenden Lernerfolg festzuhalten. Automatische Leistungsauswertungen oder elektronisch verabreichte und ausgewertete Tests verursachen zudem weniger Prüfungsängste als Klassenzimmer-

> **Checkliste: Gestaltungsprinzipien für E-Learning und Blended Learning**
> — **Lernziele explizit machen:** Ausformulieren, was genau gelernt werden soll. Den Teilnehmern diese Lernziele verdeutlichen.
> — **Zielgruppe spezifizieren:** Ergründen des Vorwissens, der Medienkompetenz, der Motivation und der Zusammensetzung der Zielgruppe.
> — **Theoretisch begründen:** Bei der Entwicklung des E-Learning-Programms auf bewährte Lerntheorien und pädagogische Erkenntnisse aufbauen.
> — **Lernaktivitäten spezifizieren:** Für jedes Lernziel überlegen, welche Lernaktivitäten sich am besten zu seiner Erreichung eignen. Software dort einsetzen, wo es sinnvoll ist. Genauso Methoden des Präsenzlernens (Gruppendiskussion, Vortrag, Rollenspiel, …) dort einsetzen, wo sie sinnvoll sind. Die Lernaktivität hat sich am Lernziel auszurichten, nicht anders herum.
> — **Kommunikationsmöglichkeiten spezifizieren:** Aus asynchronen und synchronen Kommunikationsmedien diejenigen auswählen, welche die Erreichung der Lernziele unterstützen.
> — **Zeitplan festlegen:** Festlegen, welche Inhalte die Teilnehmer in welcher Zeit schaffen sollen.
> — **Leistungsüberprüfung spezifizieren:** Festlegen, welche Inhalte wie (z. B. durch Multiple Choice, Lückentexte, Textaufgaben, Präsentation einer Partnerarbeit, …) überprüft werden sollen. Tests können der Leistungskontrolle, der Motivation oder auch der Übung dienen. Möglichkeit zur Rückmeldung des Lernerfolgs schaffen.
> — **Evaluation planen:** Festlegen, wie der Lern- und Transfererfolg der Teilnehmer sowie Akzeptanz und Erfolg des E-Learnings oder Blended Learnings gemessen werden sollen

tests, bei denen eine Bloßstellung vor Trainern und Teilnehmern droht.

In den Lernmodulen können umfangreiche Wissensressourcen ohne einen Medienwechsel zur Verfügung gestellt werden. Die schnelle, unbegrenzte Distribution von Lehrmaterialen ohne räumliche Beschränkung ist ein weiterer Vorteil.

Für Unternehmen liegt der Hauptvorteil von E-Learning darin, dass enorme Kosten (Trainerkosten, Reisekosten, Spesen, Hotelkosten, Personalausfallkosten) und viel Zeit eingespart werden können. Die Produktion einfacher E-Learning-Module ist günstig. Das E-Learning ist zudem von einer fast unbegrenzten Zahl von Mitarbeitern simultan nutzbar, so dass kein »Trainingsstau« entsteht.

Nachteile Der Erfolg des E-Learnings hängt ganz entscheidend davon ab, ob die Teilnehmer über ausreichend Medienkompetenz verfügen und sicher mit Computer, Internet und modernen Kommunikationstechnologien umgehen können. Unsicherheit schlägt sich schnell in Angst vor dem Computer und einer ablehnenden Haltung gegenüber dem E-Learning nieder. Es ist sinnvoll, einen Ansprechpartner für technische Schwierigkeiten bereitzustellen. Davon profitieren auch erfahrene Mediennutzer (und Trainer!). Neben Medienkompetenz ist für erfolgreiches E-Learning eine ganz neue Lernkultur erforderlich. Kontinuierliches Lernen muss als wertvoll und selbstverständlich gelten, Neugier und Wissensdurst müssen kultiviert werden.

E-Learning stellt hohe Anforderungen an die Motivation der Teilnehmer. Sie müssen sich oft selbstständig Zeit für das Lernen schaffen, sich selbst motivieren, Lernzeiten reservieren, die Lernumgebung gestalten und sich aus dem Tagesgeschäft herausziehen können. Bei Problemen müssen sie sich selbst zu helfen wissen oder den richtigen Ansprechpartner kennen. Hierfür ist es wichtig, dass die Teilnehmer untereinander und von den Trainern Unterstützung und Feedback erhalten.

Die Teilnehmer können am Arbeitsplatz oder zu Hause über das Internet lernen, dann, wenn es ihnen am besten passt. Lernzeiten sollten die Zeiten sein, in denen in der Arbeit nicht so viel los ist. Im Vertrieb sollten die Lernzeiten z. B. in den vertriebsschwachen Zeiten liegen. Dabei besteht die Gefahr, dass das eine als Ausrede für das andere genutzt wird. Lernen braucht Zeit.

Natürlich stehen auch Trainer durch E-Learning vor neuen Herausforderungen. Auch sie müssen über die notwendige Medienkompetenz verfügen und sich in dieser neuen Form des Lehrens zurechtfinden. Besonders das Lehren anhand von synchronem E-Learning müssen Trainer üben. Darüber hinaus stellt sich die Frage, ob Trainer, die bislang begeistert in Präsenzveranstaltungen Inhalte vorgestellt und Gruppen angeleitet haben, ausreichend motiviert sind, als Tutor zu arbeiten. Sie fürchten möglicherweise um Seminartage, sehen neue Arbeitsinhalte, vermissen die direkte Beziehung zu Lernenden sowie Bestätigungssignale.

Nicht jeder Lerninhalt kann gut über E-Learning vermittelt werden. Während Informationen gut dargeboten werden können, sind Verhaltensänderungen mit interaktiven Methoden unter Einbeziehung eines Trainers oder Coachs besser vermittelbar.

Leider ist E-Learning stark davon abhängig, dass die notwendige Technik (Computer, Software, Netzwerke etc.) verfügbar ist und auch funktioniert. Bei Serverproblemen kann schnell der gesamte E-Learning-Betrieb lahmgelegt werden. Die Backoffice-Kapazitäten für die unbegrenzte Distribution mit einer schnellen Bereitstellung ohne räumliche Beschränkung sind nicht zu unterschätzen.

Das größte Hindernis für E-Learning liegt darin, dass die Entwicklung und Implementierung eines Softwarepakets sehr teuer werden kann. Besonders für kleine Unternehmen kann dies zum Problem werden. Vor allem attraktive, emotionalisierte und lernmotivierende Module erfordern einen hohen Aufwand. Wie bisher sind Schulungsunterlagen zu aktualisieren, zusätzlich aber auch die Lernmodule und Wissensbasen, was einen ungleich größeren Aufwand darstellt.

Oft wäre eigentlich viel mehr E-Learning möglich. Dies wird aber von den Teilnehmern nicht genutzt oder abgefragt. Lernen ist (noch) sozial geprägt. Der Face-to-Face-Austausch mit anderen wird bevorzugt. Dies mag sich mit neuen Generationen, die mit E-Learning seit der Schulzeit vertraut sind, ändern. Kinder, die mit Computerspielen aufgewachsen sind und diese zum Lernen verwendet haben, werden E-Learning viel selbstverständlicher nutzen (▶ Kap. 7).

Lernsoftware Die unendliche Fülle an Lernsoftware lässt sich grob 5 Typen zuordnen: Drill-and-Practice-Software, Tutorien, **Hypertext-** und **Hypermedia-Anwendungen**, Simulationen sowie Game-based-Learning-Ansätze (für die ersten 4 vgl. Weidenmann, 2006). Mit **Lernsoftware** ist Lernen im eigenen Tempo und ohne Angst, sich durch Fehler zu blamieren, möglich. Also ganz ohne Druck. Die Ähnlichkeit zum Computerspiel steigert zudem die Motivation. Der Teilnehmer erhält meist sofortiges Feedback über seine Leistung, und Lernfortschritte werden automatisch dokumentiert. Leider gibt es aber nicht für jeden Bereich ein gutes Lernprogramm, und die Herstellung ist extrem aufwendig. Da nach einiger Zeit menschliche Interaktion und Anregung fehlt und Ermüdungserscheinungen auftreten, sollten Lernphasen am Computer zeitlich begrenzt sein.

In **Drill-and-Practice-Software** werden Wissen oder Fertigkeiten durch stetige Wiederholung eingeübt. Klassische Beispiele sind Vokabeltrainer oder Tipplernprogramme. Die einzuübenden Inhalte sind meist wenig komplex und eng umschrieben. Statt Vertiefung, Strukturierung oder kritischer Reflexion geht es hier nur um eines: üben, üben, üben, durchaus auch über die Lernkurve hinaus. In der Regel werden Statistiken über »Treffer«, Fehler und Geschwindigkeit angezeigt. Zur Auflockerung werden die Programme oft in Spielform angeboten.

Tutorien nehmen den Nutzer an die Hand und leiten ihn Schritt für Schritt durch den Lernstoff. Ein Tutorium über Gruppenprozesse während der Arbeit könnte z. B. mit einem Videoclip über eine wenig erfolgreiche Gruppe beginnen. Dann folgen erklärende Texte, Grafiken und Audioclips über die verschiedenen Gruppenprozesse wie »soziales Faulenzen«, »nicht der Dumme sein wollen« und »soziale Kompensation«. Nach jedem Abschnitt wird der Lernfortschritt durch frei zu beantwortende Fragen oder Multiple-Choice-Aufgaben überprüft. Gegebenenfalls wird der gleiche Abschnitt noch einmal dargeboten. **Verzweigte Tutorien** analysieren die Reaktionen des Nutzers sogar so genau, dass sie sich in ihrem weiteren Ablauf speziell auf ihn ausrichten können. So können beispielsweise bestimmte Grundlagen übersprungen werden, wenn das Tutorium »merkt«, dass sie schon vorhanden sind. Tutorien eignen sich besonders zur Vermittlung großer Mengen komplexen Wissens.

Hypertext- und **Hypermedia-Anwendungen** sind »elektronische Lexika«, in denen man sich von Seite zu Seite klickt. Die Neugier bestimmt, wo es langgeht. Querverweise leiten zu verwandten Themen weiter. Hypertext-Anwendungen bestehen nur aus Text. Hypermedia-Anwendungen enthalten darüber hinaus auch Bild- und Tonsequenzen. Eine Hypermedia-Anwendung zur Personalauswahl könnte z. B. Texte über die Vor- und Nachteile verschiedener Methoden, Grafiken zum theoretischen Hintergrund, Videoclips zur Veranschaulichung eines gelungenen Einstellungsinterviews, Audioclips mit Erfahrungsberichten erfahrener Personalmanager sowie Beispielaufgaben aus Intelligenztests umfassen. Wegen ihrer geringen Strukturierung eignen sich Hypertext- und Hypermedia-Anwendungen für Nutzer mit Vorkenntnissen in dem entsprechenden Wissensbereich. Vorhandenes Wissen kann so wiederholt, vertieft und erweitert werden.

Simulationen sind kleine, möglichst getreue Nachbildungen der Realität. Der Nutzer kann innerhalb dieser simulierten Welt relativ flexibel auf die sich ihm darbietenden Stimuli reagieren. Die Simulation reagiert dann wiederum auf dessen Eingabe. Klassische Beispiele sind Flug- oder Fahrsimulatoren. Es gibt aber auch Simulationen zum Wertpapierhandel, Unternehmensmanagement oder zur Ersten Hilfe in der Notaufnahme eines Krankenhauses. Simulationen eignen sich besonders, um Reaktionen einzuüben, die in der Realität nur unter großer Gefahr oder großem (finanziellen) Aufwand ausprobiert werden können (▶ Methodenüberblick »Vestibule Training«).

Game-based Learning Computer und Videospiele sind weit verbreitet und v. a. bei Jüngeren sehr beliebt.

> Mit Ansätzen zu Game-based Learning wird versucht, Lernen, das oft als langweilig und träge empfunden wird, mit Spielen zu verknüpfen.

Game-based Learning, so heißt der Einsatz von Spielen jeglicher Form für das Training. Der Lernende soll sich gut unterhalten fühlen und nebenbei lernen (▶ Methodenüberblick »Rainbow – Age of

Methodenüberblick: Vestibule Training

Vestibule Training ist eine **Kombination aus On-the-job-Training und schulischer Unterrichtssituation**. Es entstand aus dem Versuch heraus, die Vorteile beider Methoden miteinander zu vereinen und die jeweiligen Nachteile zu minimieren. Auf diese Weise gelangte man zum sog. genannten »**Near-the-job-Training**«.

Beim Vestibule Training wird die reale Arbeitssituation in einem künstlichen Setting simuliert. Dabei werden 6–10 Arbeiter von jeweils einem Trainer oder erfahrenen Mitarbeiter direkt an den entsprechenden Arbeitsgeräten geschult.

Entstehung
Beim Vestibule Training handelt es sich um eine recht alte Methode der Einarbeitung. Entwickelt wurde diese gegen Ende des 19. Jh., als Lösung für den durch die Industrialisierung entstandenen Personalmangel und den immer größer werdenden Produktionsdruck. Vor allem in großen Fabriken wurden so teilweise bis zu 100 Arbeiter gleichzeitig an den Originalmaschinen ausgebildet, an welchen sie später auch arbeiten sollten.

Vorteile
Es entstehen keine Einbußen in der Produktion, wie sie normalerweise bei Einsatz unerfahrener Arbeiter auftreten. Die Einarbeitung verläuft recht schnell, so dass die neuen Arbeitskräfte schon nach kurzer Zeit voll einsatzbereit sind. Für die Arbeiter ist diese Methode von Vorteil, weil sie hier direkt Fragen stellen können und ebenso direkt Feedback von den Trainern erhalten. Außerdem ist kein Transfer mehr von der Theorie in die Praxis notwendig. Weiterhin kommt es durch Vestibule Training zu weniger Arbeitsunfällen, da durch die vorherige Übung die Nervosität der Arbeiter an neuen Maschinen gesenkt wird.

Nachteile
Der größte Nachteil des Vestibule Trainings als Einarbeitungsmethode ist der sehr hohe Kostenaufwand. Trainergehälter, Miete, Strom und Nebenkosten für die zusätzlichen Räumlichkeiten sowie die Beschaffung zusätzlicher Maschinen oder die Auslagerung bereits vorhandener müssen finanziert werden. Daher eignet sich Vestibule Training hauptsächlich für große Konzerne. Für anspruchsvolle oder komplexere Arbeiten ist Vestibule Training eher ungeeignet, da diese Arbeiten i.d.R. eine längerfristige, in verschiedene Lernschritte gegliederte Ausbildung erfordern.

Beispiel Vestibule Training aus dem Supermarkt
Viele Supermarktketten machen sich die Methode des Vestibule Trainings zunutze. Neue Mitarbeiter aus einem großen Einzugsgebiet werden in gemeinsamen Lehrgängen an den Scanner-Kassen ausgebildet. Auf diese Weise kann die Supermarktkette neue Mitarbeiter während der normalen Öffnungszeiten ausbilden, ohne »echte« Kassen schließen zu müssen. Es können viele Personen gleichzeitig schnell und effektiv ausgebildet werden, was sowohl zeit- als auch kostensparend ist. Die Mitarbeiter sind innerhalb weniger Tage direkt im Markt einsetzbar.

Knowledge«). Es gilt, dem Spielen zugrunde liegende psychologische Mechanismen für das Lernen zu nutzen. Gut gemachte Spiele tragen ein enormes **Faszinations- und Motivationspotenzial**. Beim Spielen vergisst man die Zeit, versinkt in einer anderen Welt, traut sich Ungeahntes zu und blüht in der Konkurrenz mit den Mitspielern auf. Jugendliche und Kinder, die Mitarbeiter von morgen, wachsen ganz selbstverständlich mit Mobiltelefonen, Computern und Spielkonsolen auf. Besonders jüngere Generationen werden sich daher mit Begeisterung auf Spiele stürzen, die Motivationspotenzial und sinnvolle Lerninhalte innovativ verknüpfen.

Die Komplexität der Spiele hat eine enorme Spannweite. An einem Ende gibt es einfache »Quizshow«-Spiele für den Wissensdrill, z. B. im Stil der bekannten Fernsehsendungen Glücksrad oder Jeopardy. Auf der anderen Seite stehen aufwendige Computersimulationen, in denen jeder Spieler seinen »**Avatar**« (das virtuelle Alter Ego) durch eine

Methodenüberblick: Rainbow – Age of Knowledge

Rainbow – Age of Knowledge ist ein von der **Leadership Akademie Schweiz** (www.las.ag) entwickeltes Simulationsspiel für die Aus- und Weiterbildung. *Rainbow* ist für die Aneignung von Wissen unterschiedlichster Bereiche gedacht, vom betriebswirtschaftlichen Basiswissen bis hin zu den Details des Familienrechts. Der Lerninhalt wird dabei von einem Content-Geber vorgegeben. Durch 40 verschiedene Einstellungen kann das Spiel auch an den individuellen Lernstil des Spielers angepasst werden. An der Technischen Universität zu Braunschweig wurde *Rainbow – Age of Knowledge* mit Wissensfragen aus der Arbeits- und Organisationspsychologie gefüllt und im Januar 2009 evaluiert. Ziel des Feldexperiments war es, den Lernerfolg des Spiels mit dem einer herkömmlichen Lernform in einem Kontrollgruppendesign zu vergleichen.

Im Spiel bewegt sich der Spieler in einer mittelalterlichen, verlassenen Welt (◘ Abb. 4.3) und muss als letzter Hoffnungsträger 7 verlorene Kristalle finden und sie an ihren Bestimmungsort zurückbringen, indem er Multiple-Choice-Fragen aus Kisten, Truhen und Fässern beantwortet. Die Fragen werden in geschriebener Form eingeblendet oder auditiv vorgetragen. Einige der geschriebenen Fragen werden als Speedfragen gestellt. Dabei hat der Spieler nur eine begrenzte Zeit zur Verfügung, um die Frage zu beantworten. Auf der Suche nach Objekten, die Fragen enthalten, läuft der Spieler in der Ich-Perspektive durch ein mittelalterliches Dorf und kann verlassene Gebäude betreten. Findet der Spieler ein Objekt, so kann er es anklicken und erhält eine auf Pergamentrolle geschriebene Frage mit 4 Antwortmöglichkeiten, von denen immer eine richtig ist. Beantwortet er die Frage korrekt, erhält er Punkte. Je schneller er dies tut, desto mehr Punkte bekommt er. In manchen Objekten befinden sich Joker, die der Spieler bei Bedarf nutzen kann. Neben den 50:50-Jokern, die 2 falsche Antworten eliminieren und somit die Chance zur richtigen Beantwortung erhöhen, gibt es auch Chance-Joker, mit denen die Frage einfach übersprungen werden kann. Hin und wieder erhält der Spieler Geschicklichkeitsaufgaben, die zur Auflockerung zwischen den Fragen beitragen. Am Anfang des Spiels ist die Umgebung verschneit und es weht ein starker Wind. Je mehr Punkte der Spieler durch richtige Antworten sammelt, desto freundlicher und bunter wird es um ihn herum.

Die Studierenden, die im Wintersemester 2008/09 an der Vorlesung »Psychologie in Arbeit, Technik, Verkehr und Wirtschaft« teilnahmen, dienten als Stichprobe für die Evaluation. Die im Spiel vermittelten Lerninhalte wurden thematisch an die Vorlesung angepasst, um einen Bezug zum Studium herzustellen. Als herkömmliche Lernform wurde eine Lernliste eingesetzt, die dieselben Fragen und das gleiche Antwortformat enthielt wie das Spiel. Bevor und nachdem die Experimental- bzw. die Kontrollgruppe mit der jeweiligen Lernform lernten, schätzten sie auf Fragebögen u. a. den erlebten Lernspaß und -erfolg ein. Nach einer freiwilligen Lernzeit zu Hause fand 1 Woche später ein unangekündigter kurzer Wissenstest statt, in dem die gelernten Inhalte abgefragt wurden. Die Studie deutet darauf hin, dass es keinen signifikanten Unterschied im Lernerfolg zwischen dem Lernen mit dem Spiel und einer herkömmlichen Lernmethode gibt. Game-based-Lerner haben jedoch mehr Spaß beim Lernen als Lerner nach der herkömmlichen Methode. Darüber hinaus schien es für weniger leistungsorientierte Studierende eine gute Unterstützung darzustellen.

◘ Abb. 4.3. Beispielszene aus *Rainbow – Age of Knowledge*

virtuelle Welt bewegt. Allen Spielen gemeinsam ist der Trend zum Computer. Das alte Managerplanspiel wird mehr und mehr durch moderne Computersimulationen abgelöst. Einfachere Spiele können zunehmend sogar auf dem Mobiltelefon oder PDA (Personal Digital Assistant«) gespielt werden. Manche sehen in »**massive multiplayer online roleplaying games« (MMORPG)** die Zukunft des Trainings für global agierende Unternehmen. In der virtuellen Welt dieser Spiele können über das Netz tausende von Spielern unterstützt durch Chats gleichzeitig miteinander interagieren.

Viele Spiele kann man vorgefertigt erwerben. Andere lassen sich durch diverse Einstellungen und durch Ergänzungen der für den Lerninhalt relevanten Fragen an die Bedürfnisse des Unternehmens anpassen, z. B. mit Software zur Spielerstellung wie »**LearnWare**«. Große Unternehmen lassen sich nach ausführlicher Bedarfsanalyse in enger Zusammenarbeit mit den Entwicklern ein Spiel maßschneidern.

Ist Game-based Learning nur Spielerei oder lässt sich damit tatsächlich effektiv trainieren? Die neuere **Forschung zeigt, dass das Spielen lehrreich sein kann.** So wurde z. B. gefunden, dass die Operationsleistung von Chirurgen mit dem Spielen bestimmter Computerspiele zusammenhängt. Es gibt Hinweise, dass selbst das Spielen von »Serious Games« wie Warcraft, die gar nicht für Trainings entwickelt wurden, Führungsverhalten fördern könnte (DeMarco, Lesser, & O'Driscoll, 2005). Aus dem Game-based Learning ist ein ernst zu nehmender Markt und Forschungszweig entstanden. Internationale Unternehmen wie IBM (»Innov8«) oder das US-amerikanische Militär sind Vorreiter in der Verwendung von Simulationen (DeMarco, Lesser, & O'Driscoll, 2005; Totty, 2005). Jährlich trifft man sich zum Serious Games Summit, um die Entwicklung von Spielen für das Lernen u. a. im Gesundheitswesen, in der Forschung und in kommerziellen Unternehmen voranzutreiben.

> Game-based Learning kann genutzt werden, um neue Mitarbeiter einzubinden oder um Mitarbeiter hinsichtlich neuer Entwicklungen oder Produkte im Unternehmen auf den neuesten Stand zu bringen.

Neue Medien Zu den neuen Trainingsmedien gehören der MP3-Player, der Personal Digital Assistant (PDA) und auch das Mobiltelefon. Sie sind klein, tragbar und können bis zu mehrere Gigabyte speichern. Daher eignen sie sich perfekt für das Training unterwegs und on-the-job. Sie können »just in time« bei akutem Bedarf eingesetzt werden: um vor dem Kundengespräch spezifische Kenntnisse schnell aufzufrischen, um einige Minuten Leerlauf zu füllen, im Pendlerzug oder auf der Dienstreise. Auch zur Transfersicherung im Anschluss an ein Seminar oder E-Training sind die neuen Medien ideal. Das M-Learning bietet vielfältige Möglichkeiten: von der Erinnerungsfunktion des Mobiltelefons, die allmorgendlich an einen bestimmten Trainingsinhalt erinnert, bis zum ausgefeilten Mobile-Learning-Programm, bei dem ganze Trainingssequenzen auf dem kleinen Helfer abgespielt werden. Lassen Sie sich von folgenden Beispielen inspirieren:

- Die Hotelkette Hilton verwendet MP3-Player mit Videofunktion um über 5000 Mitarbeitern den richtigen Umgang mit Speisen und Getränken nahe zu bringen. Diverse 2-minütige Module können nach Bedarf abgespielt werden (Weinstein, 2007a).
- Der Finanzdienstleister Capitol One händigt seinen Mitarbeitern MP3-Player mit Audio-Lernprogrammen als Ergänzung zu Seminaren aus. Der MP3-Player ist zugleich Anreiz und Lernmedium (Boehle, 2007).
- Die Firma Tyco, Produzent von Sicherheits- und Brandschutzgeräten, bietet ihren Technikern auf dem PDA Flash-Simulationen zur Programmierung von Alarmanlagen (Weinstein, 2007a).
- Amerikanische Universitäten wie Duke (http://www.fuqua.duke.edu/), Harvard (http://hbsp.harvard.edu/list/elearning) und Stanford (http://edcorner.stanford.edu/podcasts.html) bieten gratis MP3-Podcasts zu Themen wie Managementtechniken, Marketing, Frauen in Führungsrollen, Innovation und Globalisierung (Weinstein, 2007b).

Natürlich hat das mobile Lernen (»M-Learning«) mit tragbarer Technologie auch Grenzen. Die Displays sind klein, die Geräte teuer und die Lerndauer ist noch auf wenige Minuten beschränkt.

Blended Learning

> Blended Learning ist ein Lehr-/Lernkonzept, das eine Verknüpfung von traditionellen Präsenzveranstaltungen und virtuellem Lernen auf Basis neuer Informations- und Kommunikationsmedien vorsieht.

Blended Learning heißt übersetzt »vermischtes Lernen«. »Blend« bezeichnet im Englischen die Mischung (den »Verschnitt«) mehrerer Ausgangsbestandteile. Wie bei der Herstellung von **Kaffee, Whisky, Wein** oder **Tabak** erfolgt das Mischen zur Sicherstellung einer hohen Qualität, welche die der einzelnen Zutaten übertrifft. Blended Learning als Mischung aus Präsenzseminaren und E-Learning entstand als Reaktion auf enttäuschte Erwartungen an den Einsatz von reinem E-Learning (vgl. Martin, Massy & Clarke, 2003). E-Learning wurde Ende der 90er Jahre des letzten Jahrhunderts als eine Art Wundermittel betrachtet, schneidet aber hinsichtlich der Akzeptanz durch Trainer und Lernende und des Lern- und Transfererfolgs weniger gut ab (u. a. Bürg & Mandl, 2004; Arthur, Bennett, Edens & Bell, 2003). Gründe dafür sind vermutlich das Fehlen sozialer Kontakte und die mangelnde Strukturierung des Lernprozesses, die wiederum hohe Anforderungen an die Motivation und Selbststeuerung der Lernenden erzeugen (Hochholdinger & Schaper, 2009). Blended Learning soll die Vorteile des E-Learnings nutzen und gleichzeitig seine Nachteile ausgleichen ◘ Tab. 4.4.

Die multimediale Gestaltung der computervermittelten Elemente ermöglicht eine flexiblere Methodik und Didaktik. Den Ansprüchen verschiedener Lerntypen kann entsprochen werden, was sich positiv auf den Lernerfolg auswirken sollte. Moderne Technologien bieten Trainern vielfältige Möglichkeiten. Trainer können Lerninhalte oder Lernkontrollen selbst kreieren oder zusammenstellen, verwalten und »austeilen« und auf Informationsbanken zugreifen. E-Mail, Chat und Foren ermöglichen Trainern die Kommunikation mit den Teilnehmern. Zudem gestatten sie das gemeinsame, kooperative Lernen unter den Teilnehmern.

Genau wie beim reinen E-Learning besteht auch hier die Gefahr, dass die computervermittelten Lernphasen didaktisch unausgereift sind. Dabei ist es beim Lernen am Computer natürlich genauso wichtig wie im Seminarraum, Lernprozesse und Lerninhalte sinnvoll zu verknüpfen. Beim Blended Learning kommt es zudem auf die richtige Mischung und Verknüpfung an. Es reicht nicht aus, die Lernplattform und Präsenzveranstaltungen unverbunden koexistieren zu lassen. Die Bereitstellung der Lernplattform ohne die Einbindung in ein Trainingskonzept nützt wenig.

Die Präsenzphasen mit dem Trainer und den Teilnehmern bieten den im reinen E-Learning fehlenden sozialen Kontakt und Austausch. Hier können Fragen und Missverständnisse über die Lerninhalte aufgeklärt werden. Darüber hinaus motivieren Trainer und auch die Teilnehmer sich gegenseitig zum Dranbleiben und Weiterlernen. Während der Präsenzphasen kann den Teilnehmern die Angst oder Unsicherheit im Umgang mit den neuen Technologien im Blended Learning genommen werden.

Wie im ► Methodenüberblick »Rainbow – Age of Knowledge« gezeigt, können E-Learning-Elemente sinnvoll genutzt werden, um die Teilnehmer auf den gleichen Wissensstand zu bringen und so die wertvolle Präsenzzeit für verhaltensorientierte Elemente zu verwenden.

Lernsysteme sind Bestandteile von ausgewogenen und umfassenden Weiterbildungskonzep-

◘ Tab. 4.4. Blended Learning: Kombination von E-Learning und Präsenzveranstaltungen

Vorteile von E-Learning	Vorteile von Präsenzveranstaltungen
– Individualisierte Weiterbildung – Kosten- und Zeitersparnis/zeit- und ortsunabhängig – Simultane Nutzungsmöglichkeiten für eine hohe Anzahl von Mitarbeitern – Überprüfung von Lernerfolgen – …	– Möglichkeit der Face-to-Face-Kommunikation – Soziale Unterstützung und Austausch mit anderen Teilnehmern – Individuelle Adaptation der Trainingsbausteine durch den Trainer möglich – …

4.2 · Trainingsformen

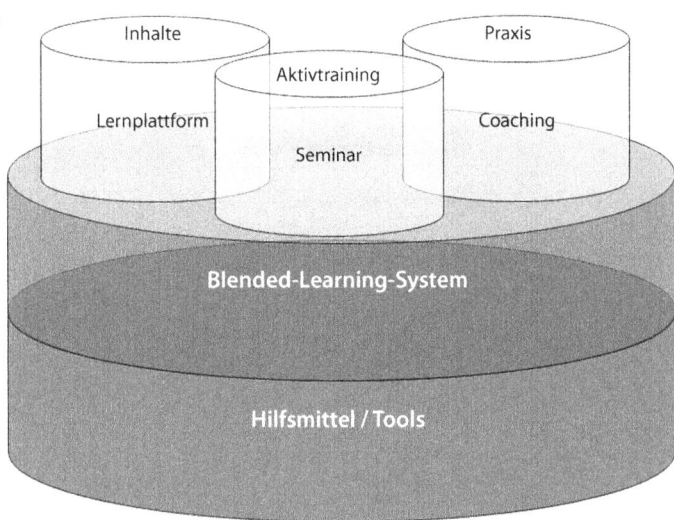

Abb. 4.4. Ansätze zur Ausbildungs- und Lernstruktur für Verkäufer und Berater

ten. Blended Learning im klassischen Sinn reicht in der heutigen Lernwelt nicht mehr aus. Um die Kosten-Nutzen-Rechnung zu optimieren, braucht es eine Durchgängigkeit von der Lernbedarfserhebung bis hin zur Lernerfolgskontrolle (▶ Beispiel »Ein Blended-Learning-Ansatz der Leadership Akademie Schweiz «). Ebenso gehören Elemente wie Lernspiele und Storys zum Repertoire eines guten Weiterbildungsanbieters. ◘ Abb. 4.4 zeigt die mögliche Ausbildungs- und Lernstruktur für Verkäufer und Berater.

Multimediale Lerninstrumente sind zur Vermittlung von Basiskenntnissen geeignet und dienen damit der Vorbereitung von Aktivtrainings in Eigenverantwortung. Der Einsatz der Lernplattform während der Präsenztrainings und als Unterstützung in der Nachbearbeitung vervollständigt die nachhaltige Wirkung.

Beispiel: Ein Blended-Learning-Ansatz der Leadership Akdademie Schweiz (LAS; www.las.ag) zum Verkauf als Kombination von Lernsoftware, klassischem Seminartraining und Coaching

Das Blendend Learning findet in 3 Phasen statt.
1. In der ersten Phase erarbeiten sich die Teilnehmer mit der **Lernsoftware** selbstständig einen gemeinsamen Wissensstand. Eine gemeinsame Wissensbasis ist wichtig, um zusammen effektiv lernen zu können.
2. Während der zweiten Phase, dem **Seminartraining**, werden die zuvor erarbeiteten Lerninhalte vertieft, wiederholt und eingeübt. Auch während des Seminars kommt die Lernsoftware bei der Vor- und Nachbereitung zum Einsatz.
3. In der dritten Phase findet **individuelles Coaching** für die Teilnehmer statt. Jeder Teilnehmer wird persönlich in seinem Arbeitsumfeld bei der Umsetzung des Gelernten unterstützt. So wird ein erfolgreicher Transfer sichergestellt.

Die Lernsoftware ist modular aufgebaut, wodurch sie flexibel an die Kundenbedürfnisse angepasst werden kann. Innerhalb jedes Moduls können verschiedene Lernziele festgelegt werden. Teilnehmer navigieren sich durch die einzelnen Module und Untereinheiten. Im Modul zum Führen von Verkaufsgesprächen gibt es beispielsweise Untereinheiten zu den Grundlagen der Gesprächsführung, zu Kommunikationsmodellen und zu speziellen

▼

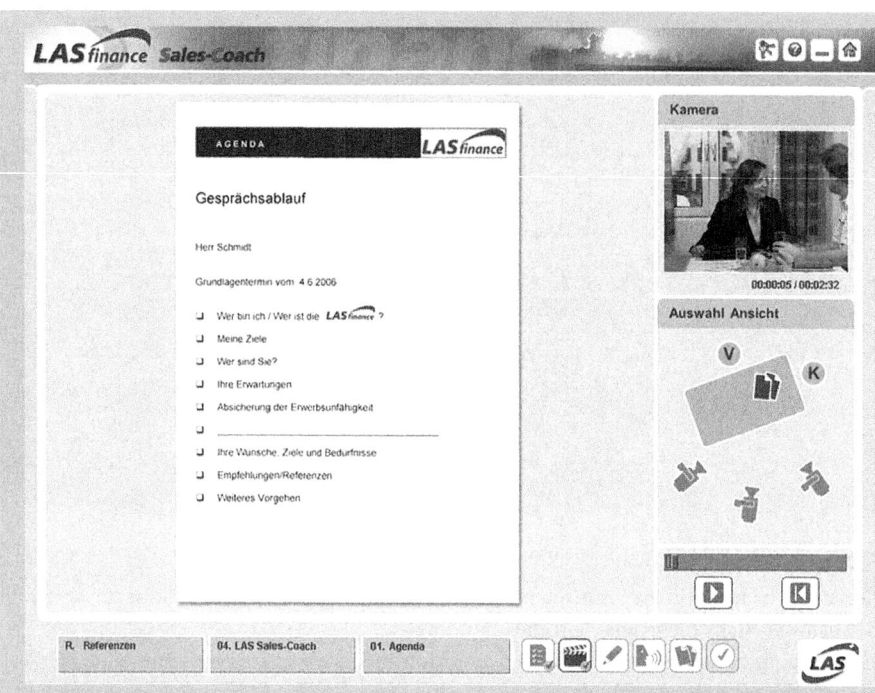

Abb. 4.5. Beispiel eines Einführungsvideos

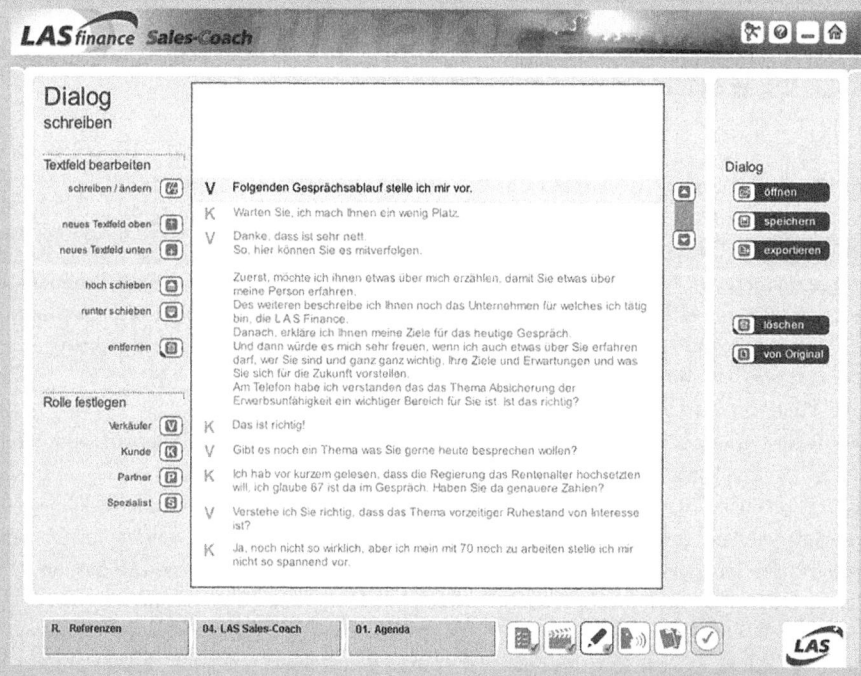

Abb. 4.6. Beispiel Dialog Schreiben

▼

4.2 · Trainingsformen

Gesprächstechniken. Wählen die Teilnehmer die Untereinheit zu den Grundlagen der Gesprächsführung, werden ihnen zunächst die Lernziele dieser Einheit präsentiert. Der Lerninhalt wird auf vielfältige Art behandelt.

Kurze Filme zeigen, auf welche Details in der Beratung zu achten ist (◘ Abb. 4.5). Dabei kann die Perspektive der Kameraeinstellung gewechselt und der Berater oder der Kunde fokussiert werden. Es können Dokumente angezeigt werden, z. B. wie ein ausgedruckter Gesprächsablauf für die Kunden aussieht (◘ Abb. 4.6), oder Skizzen, die zur Verdeutlichung einzelner Beratungsaspekte im Gespräch eingesetzt werden. Über die visuelle Darbietung der Lerninhalte hinaus lernen die Teilnehmer auch, indem sie selber sprechen und schreiben, d. h. sie können die Dialoge anpassen und diese selbst sprechen (◘ Abb. 4.7).

Die Teilnehmer können sich die Lerninhalte durch das Beobachten, Zuhören, Lesen, Schreiben und Sprechen aneignen. Dadurch sollen bessere Gedächtnisleistungen und eine erhöhte Lernmotivation erzielt werden. Nach jeder Einheit fordern Eingabefenster dazu auf, Fragen und Notizen festzuhalten, die wichtigsten Erkenntnisse der Einheit zusammenzufassen und Feedback darüber zu geben, ob man die wesentlichen Inhalte der Einheit verstanden hat.

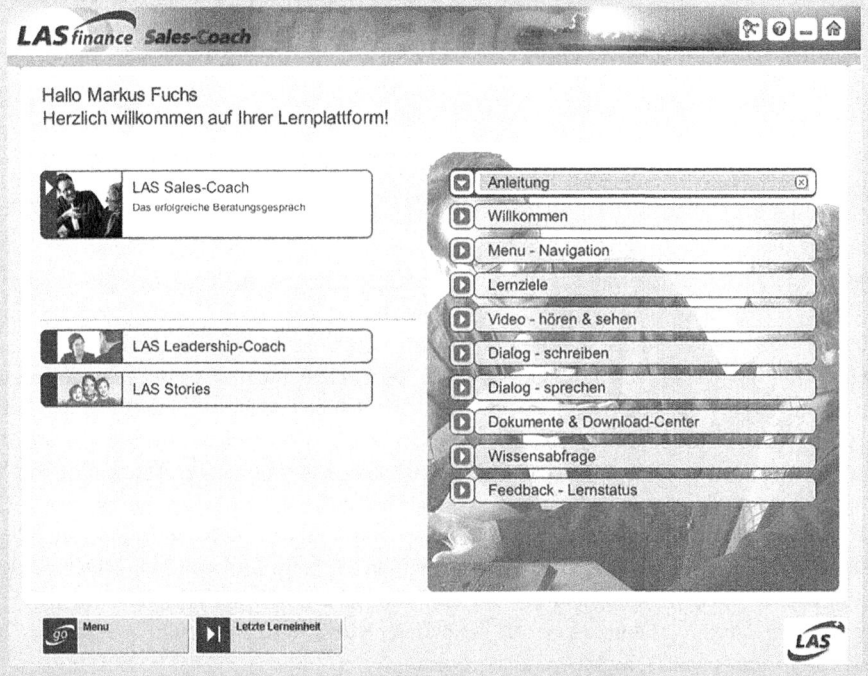

◘ Abb. 4.7. Beispiel Lernplattform

4.3 Der Lernort im Training

4.3.1 Training on-the-job

Beim Training on-the-job wird durch die unmittelbare Auseinandersetzung mit Aufgaben in der Arbeit gelernt. Dies geschieht unter Anleitung eines erfahrenen Kollegen (Experten), der als Modell für die erfolgreiche Ausführung der Aufgaben dient (vgl. ▶ Kap. 3). Der Mitarbeiter (Novize) erhält ein direktes Feedback, so dass er im Rahmen seiner täglichen Arbeit schnell lernen kann (▶ Exkurs »Worin unterscheiden sich Experten von Novizen?«).

Das Lernen von Experten (on-the-job) gilt als Maßnahme mit wenig Vorbereitungszeit und geringen Kosten. Die Transferlücke zwischen Arbeit und Training ist minimiert. Dennoch müssen einige Aspekte beachtet werden. Das Anlernen des Novizen kostet den Experten Zeit. Er kann nicht so produktiv arbeiten wie ohne die Zusatzaufgabe. Die Experten müssen sorgfältig ausgewählt und vorbereitet sein. Sie müssen wissen, worauf sie beim

---

Worin unterscheiden sich Experten von Novizen?

Die Forschung zu Unterschieden zwischen Experten und Novizen bietet Hinweise, worauf Novizen beim Lernen achten sollten und welche Strategien und Techniken sie sich von Experten abschauen können.

Automatisierte Fertigkeiten und prozedurales Wissen

Novizen sind bei der Ausführung von Fertigkeiten relativ langsam und benötigen ihre gesamte Aufmerksamkeit und Konzentration dafür. Als Beispiel kann das Schreibenlernen in der Grundschule herangezogen werden. Insbesondere zu Beginn erfordert der Vorgang des Schreibens höchste Konzentration und stellt eine große Herausforderung dar. Je intensiver das Schreiben geübt wird, desto leichter fällt es den Schülern und desto weniger müssen sie bewusst darüber nachdenken. Die Ausführung der Fertigkeit wird zunehmend automatisiert. Sie geht »ganz wie von selbst«, schnell, benötigt kaum Aufmerksamkeit und manchmal können sogar noch andere Fertigkeiten parallel ausgeführt werden.

Ähnliches gilt für die **Wissensanwendung**. Novizen sind in der Lage, viel Wissen über einen Handlungsablauf zu speichern. Bei den ersten Versuchen, ein Auto zu fahren, merken sie sich schnell, was wann zu tun ist. Der Abruf dieses Wissens ist jedoch mühsam und geschieht langsam, manchmal muss sogar jeder Zwischenschritt verbal angeleitet werden, z. B. »erst Kupplung treten, dann Zündschlüssel drehen, Gang einlegen, Handbremse lösen, in den Rückspiegel schauen, …«. Durch intensive Übung müssen Experten dieses Wissen nicht mehr bewusst abrufen. Sie springen einfach in das Auto und fahren los. Experten haben **prozedurales Wissen** über den Handlungsablauf entwickelt und sind dadurch schneller und effektiver.

Mentale Modelle und Gedächtnisabruf

Novizen haben oft lediglich lückenhaftes, ungeordnetes und zusammenhangloses Wissen. Ihnen ist noch unklar, in welcher Beziehung verschiedene Einzelinformationen zueinander oder zu bereits Gelerntem stehen. Experten hingegen haben die Zusammenhänge und Strukturen erkannt und können viele Einzelinformationen zu einem kohärenten »großen Ganzen« integrieren. Sie haben sich ein **mentales Modell** davon gebildet, wie und was miteinander zusammenhängt. Dadurch können sie auf ihrem Gebiet viel schneller den Kern eines Sachverhalts erfassen, während sich Novizen oft lange mit oberflächlicheren Details aufhalten.

Auch der Gedächtnisabruf gelingt Experten besser. Es können größere Einheiten (»**chunks**«) zusammenhängenden Wissens auf einmal abgerufen werden. Sie haben das **Wissen mit bereits Gelerntem verknüpft** und ihm durch Erfahrungen Bedeutung verliehen. Um die Gedächtnisleistung von Experten zu erreichen, sollten Novizen dies ebenfalls anstreben, z. B. durch ständige Übung bzw. Anwendung. Hilfreich können auch Memotechniken, Analogien und Vorstellungsbilder sein.

Vermitteln von Inhalten besonders achten müssen und wie sie den Trainingsteilnehmer so erreichen, dass er Vertrauen in seine Ausführung der Tätigkeiten gewinnt. Experten kann es v. a. bei komplexeren Tätigkeiten schwer fallen, sich in die Rolle eines Anfängers hineinzuversetzen und adäquate Erklärungen zu liefern. Darüber hinaus besteht das Risiko der Weitergabe falscher Vorgehensweisen. Zum einen wenn der Experte es selber nicht besser weiß, z. B. weil sich über die Zeit Arbeitsroutinen eingeschlichen haben, für die an anderer Stelle schon bessere Lösungen existieren. Zum anderen wenn der Experte nicht motiviert ist, sein Wissen weiterzugeben, da er um seine Rolle im Team oder seinen Arbeitsplatz fürchten muss.

4.3.2 Training off-the-job

Trainings off-the-job finden außerhalb der täglichen Arbeitstätigkeit statt, d. h. Inhalte werden separiert vom Arbeitsplatz der Lernenden vermittelt.

> Bei Trainings off-the-job finden sich sowohl »Auffrischungskurse« als auch Seminare zur Vermittlung neuer Informationen.

Schnelle technische Innovationen erfordern Mitarbeiter, die immer auf dem neuesten Stand sind. Ärzte, Klinische Psychologen etc. müssen Fortbildungskurse nachweisen, um weiter arbeiten zu dürfen. Im Rahmen dieser Seminare können sich Mitarbeiter voll auf die Lerninhalte konzentrieren.

4.3.3 Training near-the-job

Trainings near-the-job sind Maßnahmen, die in großer inhaltlicher bzw. räumlicher Nähe zum Arbeitsplatz stehen.

> Die Trainings finden nicht während der unmittelbaren Arbeitstätigkeit statt, stehen aber in einem engen inhaltlichen Zusammenhang mit dieser Tätigkeit, z. B. durch Beschäftigung mit konkreten Arbeitsproblemen.

Die Inhalte können dadurch sehr gut auf die tägliche Arbeit übertragen werden. Beispiele sind Qualitätszirkel oder Lernstätten.

4.4 Nachhaltige Trainingsgestaltung

Mit Trainings off-the-job wird dem Lernen zeitlich begrenzt eine Priorität im Arbeitsalltag eingeräumt. Seminare bieten die Möglichkeit innezuhalten und nachzudenken, was man tut, wie man dies tut und warum man dies tut. Anregungen, Denkanstöße und Lösungen im geschützten Raum fördern die individuelle Entwicklung und dienen so auch dem Unternehmen. Außer den richtig gewählten Methoden und Medien trägt eine **durchdachte Seminarplanung** zu einem erfolgreichen Seminar bei. Dabei gilt es, die Aufmerksamkeit der Zielgruppe, dem Seminarinhalt und dem Seminarablauf zu widmen.

Seminare sind oft so angelegt, dass es einen Trainer gibt, der weiß, was gelernt werden muss, und bei dem Teilnehmer mit einer kindlichen Lernhaltung dabei sein sollten, welche durch Offenheit, Staunen und Neugierde geprägt ist. Ist diese Haltung angemessen? Erwachsene wollen in der Regel in Trainings nicht wie Kinder oder Jugendliche behandelt werden. Den Sinn des Gelernten muss sich jeder Teilnehmer selbst verdeutlichen. Es müssen eigene Lernziele entwickelt werden (▶ Kap. 3). Das Seminar ist kein Selbstzweck. Das Lernen der Seminarinhalte reicht allein nicht aus, sie müssen im Alltag auch angewendet werden (▶ Kap. 5 und ▶ Kap. 6).

Training in dem Sinne, dass alle, die *eine richtige* Vorgehensweise erlernen, setzt darüber hinaus voraus, dass es die *eine richtige* Vorgehensweise gibt und die Rahmenbedingungen stabil sind. Je mehr im Training an echten Themen gearbeitet wird (vgl. z. B. kollegiale Fallberatung, Reflecting Team, act-4teams®, Wissenstransfer zwischen Arbeitsgruppen), je mehr erkannt wird, dass das Arbeitsumfeld mit einbezogen werden muss, um den Transfer und nicht das Lernen per se in den Fokus zu rücken, umso mehr werden intelligent abgestimmte Kombinationen von Training und Arbeit gefragt sein.

Zusammenfassung

Unternehmen können auf eine große Vielfalt an Kompetenzentwicklungsmaßnahmen zurückgreifen.

Die neuen Medien bieten Unternehmen, Trainern und den Lernenden neue Möglichkeiten für die Weiterbildung.

Für die nachhaltige Trainingsgestaltung ist die zentrale Frage, wie die Arbeitssituation im Training berücksichtigt werden kann, so dass die Teilnehmer die Trainingsinhalte in der Arbeit anwenden und das Training wirksam werden kann. Die Integration echter Themen, wie bei der kollegialen Fallberatung, dem Reflecting Team und act4teams®, ist dabei vielversprechend, ebenso wie die intelligente Verbindung von Trainings-, Workshop-, Coaching- und E-Learning-Ansätzen.

5 Ergebnisbezogene Evaluation: Bildungscontrolling fundiert und ökonomisch

5.1 Evaluationsstrategien – 110

5.2 Evaluationsmodell – 111
5.2.1 Das Vier-Ebenen-Modell von Kirkpatrick – 112
5.2.2 Was muss bei der Evaluation berücksichtigt werden? – 115
5.2.3 Maßnahmen-Erfolgs-Inventar (MEI) – 119
5.2.4 Adaptive Evaluation System for Training – 122
5.2.5 Evaluation der Programmeffizienz: Return on Investment (ROI) – 124

5.3 Trainingsevaluation und Mikropolitik – 127

In Zeiten des Imperativs des lebenslangen Lernens und des kompetenten Mitarbeiters als Voraussetzung für Innovation, Fortschritt und stetiges Wachstum (Staudt & Kriegesmann, 2001) sind Organisationen gezwungen, die begrenzten Ressourcen, die ihnen für die Entwicklung ihrer Mitarbeiter zur Verfügung stehen, gezielt einzusetzen. Unsicherheiten über die Effekte von Weiterbildung werfen dabei Fragen auf: Lohnt sich das Engagement in Weiterbildung? Rechtfertigt der tatsächliche Nutzen – nicht nur der angestrebte – die Investitionen (▶ Kap. 1)? Die Auswirkungen dieser Zweifel bekommen in Zeiten knapperer Budgets v. a. Personalverantwortliche, Personalentwickler und Berater zu spüren. Unter dem Stichwort **Bildungscontrolling** geraten sie mehr und mehr in die Verantwortung, den Nutzen von Qualifizierungsmaßnahmen nachzuweisen und diesen ggf. zu optimieren. Es gilt den »added value«, den »impact on business« oder die Unterstützung für die operativen Geschäftseinheiten vor Ort nachzuweisen. **Weiterbildung als Incentive** leisten sich immer weniger Organisationen, so dass das Motto inzwischen »Erlebnis und Ergebnis« oder sogar »Ergebnis statt Erlebnis« heißt. Bei der Wahl der Mittel geht es dabei nicht nur um Kontrolle, sondern vielmehr um Instrumente zur Steuerung zukünftigen Handelns (▶ Kap. 2). Auch müssen Trainingsmaßnahmen evaluiert, d. h. hinsichtlich ihres Erfolgs bewertet werden.

Schätzungen deuten darauf hin, dass nur 10–15% des Gelernten in berufliche Leistung umgesetzt werden (Baldwin & Ford, 1988; Noe, 2003; vgl. Kap. 1). Eine durchschnittlich mittlere Effektstärke von d = 0,60 (Metaanalyse Arthur, Bennett, Edens & Bell, 2003) verweist zwar darauf, dass Trainings möglicherweise besser als ihr Ruf sind, jedoch ergeben sich in Abhängigkeit verschiedener Trainingsmethoden (z. B. Vortrag, Diskussion, CBT, Selbstinstruktion) unterschiedliche Effekte – je nach Zielen des Trainings (kognitive, interpersonal-psychomotorische Fertigkeiten) und Art des Kriteriums (Zufriedenheit, Lernen, Verhalten, Leistung). In einer Studie des BIBB (Bundesinstitut für Berufsbildung) bewerten etwa 2/3 der Teilnehmer die besuchten Veranstaltungen der beruflichen Weiterbildung als von hohem Nutzen für die persönliche Weiterentwicklung, die Verbesserung der beruflichen Leistungsfähigkeit und die Anpassung an neue Tätigkeitsanforderungen (BIBB, 2008).

5.1 Evaluationsstrategien

Wie können Trainingsmaßnahmen evaluiert, d. h. hinsichtlich ihres Erfolgs bewertet werden? In der Praxis können Evaluationen sehr unterschiedlich aussehen. Insgesamt sind sie dabei durch folgende 6 Aspekte gekennzeichnet:

1. **Zielsetzung:** Wozu dient Evaluation? Welche Ziele werden mit der Evaluation verfolgt? Wem nützt und wem schadet die Evaluation? Wie hieb- und stichfest müssen die Ergebnisse sein? Was passiert (jetzt und später) mit den Ergebnissen und Befunden?
2. **Auftraggeber:** Wer wünscht die Evaluation? Wer ist der Auftraggeber und wer nutzt die Ergebnisse der Evaluation, z. B. Dozent, Personalentwickler, Unternehmensleitung, Trainingsteilnehmer und Wissenschaftler? Wer erhält die Ergebnisse der Evaluation?
3. **Auftragnehmer:** Wer führt die Evaluation durch? Es macht einen Unterschied, ob Trainer, Personalabteilung oder Teilnehmer die Evaluation durchführen oder ob externe Personen (z. B. Wissenschaftler) von außen kommen und »neutral« Daten sammeln.
4. **Gegenstand:** Wer oder was wird evaluiert? Zur Auswahl stehen z. B. der Trainer, Trainingsmodule oder Teilkomponenten wie der Medieneinsatz ebenso wie komplette Seminare oder gesamte Fortbildungsprogramme. Es werden z. B. die Teilnehmerzufriedenheit, der Lernerfolg, die Verhaltensänderungen am Arbeitsplatz, die Methodenvielfalt im Training, das Ausmaß der Teilnehmeraktivität, die Art und Qualität der Unterrichtsmaterialien oder die Angemessenheit der Intervention erfragt.
5. **Methode:** Wie wird evaluiert? Für eine Evaluation werden Daten systematisch dokumentiert, um die Untersuchung, das Vorgehen und die Ergebnisse nachvollziehbar und überprüfbar zu machen.
6. **Erfolgsmaße:** Welche Messzahlen stehen zur Bewertung zur Verfügung? Welche Instrumente kommen zum Einsatz, z. B. Tests, Prüfungsauf-

gaben, Fragebögen, Interviews mit Chefs oder Kollegen, Beobachtung im Training oder am Arbeitsplatz, Auswertung von Dokumenten (z. B. Einsatz bestimmter Formblätter) oder von Kennzahlen (z. B. Fehlerquote, Produktivität)? Welche Qualität haben die gesammelten Daten? Als Quellen werden interne Daten (sind Teile des evaluierten Systems) und externe Daten (stehen außerhalb) herangezogen.

7. **Zeitpunkte:** Wann wird evaluiert? Eine Evaluation kann zu verschiedenen Zeitpunkten ansetzen: vor der Erprobung, während der Erprobung oder nach der Durchführung des Trainings. Ziele, Inhalte und Konzept können vor Trainingsbeginn in Form einer Expertenrunde überprüft werden. Während des Trainings kann z. B. die Zufriedenheit der Teilnehmer mit einzelnen Modulen und Rahmenbedingungen erfragt werden. Nach Abschluss der Veranstaltung kann die Umsetzung des Gelernten in der Arbeit und deren Auswirkung geprüft werden.

In Abhängigkeit von der Zielsetzung und vom Zeitpunkt der Evaluation können verschiedene Evaluationsstrategien unterschieden werden.

Antizipatorische oder prospektive Evaluation Diese Form der Evaluation findet vor der Erprobung des Trainings statt. Sie umfasst die zusammenfassende Bewertung der Programmkonzeption hinsichtlich der Zielbestimmung, der Konzeption und Gestaltung des Programms, der Auswahl und Festlegung geeigneter diagnostischer Methoden und Verfahren zur Ermittlung des angestrebten Programmerfolgs und ggf. von Auswahlkriterien für die Teilnahme am Programm (vgl. auch Mittag & Hager, 2000).

Formative Evaluation Diese Art der Evaluation wird während der Erprobung des Programms durchgeführt. Ziele der formativen Evaluation sind es, die Durchführbarkeit, die Akzeptanz und den Aufwand in Relation zur Wirksamkeit des Programms und seiner Komponenten einzuschätzen. Teilnehmergespräche werden geführt, die Storno- und Abbrecherquote analysiert. Als Konsequenz der Ergebnisse der formativen Evaluation kann das Programm weiterentwickelt oder die ursprüngliche Programmkonzeption verändert werden.

Summative Evaluation Diese Evaluation kann sich auf die Programmdurchführung oder die Programmwirksamkeit beziehen. Bei der Evaluation der **Programmdurchführung** wird überprüft, ob die Maßnahme gemäß den Programmvorgaben durchgeführt wird. Es wird untersucht, in welchem Umfang die Zielgruppe am Programm teilnimmt, wenn die Teilnahme freiwillig ist. Zusätzlich wird zwischen Programmteilnehmern und Abbrechern verglichen. Die summative Evaluation der **Programmwirksamkeit** zielt darauf ab, die Wirksamkeit und den Nutzen eines Programms zu bestimmen. So werden am Ende des Programms Veränderungen seitens des Teilnehmers im Verlauf des Trainings (▶ Kap. 6) oder/und nach der Durchführung des Trainings (▶ Abschn. 5.2) erfasst.

Insgesamt ist bei der summativen Evaluation weniger eine Optimierung, sondern eine Bilanzierung des Erfolgs das Ziel. Die Ergebnisse haben die Funktion, den Einsatz eines bestimmten Trainings Geldgebern gegenüber zu rechtfertigen. Darüber hinaus können sie als Entscheidungsgrundlage dienen, um die Ausweitung eines Programms zu begründen oder die Überlegenheit gegenüber Konkurrenzprogrammen darzustellen.

> Von besonderer Bedeutung ist der Transfer durchgeführter Schulungs- bzw. Trainingsmaßnahmen, d. h. die Anwendung und Generalisierung neuen Wissens und neuer Fähigkeiten in der Arbeit.

Im Folgenden wird zwischen ergebnis- und prozessbezogener Evaluation unterschieden. Bei der **ergebnisbezogenen Evaluation** geht es um die Wirksamkeit eines Trainingsprogramms. Bei der **prozessbezogenen Evaluation** steht die Identifikation von Katalysatoren und Barrieren für den Transfererfolg im Vordergrund (▶ Kap. 6). Die prozessbezogene Evaluation kann helfen, Trainingsmaßnahmen wirkungsvoller und nutzbarer zu gestalten.

5.2 Evaluationsmodell

Was ist Trainingserfolg? Sind das begeisterte Teilnehmer am Ende eines Seminars, ist das ein definierter Wissenszuwachs, sind das allgemein zufriedenere Mitarbeiter und Vorgesetzte, ist es ein verändertes

Verhalten von Teilnehmern in der Organisation oder ist es eine höhere, qualitativ bessere Leistung von Mitarbeitern? Alles das kann richtig sein, es hängt vom jeweiligen Auftrag und Ziel ab.

5.2.1 Das Vier-Ebenen-Modell von Kirkpatrick

Das bekannteste und in der Praxis am weitesten verbreitete Evaluationskonzept ist das Vier-Ebenen-Modell von Kirkpatrick (1967, 1994). Das Modell umfasst die 4 Ebenen Reaktion, Lernen, Verhalten und Resultate (◘ Abb. 5.1).

Die **Reaktionsebene** gibt Auskunft über die Zufriedenheit der Teilnehmer. Oft wird dabei differenziert nach der Zufriedenheit mit dem Trainer, der Atmosphäre, den Inhalten, der Form etc. (► Checkliste »Zufriedenheitsmaße«). Als Antwortformat werden oft sog. Happy-Sheets vorgegeben. Die Reaktionsebene wird daher auch als Happiness-Index bezeichnet. Neben einer schriftlichen Bewertung am Ende des Seminars kann auch eine Befragung mit zeitlichem Abstand zum Seminar erfolgen. Ferner sind Feedbackrunden zum Trainingsabschluss üblich. Gruppendiskussionen oder die telefonische Nachbefragung der Teilnehmer werden ebenfalls genutzt.

Zur zweiten Ebene, dem **Lernen**, zählen z. B. der Wissenszuwachs und die Einstellungsänderung. Wissenszuwächse werden in der Regel mit Wissenstests abgeprüft. Wissenstests sind jedoch nicht für alle Fortbildungsformen leicht anwendbar. Bei verhaltensorientierten Trainings ist beispielsweise weit mehr als die Kenntnis bestimmter Techniken abzuprüfen. Für maßgeschneiderte Interventionen müssten daher spezifische Tests entwickelt werden.

Die dritte Ebene des **Transfererfolgs** umfasst Veränderungen im Arbeitsverhalten. Sie entspricht der Umsetzung und Generalisierung des Gelernten am Arbeitsplatz und gibt an, inwieweit der Transfer vom Lern- ins Arbeitsfeld gelungen ist. Um Aussagen über Verhaltensänderungen zu bekommen, sind Beobachtungen das Mittel der Wahl (vgl. z. B. Kauffeld, 2006; Erpenbeck & von Rosenstiel, 2007). Ferner werden Transferbefragungen oder Interviews der Teilnehmer, ihrer Vorgesetzten oder Kollegen genutzt. Zahlreiche Beispiele zur Mes-

---

Checkliste: Zufriedenheitsmaße, die den multidimensionalen Ansatz von Teilnehmerreaktionen auf Trainingsmaßnahmen widerspiegeln

Zufriedenheit mit dem Trainer
- Inwieweit haben die Trainer eine produktive Arbeitsatmosphäre während des Trainings hergestellt?
- Inwieweit hat Sie das Feedback des Trainers zum Nachdenken angeregt?

Zufriedenheit mit den administrativen Prozessen
- Wie zufrieden sind Sie mit dem Informationsfluss über Weiterbildungsmöglichkeiten in Ihrer Abteilung?
- Wie beurteilen Sie den Informationsfluss vor Beginn des Trainings?

Zufriedenheit mit dem Lernumfeld
- Wie zufriedenstellend war die Ausstattung der Räumlichkeiten?
- Inwieweit waren Hilfsmittel vorhanden und funktionsbereit?

Zufriedenheit mit Unterlagen/Materialien
- Inwieweit waren die Trainingsunterlagen so gestaltet, dass diese Sie optimal beim Lernen unterstützt haben?
- Inwieweit wurden verschiedene Lehr- und Lernmittel eingesetzt (Methodenvielfalt)?

Zufriedenheit mit der Trainingsstruktur
- Wie beurteilen Sie das Tempo, mit dem der Lernstoff abgehandelt wurde?
- Wie beurteilen Sie den Aufbau des Trainings?

Nutzen des Trainings
- Wie beurteilen Sie die Relevanz des Trainingsinhalts hinsichtlich Ihres Arbeitsplatzes?
- Inwieweit war die Weiterbildungsmaßnahme förderlich, um neue berufliche Aufgaben zu übernehmen?

5.2 · Evaluationsmodell

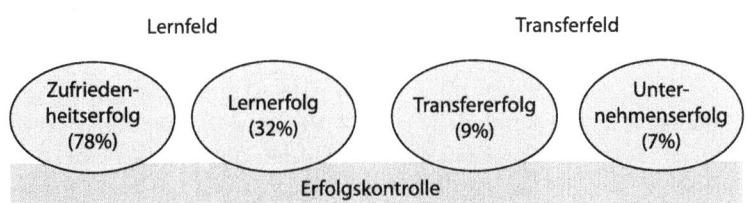

Abb. 5.1. Vier Ebenen der Erfolgskontrolle. (In Anlehnung an Kirkpatrick, 1967, 1994; Angaben zur Häufigkeit der Messung der Erfolgsmaße in Organisationen von van Buren & Erskine, 2002)

sung von Kompetenzen finden sich im *Handbuch zur Kompetenzmessung* von Erpenbeck und von Rosenstiel (2007). Auch Arbeitsanalysen oder Angaben über die Arbeitsleistung können zur Evaluation auf der Verhaltensebene herangezogen werden.

Auf der Ebene der **Resultate** werden die Auswirkungen des geänderten Verhaltens in Form objektiver Leistungskriterien und Kennzahlen der Organisation gemessen. Es gilt festzustellen, inwieweit Organisationsziele aufgrund der Maßnahme erreicht wurden. Dabei wird in der Regel versucht, betriebliche Kennzahlen zu berücksichtigen. Eine klare Zuschreibung der Kennzahlen zu den Effekten einer Fortbildung ist jedoch nicht trivial, da in Unternehmen viele Prozesse parallel ablaufen und wirken.

Modifikationen des Modells schlagen die Berücksichtigung weiterer Ebenen wie z. B. des Return on Investment (ROI; Philipps, 1999; ▶ Abschn. 5.2.5) oder die Bestimmung des gesellschaftlichen Nutzens vor.

Bislang sind Trainingsevaluationen primär auf die Ebenen Reaktion und Lernen fokussiert. Während 78% der Unternehmen Zufriedenheitserfolg messen, sind es beim Lernerfolg nur noch 32%. Für den Transfererfolg interessieren sich nur noch 9% und für den Unternehmenserfolg lediglich 7% (◘ Abb. 5.1; van Buren & Erskine, 2002).

> Die Evaluation mit Happy-Sheets am Seminarende ist beliebt, da der Aufwand sehr gering ist. Die Reaktionsebene, die oft als einzige Evaluationsebene betrachtet wird, hat jedoch nur geringe Aussagekraft.

Was ist von der weit verbreiteten Zufriedenheitsmessung zu halten? Die Zufriedenheit mit einem Training hängt kaum mit dem Lern- und dem Transfererfolg zusammen (vgl. Noe & Schmitt, 1986). In 2 Fallstudien zeigt Mayer (2003), dass ein Trainingsprogramm, welches zur Zufriedenheit der Teilnehmer führt, nur wenige Konsequenzen in ihrem Verhalten aufweist. Dagegen bringt ein Training, in dem die Teilnehmer an ihre Grenzen gebracht und konfrontiert werden, diese dazu, das Training nicht hoch zufrieden zu verlassen, langfristig aber ihr Verhalten zu ändern. Das reine Konsumieren wird kaum positive Auswirkungen auf den Transfer haben (vgl. ▶ Kap. 3). Applaus zu einem Trainingsprogramm kann auch skeptisch machen: Nach der Intervention sind alle erleichtert, dass besonderes heikle Themen nicht angesprochen wurden.

> Es ist *nicht* zwangsläufig der Fall, dass bei erfolgreichen Trainingsmaßnahmen die Teilnehmerzufriedenheit hoch ist.

Die implizierten kausalen Beziehungen zwischen den 4 Ebenen des Modells von Kirkpatrick (1994) konnten in Forschungsarbeiten nicht nachgewiesen werden (Allinger & Janak, 1989; Allinger, Tannenbaum, Bennett & Traver, 1997). Beim Einsatz von »Happy-Sheets« bleibt die Frage, ob der Transfer durchgeführter Schulungs- bzw. Trainingsmaßnahmen gelungen ist, unbeantwortet. Die Praxis zeigt, dass es Trainern durch die Instruktion der Teilnehmer in der Regel nicht schwer fällt, traumhafte Bewertungen zu erzielen. Die Zufriedenheitsbewertungen liegen oft am oberen positiven Ende der Bewertungsskala. Trainer, die nicht zum Trainingsprogramm passen, werden in der Regel sehr schnell abgezogen. Fragen zur Nützlichkeit des Trainings weisen höhere Zusammenhänge zum Transfererfolg auf als reine Zufriedenheitsabfragen.

Von Transfer kann erst gesprochen werden, wenn die Anwendung und Generalisierung neuen Wissens, neuer Fähigkeiten oder Fertigkeiten in der

> **Checkliste: Arten des Transfers**
>
> **Richtung**
> - **Positiver Transfer** gelingt im günstigsten Fall: Das Training wirkt sich auf nicht gelernte Aufgaben förderlich aus und der Transfer führt zu einer Leistungsverbesserung.
> - **Nulltransfer** liegt vor, wenn im Lernfeld erworbenes Wissen und Fähigkeiten nicht bei der Arbeit angewendet werden können.
> - **Negativer Transfer** findet statt, wenn sich das Training sogar hinderlich auf die Ausführung der Arbeitsaufgaben auswirkt.
>
> **Komplexität**
> - **Lateraler Transfer** ist die Übertragung innerhalb des Funktionsfelds des gelernten Inhalts.
> - **Vertikaler Transfer** bezeichnet die Kompetenzerweiterung über das Funktionsfeld des Lerninhalts hinaus. Das Training ist bei vertikalem Transfer der Auslöser für weiteres selbstständiges Lernen.
>
> **Distanz**
> - **Naher Transfer** findet statt, wenn eine hohe Ähnlichkeit zwischen der trainierten Aufgabe und der Aufgabe am Arbeitsplatz besteht.
> - **Weiter Transfer** liegt vor, wenn es große Unterschiede zwischen der trainierten Aufgabe und der Aufgabe am Arbeitsplatz gibt.

Arbeit geglückt ist. Dabei lassen sich verschiedene Arten des Transfers unterscheiden (▶ Checkliste »Arten des Transfers«).

Warum beschränken sich Unternehmen auf die Messung der Zufriedenheit? Während die Zufriedenheit in der Regel sehr ökonomisch am Ende des Seminars abgefragt werden kann, stellt schon die Erfassung des Lernerfolgs ungleich höhere Anforderungen. Die Zufriedenheitseinschätzung der Teilnehmer wird von Personalentwicklern und Trainern als Kundenzufriedenheit gewertet. Es stellt sich die Frage, ob der Nutzen eines reliablen und validen Wissenstests für eine spezifische Fortbildung den Entwicklungsaufwand eines solchen rechtfertigt. Ferner besteht in der Erwachsenenbildung die Gefahr, dass ein Wissenstest auf wenig Akzeptanz bei den Teilnehmern stößt und schon im Vorfeld Widerstand gegen den Seminarbesuch auslöst. Während in der Freizeit intensive Übungsphasen und Prüfungen akzeptiert werden, ist das Lernen im betrieblichen Kontext nicht per se mit Anstrengung gekoppelt. Das Lernen sollte bislang v. a. Spaß machen. Erst im Zuge des E-Learning werden Wissenstests als Lernkontrolle wieder eingeführt. Zunehmender Zeitdruck in der Arbeit lässt auch Teilnehmer effizientere Seminare fordern, zu denen Wissensabfrage als Voraussetzung für die Teilnahme an Aufbaumodulen eingefordert werden.

Für das geringe Interesse der Unternehmen an systematischen Evaluationen, die auch Erfolgskriterien im Arbeitsfeld berücksichtigen, gibt es mehrere Gründe:

Bildungscontrolling ist aufwendig Zunächst ist die Einführung und Umsetzung eines Bildungscontrolling-Konzepts beim ersten Mal aufwendig: Die verantwortlichen Personalentwickler sind gefordert, sich im Vorfeld einer Qualifizierung Gedanken zu machen, welche Ziele mit der Fortbildung in Abstimmung mit den strategischen Unternehmenszielen erreicht werden sollen. Nach der Definition strategischer Ziele gilt es, die Ziele zu operationalisieren (z. B. in Form von Kennzahlen). Die Festlegung von Sollgrößen ist wichtig, um im Nachhinein bewerten zu können, ob die Ziele erreicht wurden. Verfahren zur Datengewinnung müssen ausgewählt werden, die Daten müssen erhoben und nach im Vorfeld festgelegten Regeln interpretiert werden (▶ Kap. 2).

Weitere Gründe Neben dem Infragestellen von Aufwand und Ertrag für die Evaluation stehen der systematischen Erfolgskontrolle weitere Faktoren im Wege. Schwierigkeiten bei der Operationalisierung von strategischen Zielen, der Mangel an geeigneten Daten sowie die zeitliche Verzögerung bis zum Erlangen eines Ergebnisses können weitere Ursachen für die begrenzte Verbreitung von Evaluationsansätzen sein. Auch Fragen des Datenschutzes oder Abstimmungen mit dem Betriebsrat, z. B. bei der Leistungsbeurteilung der Teilnehmer im Training, sind zu berücksichtigen. Mikropolitisch ist zu beachten, dass ein systematisch angelegter Evaluationsprozess ein hohes Maß an Transparenz impliziert, das nicht immer von allen im Unternehmen gewünscht ist. Mit Trainings werden oft Hands-on-Ziele abseits der offiziellen Agenda verfolgt (▶ Kap. 2). Für die Anlage eines aussagekräftigen Evaluationsprozesses – v. a. in Unternehmen kleiner und mittlerer Größe, die oft über keine eigene Personalentwicklung verfügen – kann darüber hinaus die Kompetenz fehlen. Auch um die Akzeptanz zu fördern, ist eine externe Evaluation einer internen durch die unmittelbar Beteiligten vorzuziehen.

> Eine *externe* Evaluation, die in der Verantwortung unabhängiger Außenstehender liegt, ist einer *internen* Evaluation vorzuziehen.

5.2.2 Was muss bei der Evaluation berücksichtigt werden?

Was muss bei Evaluationen berücksichtigt werden? Aussagen über die Wirksamkeit von Kompetenzentwicklungsmaßnahmen werden durch Vergleiche gewonnen.

Prä- und Postmessungen Ein grundlegendes Ziel eines Trainings ist, dass sich die Teilnehmer nach dem Training im weitesten Sinne anders verhalten als vor dem Training. Um eine solche Veränderung festzustellen, reicht es aber nicht allein, die Trainingsgruppe nach der Beendigung des Trainings einer Postmessung zu unterziehen. Vorher-Nachher-Messungen sind reinen Nachher-Messungen vorzuziehen. Eine Prämessung vor der Durchführung des Trainings stellt eine Vergleichsbasis her. Mit Bedacht zu wählen ist der Zeitpunkt der Postmessung. So erfasst eine Postmessung direkt im Anschluss an das Training den Lernerfolg, eine Postmessung mehrere Wochen oder Monate später den Transfererfolg.

Interne Validität Wenn durch Prä- und Postmessungen eine Veränderung in der Trainingsgruppe festgestellt wird, stellt sich anschließend die Frage nach der **internen Validität** (Gültigkeit) der Untersuchung: Geht die Veränderung auf das Training zurück oder hat sie andere Ursachen? Bei niedriger interner Validität ist unklar, worauf die Veränderung in der Trainingsgruppe zurückzuführen ist. Dadurch ist die Untersuchung wertlos, weil sie keine Information über die Wirksamkeit des Trainings liefert. Daher trägt ein experimentelles Design mit Kontrollgruppe entscheidend zur internen Validität bei.

Kontrollgruppe Die Einführung einer Kontroll- oder Vergleichsgruppe ist ein bewährtes Mittel, hohe interne Validität herzustellen. Die Kontrollgruppe wird genauso behandelt wie die Trainingsgruppe, mit der Ausnahme, dass sie das zu evaluierende Training nicht erhält. Die Vergleichsgruppen als Kontrollgruppen sollen es ermöglichen, nicht programmgebundene Wirkungen zu kontrollieren, um Veränderungen tatsächlich auf das Training zurückführen zu können. Anhand des Vergleichs der Trainingsgruppe mit der Kontrollgruppe lässt sich u. a. ausschließen, dass eine Veränderung in der Trainingsgruppe allein auf die verstrichene Zeit (Mitarbeiter haben z. B. Zeit gehabt, zu üben und sich dadurch zu verbessern) oder äußere Ereignisse (z. B. Konjunktureinbrüche, Entlassungen, Sommerferien) zurückgeht. Denn solche Ursachen wirken sich in gleichem Maße auf die Kontrollgruppe aus. Ohne Kontrollgruppe kann eine Konfundierung der Interventionswirkung mit der Wirkung anderer auftretender Faktoren nicht ausgeschlossen werden. Die Wirkung wird im schlimmsten Fall irrtümlicherweise der Intervention zugeschrieben (Hager Patry & Brezing, 2000).

Hawthorne Effekt Die Einführung einer Kontroll- oder Vergleichsgruppe ist ein bewährtes Mittel, hohe interne Validität herzustellen. Die Leistung der Trainingsgruppe kann sich schon allein dadurch verändern, dass ihr mehr Aufmerksamkeit geschenkt wird und sie sich beobachtet fühlt. Die Kontrollgruppe sollte daher, wenn praktisch und v. a. finanziell umsetzbar, ebenso viel Aufmerksamkeit und Beobachtung erfahren wie die Trainingsgruppe. Das heißt, dass die Kontrollgruppe z. B. ein nicht aufwendiges »Placebotraining« erhält, von dem man sich keine übermäßig große Wirkung, aber auch keinen Schaden verspricht. Der Effekt, dass Versuchspersonen ihr natürliches Verhalten ändern können, wenn sie wissen, dass sie Teilnehmer an einer Untersuchung sind, stellt eine Bedrohung der externen Validität dar. Die Entdeckung des Effekts geht auf die sog. **Hawthorne-Experimente** von Roethlisberger und Dickson zurück, die zwischen 1924 und 1932 in der Hawthorne-Fabrik der Western Electric Company in Chicago (USA) durchgeführt wurden, um festzustellen, wie man die Leistung von Arbeitern steigern kann. Erstaunlicherweise steigerte sich die Leistung der Arbeiter unabhängig davon, welche – auch konträre – Interventionen vorgenommen wurden.

Experimentelle und quasiexperimentelle Evaluation Evaluationen, die neben der Trainingsgruppe eine Kontrollgruppe verwenden und die Personen zufällig diesen Bedingungen zuordnen (Randomisierung), gelten als **experimentelle Evaluationen** (◘ Tab. 5.1). Wenn es praktisch möglich ist, sollte die Zuweisung der Teilnehmer auf die Trainings- und Kontrollgruppe zufällig erfolgen. In der Unternehmenspraxis werden häufig **quasiexperimentelle Evaluationen** eingesetzt, bei denen im Gegensatz zur experimentellen Evaluation keine Randomisierung stattfinden konnte. Ohne zufällige Zuweisung muss man begründen können, warum sich die beiden Gruppen nicht systematisch voneinander unterscheiden. Systematische Unterschiede untergraben den Sinn einer Kontrollgruppe und somit die interne Validität. Auch Zuweisungsverfahren wie die Parallelisierung, bei der darauf geachtet wird, dass die beiden Gruppen auf Merkmale wie Geschlecht oder Alter bezogen identisch sind, bieten keine Garantie gegen systematische Unterschiede. In der Regel wird man durch die Parallelisierung die wirklich wichtigen Merkmale gar nicht berücksichtigen, weil man sie nicht kennt.

Externe Validität Angenommen von der Prä- zur Postmessung konnte eine Veränderung im Verhalten der Trainingsgruppe festgestellt werden. Ist diese Veränderung auf andere Personen und Situationen generalisierbar? Diese Frage betrifft die **externe Validität** einer Untersuchung. Je mehr sich die Untersuchungsteilnehmer von anderen Personen unterscheiden, desto weniger sind die Ergebnisse der Evaluation auf andere Personen übertragbar. Bestehen die Untersuchungsgruppen beispielsweise nur aus sehr leistungsstarken Mitarbeitern, muss man davon ausgehen, dass das Training einen anderen Effekt auf leistungsschwache Mitarbeiter haben könnte. Bestehen die Untersuchungsgruppen nur aus im Team arbeitenden Mitarbeitern, hat das Training womöglich andere Effekte auf sie als auf Mitarbeiter, die traditioneller Einzelarbeit nachgehen. Die Teilnahme an einer Trainingsevaluation unterscheidet sich beträchtlich vom normalen Arbeitsalltag. Es werden Tests durchgeführt, man wird beobachtet (manchmal sogar mit Videokameras), ein Untersuchungsleiter und seine Assistenten sind immer wieder anwesend. Trainingseffekte, die in dieser ganz besonderen Situation auftreten, kommen vielleicht im normalen Arbeitsalltag nicht vor. Notwendige Voraussetzung für die Generalisierbarkeit ist, dass die **interne Validität** gegeben ist. Denn wenn unklar ist, ob es überhaupt einen Trainingseffekt gab, kann man sich das Nachsinnen über die Anwendung bei anderen Personengruppen und Situationen sparen.

Follow-up-Messungen Um feststellen zu können, ob der Kompetenzzuwachs über die Zeit bestehen bleibt, oder um Langzeiteffekte zu identifizieren, die möglicherweise bei der Nachher-Messung verdeckt geblieben sind, ist es nötig, **Follow-up-Messungen** durchzuführen. Diese erlauben Aussagen darüber, ob es sich nur um einen kurzfristigen Erfolg der Maßnahme gehandelt hat. Vor der Trainingsimplementierung sollte bereits eine Vorstellung darüber bestehen, wie stark die durch das Training ausgelöste Veränderung sein sollte. An diesem Ziel hat sich das Training daraufhin zu bewähren (▶ »Wirksamkeitsverläufe erfolgreicher Trainingsprogramme«). Messung zu mehreren Zeitpunkten nach Beendigung der Interventionsmaßnahme ist äußerst ratsam, da sich Leistungsentwicklungen nicht immer anhand einmaliger Post-Interventions-Messungen feststellen lassen (Hager et al., 2000).

Kasuistische Evaluation Evaluationen, bei denen keine Kontroll- oder Vergleichsbedingung zur Gegenüberstellung mit der zu evaluierenden Maßnahme herangezogen werden kann, gelten als **kasuistische**

5.2 · Evaluationsmodell

◘ Tab. 5.1. Mögliche Störvariablen bei der experimentellen Evaluation

Reaktion auf Gruppen-zuweisung	Schon die Zuweisung in die Trainings- bzw. Kontrollgruppe wirft bei den Teilnehmern Fragen auf: Warum erhält einer das womöglich begehrte neue Training, der andere nicht? Oder bekommen die einen etwa das Training, weil ihre Leistung schwächer ist? Damit Mitarbeiter sich nicht abgewertet fühlen, ist es wichtig, über das logische Prinzip hinter der Gruppenzuweisung aufzuklären. Sonst könnte es z. B. passieren, dass die Kontrollgruppe aus Resignation unter ihrem normalen Leistungsniveau bleibt.
Rivalität zwischen den Gruppen	Wenn die Kontrollgruppe das zu evaluierende Training als besonders »begehrenswert« sieht, entsteht leicht eine Rivalität zwischen der Kontroll- und der Trainingsgruppe. Rivalität kann dazu führen, dass sich die Kontrollgruppe besonders anstrengt, um die Trainingsgruppe zu übertrumpfen, und dadurch die Effekte des Trainings, im Vergleich mit der Kontrollgruppe, nicht mehr erkennbar sind.
Reaktionen der Trainingsgruppe	Die Leistung der Trainingsgruppe kann sich schon allein dadurch verändern, dass ihr mehr Aufmerksamkeit geschenkt wird und sie sich beobachtet fühlt. Die Kontrollgruppe sollte daher, wenn praktisch und v. a. finanziell umsetzbar, ebenso viel Aufmerksamkeit und Beobachtung erfahren wie die Trainingsgruppe. Das kann bedeuten, dass die Kontrollgruppe ein nicht aufwendiges »Placebotraining« erhält, von dem man sich keine übermäßig große Wirkung, aber auch keinen Schaden verspricht.
Veränderungen der Messinstrumente	Manchmal gehen Veränderungen von der Prä- zur Postmessung nicht auf das Training sondern auf die Messinstrumente zurück. Dies kann der Fall sein, wenn z. B. die Leistungsbewertung in der Postmessung weniger streng ist oder Beurteiler sich im Laufe der Untersuchung weniger Mühe geben.
Regression zur Mitte	Teilnehmer in Evaluationsstudien werden oft wegen extrem hoher oder niedriger Testwerte ausgewählt. Beispielsweise erhalten vielleicht nur ausgesprochen leistungsstarke oder -schwache Mitarbeiter ein Training. Mit der Zeit tritt aber ganz von selbst eine Regression zur Mitte auf. Dies bedeutet, dass sowohl extrem hohe als auch extrem niedrige Werte über die Zeit zu einem mittleren Wert hin tendieren. Der Grund dafür ist, dass Tests keine perfekten Messinstrumente sind und jede Messung fehlerbehaftet ist. Die Messwerte variieren um einen »wahren Wert« der Person herum. Bei extremen »wahren Werten« kann diese Variation aber nur in Richtung der Skalenmitte gehen, denn zu den Skalenendpunkten hin ist kein Platz mehr für Variation, da das Messinstrument gute oder schlechte Leistungen im Extrembereich weniger gut differenzieren kann. Teilnehmer hatten vielleicht am Tag des Prätests außergewöhnlich viel Glück oder Pech, so dass beim Posttest ihre Leistung viel weniger extrem ist. Eine Regression der Werte zur Mitte kann leicht mit einem Trainingseffekt verwechselt werden.
Selektives Drop-out	Drop-out bezeichnet das frühzeitige Ausscheiden von Teilnehmern aus der Untersuchung. Problematisch wird es, wenn das Ausscheiden selektiv ist, d. h. wenn dadurch die relative Zusammensetzung der Kontroll- und Trainingsgruppe verändert wird. In einer Kontrollgruppe könnten z. B. alle unmotivierten Teilnehmer wegfallen, während sich die unmotivierten in der Trainingsgruppe verpflichtet fühlen zu bleiben. Ein unterschiedliches Abschneiden der Gruppen in der Postmessung wäre dann zumindest teilweise auf die niedrigere Motivation in der Trainingsgruppe zurückzuführen.
Sensitivierung durch die Prämessung	Es kann vorkommen, dass die Teilnehmer durch die Prämessung einem Trainingsinhalt mehr Aufmerksamkeit schenken. Beispielsweise achten Teilnehmer vielleicht besonders auf Ausführungen zur Kundenzufriedenheit, wenn dieses Thema häufig im Prätest auftaucht. Wenn sich dann durch das Training ihre Leistung im Kundenumgang besonders stark verbessert, ist dieser Effekt möglicherweise nicht auf Personengruppen generalisierbar, die keinen Prätest erhalten haben.

Wirksamkeitsverläufe erfolgreicher Trainingsprogramme

Anhand der folgenden grafischen Darstellungen lässt sich veranschaulichen, welche **Wirksamkeitsverläufe** bei einem Training auftreten können. Der angewendete Versuchsplan umfasst 3 Erhebungszeitpunkte und zusätzlich eine Vergleichsgruppendarstellung.

Der in ◘ Abb. 5.2 dargestellte Typ einer erfolgreichen Intervention ist in der Praxis sehr verbreitet. Vom Vortest zum Nachtest findet ein erkennbarer Leistungszuwachs statt, die Intervention ist also wirksam. Die Leistungsdifferenz zwischen Interventions- und Vergleichsgruppe bleibt im Nachtest bestehen, d. h. der Leistungszuwachs bleibt stabil. Eine weitere Leistungssteigerung tritt jedoch nicht auf.

Der Idealtypus einer erfolgreichen Intervention, der in ◘ Abb. 5.3 illustriert ist, zeichnet sich durch einen zusätzlichen Anstieg in der Leistungsdifferenz zwischen Nachtest und Follow-up bei der Interventions- und Vergleichsgruppe aus. Dies bedeutet eine zusätzliche Leistungssteigerung und einen längerfristigen Entwicklungsschub für die Trainingsgruppe.

◘ Abb. 5.4 zeigt den oft erwünschten Fall bei einer Präventionsmaßnahme. Hierbei liegt zwar unmittelbar nach der Interventionsdurchführung kein signifikanter Unterschied in der Leistung vor, doch auf lange Sicht gesehen ist ein Entwicklungsschub zu verzeichnen.

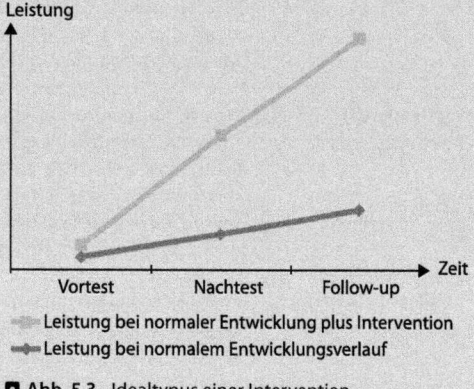

◘ Abb. 5.3. Idealtypus einer Intervention

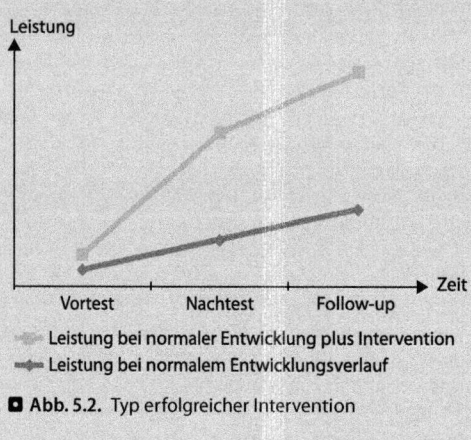

◘ Abb. 5.2. Typ erfolgreicher Intervention

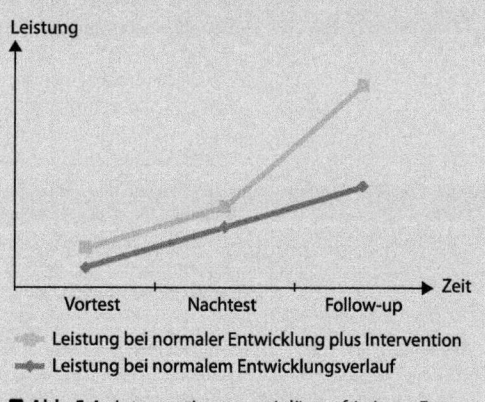

◘ Abb. 5.4. Interventionstyp mit längerfristigem Entwicklungsschub

Evaluationen. Wenn nur die Bewertung eines einzigen Trainingsprogramms möglich ist, sollten vorab Zielgrößen festgelegt werden, an deren Erreichung das Training zu messen ist. Darüber hinaus kann es hilfreich sein, Vergleichs- oder Benchmarkwerte standardisierter Fragebögen zu nutzen, die sich auf Daten vergleichbarer Trainingsmaßnahmen aus anderen Unternehmen beziehen. Dies setzt jedoch den Einsatz entsprechender Instrumente voraus, die in der Regel nur sehr global und nicht spezifisch auf die einzelne Trainingsmaßnahme zugeschnitten den Transfer messen. Um Veränderungen abzubilden, kann in der einmaligen Postbefragung direkt nach Veränderungen gefragt werden, wie z. B. »Durch das

Training hat sich meine Arbeitsqualität verbessert.« Darüber hinaus können retrospektive Einschätzungen vorgenommen werden, bei denen die Teilnehmer nach dem Training ihre Kompetenz vor dem Training und nach dem Training anhand der gleichen Aussagen einschätzen. Veränderungen können so aufgezeigt werden vgl. aes4training® ▶ Kap. 5.2.4. Gegenüber einem klassischen Vortest-Nachtest-Design hat dieses Vorgehen ggf. den Vorteil, dass Veränderungen aufgedeckt werden können, die im klassischen Vortest-Nachtest durch die Wissens- oder Kompetenzveränderung zum Trainingsgegenstand verdeckt bleiben: Vor dem Training schätzen die Teilnehmer ihre Fähigkeiten zur Kundenansprache im Vertrieb als durchaus gut ein. Im Training werden die Teilnehmer an ihre Grenzen geführt und bekommen eine Idee davon, was sie alles noch nicht wissen. Das Training dauert an, die Teilnehmer lernen dazu und stabilisieren sich in ihrer Kompetenzeinschätzung auf dem Niveau der Vorher-Messung.

Erfolgsmaße Die Maße, mit denen der Erfolg gemessen wird, sollten sich an den Zielen des Trainingsprogramms orientieren und psychometrischen Gütekriterien genügen. Ein Grund für den zögerlichen Einsatz systematischer Evaluationen kann so auch im mangelnden Angebot von standardisierten Evaluationsinstrumenten liegen, die mit einem ökonomisch vertretbaren Aufwand interpretationsfähige Ergebnisse liefern.

5.2.3 Maßnahmen-Erfolgs-Inventar (MEI)

Ein Instrument zur ökonomischen Messung des Fortbildungserfolgs stellt das Maßnahmen-Erfolgs-Inventar (MEI; Kauffeld, Brennecke & Strack, 2009) dar. Beim MEI fungieren die 4 Ebenen von Kirkpatrick (1967, 1994) als Rahmenmodell. Das MEI abstrahiert von einzelnen Trainingsprogrammen. ◘ Tab. 5.2 zeigt die 4 Ebenen mit zugehörigen Skalen und Beispielaussagen. Die Fortbildungsteilnehmer drücken ihre Zustimmung zu insgesamt 22 Aussagen auf einer Skala von 0% (»trifft überhaupt nicht zu«) bis 100% (»trifft völlig zu«) aus.

Das MEI wird von den Teilnehmern nach dem Training ausgefüllt. Die Ergebnisse können grafisch aufbereitet und Vergleichswerten anderer Fortbildungsmaßnahmen gegenübergestellt werden, um Anhaltspunkte für die Interpretation zu gewinnen. Im ▶ Fallbeispiel ist der Einsatz des MEI bei einem Automobilzulieferer dargestellt (vgl. Kauffeld, Grote & Frieling, 2009).

Um die Anwendung in der Praxis auf der Ebene des Verhaltens- bzw. Transfererfolgs differenziert

◘ **Tab. 5.2.** Skalen des Maßnahmen-Erfolgs-Inventars (MEI)

	Ebene	Skala	Beispielaussage
Lernfeld: Trainingsinterne Kriterien	Reaktion	Zufriedenheit	Das Training hat mir sehr gut gefallen.
		Nützlichkeit	Das Training ist nützlich für meine Arbeit.
	Lernen	Lernen	Durch das Training habe ich viel gelernt.
		Positive Einstellung	Meine Einstellung zu den Trainingsinhalten hat sich positiv verändert.
Arbeitsfeld: Trainingsexterne Kriterien	Verhalten/Transfer	Anwendung in der Praxis	Die im Training erworbenen Kenntnisse und Fähigkeiten nutze ich in meiner täglichen Arbeit.
		Kompetenz	Fach-, Methoden-, Sozial- und Selbstkompetenz
	Organisation	Organisationale Ergebnisse	Durch die Anwendung der Trainingsinhalte hat sich die Qualität meiner Arbeit verbessert.

Beispiel: MEI – iwis

Die Johann Winklhofer & Söhne GmbH & Co. KG (iwis), weltweit führender Hersteller von Motorsteuerketten, führte zur Evaluation des Erfolgs von Trainingsmaßnahmen eine Befragung mit dem Maßnahmen-Erfolgs-Inventar (MEI) durch. Von der Befragung erhoffte sich die Firma u. a. Vorteile im Auditierungsprozess.

An 339 zufällig ausgewählte Mitarbeiter wurde der MEI-Fragebogen ausgegeben und von 270 ausgefüllt. Die evaluierten Trainings dauerten 1–44 Stunden und lagen durchschnittlich 175 Tage zurück. Die Themenbreite erstreckte sich von fachlichen Trainings wie »Nitrieren und Nitrocarburieren von Stählen« bis zu überfachlichen Trainings zu Methoden- und Schlüsselkompetenzen wie »Verhandlungen zielorientiert und erfolgreich führen« oder »Angst und Stress als Quelle der Kraft«.

In ◘ Abb. 5.5 sind die durchschnittlichen Zustimmungen zu den Aussagen der **Dimensionen des Trainingserfolgs** dargestellt, die auf einer Skala von 0–100% eingeschätzt werden sollten. Zur besseren Einordnung der Ergebnisse des Automobilzulieferunternehmens (N = 270) kann eine Vergleichsstichprobe (N = 600) herangezogen werden, die sich aus verschiedenen Unternehmen unterschiedlicher Branchen zusammensetzt. Die Werte liegen auf allen Erfolgsdimensionen (Zufriedenheit, Lernen, Selbstwirksamkeitsüberzeugung, Anwendung in der Praxis, Kompetenz, Organisationale Ergebnisse) unter den Werten der Vergleichsstichprobe. Die Teilnehmer gaben an, durchschnittlich zu 77,61% mit den Trainings zufrieden gewesen zu sein. Deutlich niedriger sind die Werte der Skalen des Transfererfolgs ausgeprägt. Die erlernten Inhalte wurden lediglich zu 48,18% in der Praxis umgesetzt, die Kompetenz zu 45,51% und die Organisationalen Ergebnisse zu 37,36% gesteigert.

Die Ergebnisse verdeutlichen, dass es für den Nachweis des Nutzens von Trainings nicht ausreicht, lediglich die Zufriedenheit der Teilnehmer mit dem Training zu erfassen. Der Nutzen der Trainingsmaßnahmen wird mit **Happy-Sheets** überschätzt und der Handlungsbedarf verkannt. Eine hohe Zufriedenheit der Teilnehmer mit den Trai-

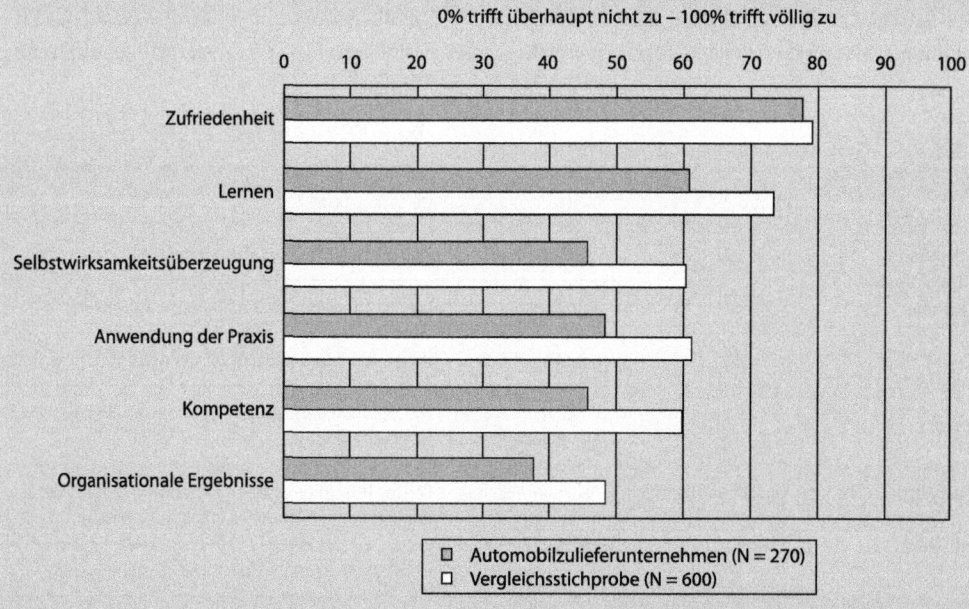

◘ Abb. 5.5. Erfolg der Trainingsmaßnahmen

5.2 · Evaluationsmodell

nings, die sich in den Bewertungen mit den unternehmenseigenen Instrumenten am Ende des Trainings zeigte, ist daher kein Indikator für eine hohe Ausprägung der anderen Erfolgsmaße. Dieser Befund findet sich nicht nur bei iwis, sondern zeichnet sich auch in der Vergleichsstichprobe ab und ist vermutlich in vielen Unternehmen unterschiedlicher Branchen vorzufinden. Für iwis besteht v. a. hinsichtlich der Anwendung in der Praxis, des Kompetenzzuwachses sowie der Organisationalen Ergebnisse Potenzial zur Steigerung der Erfolgswahrscheinlichkeit zukünftiger Trainingsmaßnahmen.

Ein Vergleich der Ergebnisse des Erfolgs von Trainingsmaßnahmen, die von **internen und externen Trainern** durchgeführt wurden, zeigt, dass die Befragten externe Trainings auf allen Dimensionen (Zufriedenheit, Lernen, Selbstwirksamkeitsüberzeugung, Anwendung in der Praxis, Kompetenz sowie Organisationale Ergebnisse) signifikant erfolgreicher beurteilen als interne Schulungen. Dieses Ergebnis überraschte die Personalentwicklung wenig. Sie erklärten sich das Ergebnis damit, dass externe Schulungen sehr gezielt und nur bei unmittelbarem Bedarf (nicht nur zur Information) an Mitarbeiter vergeben werden. In anderen Untersuchungen zeigt sich, dass externe Trainer v. a. bei Erfolgsmaßen im Lernfeld, interne Trainer hingegen v. a. bei den wichtigen ergebnisbezogenen Skalen im Transferfeld punkten (Kauffeld, Grote & Frieling, 2009).

Zudem wurden **fachliche und überfachliche Trainingsmaßnahmen** verglichen. Die Teilnehmer beurteilten überfachliche Trainings auf den Dimensionen Anwendung in der Praxis, Selbstwirksamkeitsüberzeugung, Kompetenz sowie Organisationale Ergebnisse signifikant besser als fachliche Schulungen. Die Inhalte überfachlicher Trainings werden somit stärker in der Praxis angewandt, die Teilnehmer fühlen sich selbstsicherer sowie kompetenter im täglichen Arbeitsleben, und dies trägt zur Steigerung der Ergebnisse für das Unternehmen bei. Dieses Ergebnis war für die Personalentwicklung und den Betriebsrat überraschend, da überfachliche Trainingsmaßnahmen, wie beispielsweise Teamentwicklungsmaßnahmen, gerne belächelt werden. Mit dem Nachweis des besonders hohen Erfolgs von überfachlichen Trainings liegen der Personalentwicklung nun fundierte Argumente für die Rechtfertigung zukünftig geplanter, überfachlicher Schulungen vor (vgl. ausführlich Wirth & Kauffeld, 2009).

zu messen, können die Skalen des MEI optional durch eine Abfrage der umgesetzten Schritte und ihres jeweiligen Umsetzungsgrads ergänzt werden (◘ Abb. 5.6). Dazu werden die Teilnehmer gebeten, zu bewerten, wie gut ihnen die Umsetzung verschiedener Inhalte des Trainings in die Praxis gelungen ist. Diese Abfrage ermöglicht eine konkrete Rückmeldung, welche Inhalte der Fortbildung erfolgreich in die Praxis umgesetzt werden konnten. Die Abfrage der umgesetzten Schritte im offenen Antwortformat ermöglicht es, neben einer Bewertung im Sinne einer formativen Evaluation Hinweise zur Optimierung des Trainingsprogramms zu bekommen oder einzelne Teile des Programms zu bewerten.

Während in ◘ Abb. 5.6 die umgesetzten Schritte von den Teilnehmenden selbst eingetragen werden, können alternativ die verschiedenen Schritte oder Inhalte einer Fortbildung vorgegeben werden. Die Anzahl umgesetzter Schritte nach dem Training erfasst dabei die Quantität des erfolgten Transfers, der Umsetzungsgrad der Schritte spiegelt die Transferqualität wider. Berechnungen auf der Basis verschiedener Trainings zeigen, dass im Durchschnitt jeder Trainingsteilnehmende weniger als 3 Schritte mit einem durchschnittlichen Umsetzungsgrad von ca. 70% in der Praxis anwendet (vgl. Kauffeld, Brennecke & Strack, 2009).

Darüber hinaus kann abgefragt werden, inwieweit sich die Veränderungen in der Arbeitseinheit durchgesetzt haben, mit Fragen wie »Wie viele Verbesserungsvorschläge haben Sie seit dem Training in Ihrer Arbeitseinheit (d. h. bei Kollegen oder direkten Vorgesetzten) geäußert?« oder »Wie viele dieser geäußerten Verbesserungsvorschläge wurden auch tatsächlich umgesetzt?«

Was haben Sie aus Training „XY" umgesetzt? Bitte beschreiben Sie die einzelnen Schritte so genau wie möglich und geben Sie an, wie gut Ihnen die Umsetzung der einzelnen Schritte Ihrer Meinung nach gelungen ist.

	0%: überhaupt nicht gelungen									100%: sehr gut gelungen
1.	0	10	20	30	40	50	60	70	80	90	100
2.	0	10	20	30	40	50	60	70	80	90	100
3.	0	10	20	30	40	50	60	70	80	90	100
4.	0	10	20	30	40	50	60	70	80	90	100
5.	0	10	20	30	40	50	60	70	80	90	100

Abb. 5.6. Messung der Transferquantität und -qualität

5.2.4 Adaptive Evaluation System for Training

Adaptive Evaluation System 4 Training (aes4training®) ist ein standardisierter Prozess zur zuverlässigen Überprüfung der Wirksamkeit von Trainingsmaßnahmen im HR-Bereich. Das aes4training® besteht aus 2 Komponenten. Zum einen ist dies der **aes4training®-Creator**, mit dem die Fragebögen erstellt werden (**Abb. 5.7**). Eingesetzt wird dabei ein Softwareprogramm zur Steuerung von Onlinebefragungen, ein sog. Computer Assisted Web Interviewing System. Mit Hilfe der Software werden maßgeschneiderte Befragungen generiert, die online oder in Papierform zur Verfügung gestellt werden. Die Basis für die Befragungen bilden wissenschaftlich fundierte und in der Praxis überprüfte Skalen und Aussagen, wie sie im MEI (vgl. Kauffeld, Brennecke & Strack, 2009; Grohmann & Kauffeld, in Vorb.) und im Kompetenzreflexions-Inventar (KRI, Kauffeld, Grote & Henschel, 2007) zu finden sind.

Dabei greift die Software auf eine Datenbank mit einem Pool von wissenschaftlich fundierten und in der Praxis überprüften Skalen, Aussagen und Fragen zurück. Zum anderen gehört zum aes4training® der **aes4training®-Server**. Dieser stellt den Teilnehmern den fertigen Fragebogen online zur Beantwortung zur Verfügung. Die eingegebenen Antworten werden in der angebundenen Datenbank gespeichert. Für die Auswertung werden neben den Angaben der Teilnehmer Vergleichswerte von anderen Trainingsmaßnahmen ausgewiesen (vgl. ▶ Methodenüberblick »Adaptive Evaluation System 4 Training (aes4training®)«.

Ablauf der Fragebogenerstellung Abhängig vom Ziel der Evaluation werden gemeinsam mit dem Kunden aus dem Pool von wissenschaftlich fundierten und in der Praxis überprüften Skalen, Aussagen und Fragen die passenden ausgewählt. Dabei wird aus verschiedenen möglichen Antwortformaten die passende bestimmt. Zusätzlich können die Formulierungen der Fragen unternehmensspezifisch angepasst werden. Auf der übersichtlich gestalteten Software-Oberfläche entsteht so Stück für Stück der Fragebogen (**Abb. 5.8**). Dabei warnt das Programm den Nutzer, wenn durch das Entfernen einzelner Items die Güte des Fragebogens beeinträchtigt werden könnte. Nach der Zusammenstellung und Konfiguration des Fragebogens lässt sich eine Vorschau des endgültigen Fragebogens anzeigen. Abschließend können Layout und Design der Umfrage den Nutzerwünschen entsprechend angepasst werden. In **Abb. 5.8** ist der Prozess veranschaulicht.

Mit dem **aes4training®** können neben der Zufriedenheit mit dem Training der Lernerfolg und der Transfer des Trainingsprogramms in die Praxis – auch themenspezifisch für z. B. Vertriebs- oder Führungskräftetrainings – bewertet werden. Zudem kann eingeschätzt werden, inwieweit Organisationsziele wie Kostenreduzierung oder Qualitätsverbesserung erreicht wurden. Das Unternehmen erhält ein maßgeschneidertes Evaluationspaket, das zuverlässig darüber Auskunft gibt, ob sich die bereits ge-

5.2 · Evaluationsmodell

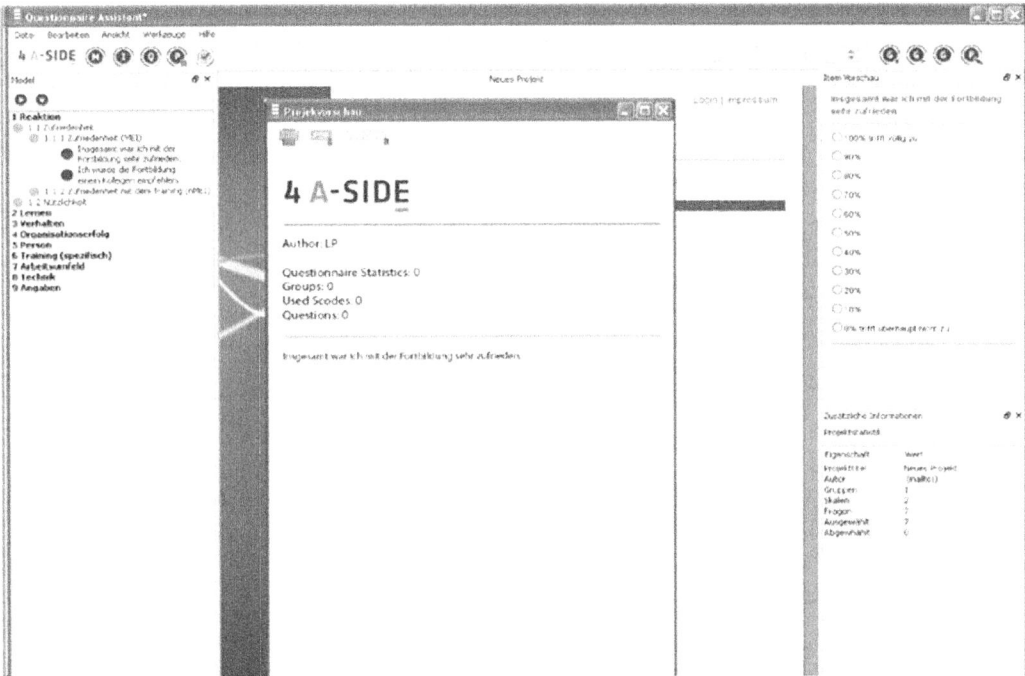

◘ **Abb. 5.7.** aes4training®-Creator

Methodenüberblick: Adaptive Evaluation System 4 Training (aes4training®)

Ausgangspunkt: Der Kunde hat ein Training durchgeführt oder plant ein Training und hat einen Evaluierungswunsch.

1. **Formulierung der Evaluationsziele**
   AES®-Experten konkretisieren gemeinsam mit dem Kunden die Fragestellung und formulieren die genauen Ziele einer Evaluation:
   - Welche Art von Qualifikation soll erreicht werden?
   - Welchen Zweck/welches Ziel hat das Training?
   - Hat das Training bereits stattgefunden oder wird es erst geplant?
   - In welchem Bereich erhofft sich der Kunde Veränderungen?
   - Welche »Stellschrauben« gibt es?
2. **Zusammenstellung der Skalen**
   Aus dem Pool von fundierten und praktikablen Fragebögen/Skalen/Items werden im Gespräch oder Workshop die passenden ausgewählt und automatisch zu einem Fragebogen zusammengestellt. Eine Papierversion ist sofort druckbar und kann online geschaltet werden.
3. **Ausgabe**
   Mailings an die gewünschten Zielgruppen mit Link zum Fragebogen.
4. **Ausfüllen**
   Zielgruppen füllen den Fragebogen online aus.
5. **Auswertung**
   Das System sammelt die Daten und wertet sie aus. Zur Interpretation werden Vergleichswerte ausgewiesen.
6. **Rückmeldung der Ergebnisse**
   Rückmeldung der Ergebnisse, die zeitnah vorliegen.
7. **Optimierung des Trainingsprogramms**
   Erarbeitung von Transferlösungen

◘ **Abb. 5.8.** Ablauf einer Befragung mit aes4training®

tätigten Investitionen ausgezahlt haben. Es werden Instrumente und Fragebögen eingesetzt, die den jeweiligen Anforderungen und Evaluationszielen entsprechen. Die Bewertung von Trainingsprogrammen erfolgt unter verschiedenen Gesichtspunkten: Zufriedenheit mit dem Training, Lernerfolg, Wissenstransfer in die Praxis und Verwirklichung von Organisationszielen wie Kostenreduzierung oder Qualitätsverbesserung. Die Integration prozessorientierter Skalen, die im **aes4training**® angelegt sind (vgl. ► Kap. 6), erlaubt darüber hinaus die Identifikation von Katalysatoren und Barrieren für den Transfererfolg. Dieses Wissen ermöglicht es, Trainingsmaßnahmen mit den geeigneten »Stellschrauben« zu verbessern (► Kap. 6). Detaillierte Ergebnisse helfen zum einen zu entscheiden, ob eine Maßnahme fortgeführt oder eingestellt werden soll. Zum anderen geben die Ergebnisse Hinweise, mit welchen »Stellschrauben« Maßnahmen optimiert werden können.

› Unter www.4A-SIDE.com werden Hinweise gegeben, wie der Einsatz wissenschaftlich fundierter Instrumente bei einzelnen Trainingsmaßnahmen aussehen kann.

5.2.5 Evaluation der Programmeffizienz: Return on Investment (ROI)

Die Evaluation der Programmeffizienz (► Abschn. 5.1) umfasst eine Bewertung des Programms unter wirtschaftlichen Gesichtspunkten. Dabei werden zunächst alle Programmkosten (z. B. Personal-, Betriebs- und Materialkosten) in Geldeinheiten erfasst. Die Programmwirkungen werden bei der Kosten-Nutzen-Analyse in monetäre Einheiten überführt, um den Netto-Nutzen (Differenz zwischen Nutzen und Kosten des Programms) zu ermitteln. Eine Kennzahl, die Kosten und Nutzen einer Trainingsmaßnahme ins Verhältnis zueinander setzt, ist der Return on Investment (ROI).

› **Die Formel für den ROI lautet: ROI = monetärer Nutzen des Trainingsprogramms/Kosten des Trainingsprogramms**

Um den ROI zu berechnen, müssen die in der ► Checkliste »Berechnung des ROI« genannten Schritte durchgeführt werden.

Der ROI kann interpretiert werden als eine Schätzung der Anzahl an Geldeinheiten, die man für eine in die Trainingsmaßnahme investierte Geldeinheit zurückbekommen wird. Oder, falls man ihn mit 100 multipliziert, den Prozentsatz der

Checkliste: Berechnung des ROI

1. Kosten des Trainingsprogramms berechnen: Berechnung, bei der die Kosten für Materialien, Personal und Räumlichkeiten in allen Phasen der Trainingsentwicklung und -durchführung sowie die Kosten, die evtl. durch Abwesenheit der Mitarbeiter anfallen, berücksichtigt und aufsummiert werden.

2. Nutzen des Trainingsprogramms berechnen: Zur Bestimmung des Nutzens des Trainingsprogramms muss ein Kriterium gefunden werden, an dem sich der Erfolg des Trainings messen lassen soll. Die Veränderung in diesem Kriterium, die auf das Training zurückzuführen ist, wird dann in monetären Einheiten ausgedrückt. Dieser Schritt kann erhebliche Schwierigkeiten verursachen. Zum einen ist es nicht immer einfach, eine Veränderung im Kriterium eindeutig auf das Training zurückzuführen. Allerdings können dabei Kontrollgruppen begrenzt Abhilfe schaffen. Zum anderen ist es bei vielen »weichen« Kriterien schwierig bis unmöglich, sie in Geldeinheiten auszudrücken. Einstellungen, Arbeitszufriedenheit, Innovation, Kreativität, Abbau von Stress, Bindung an das Unternehmen, Imagegewinn – wie lassen sich solche abstrakten Begriffe in Geld ausdrücken? Oftmals braucht es viele indirekte Verbindungen, um solche Kriterien an einen Geldbetrag zu knüpfen. Bei der Nutzenberechnung können – abhängig davon, welche Daten sich sinnvoll erheben lassen – sehr unterschiedliche Kennwerte berücksichtigt werden, z. B. Produktionssteigerungen, Verringerung der Produktionszeit, Verringerung des Ausschusses oder eine verringerte Behebungszeit von Fehlern (Süßmair, 2007). Um den Nutzen einer Trainingsmaßnahme zu erhalten, werden von der Veränderung im Kriterium in Geldeinheiten die Kosten der Trainingsmaßnahme abgezogen.

3. ROI berechnen: Schließlich wird der monetäre Nutzen durch die Kosten der Trainingsmaßnahme geteilt.

Investition, den man zurückerhalten wird. Ein Beispiel, der Einfachheit halber mit »Gewinn« als Kriterium: Eine Firma erzielt durch die Einführung eines Trainings eine Erhöhung des Gewinns um 7000 €. Entwicklung und Durchführung haben 3000 € gekostet. Der monetäre Nutzen des Trainings beträgt also 7000 € - 3000 € = 4000 €. Der ROI beträgt demnach 4000 € / 3000 € = 1,33. Anhand des ROI schätzt man also, dass für jeden Euro, der in diese Trainingsmaßnahme investiert wird, 1,33 € zurückerhalten werden bzw. dass 133% der Investition wieder »reingeholt« werden.

Der Nutzen des ROI liegt klar in dem konkreten und interpretierbaren ROI-Wert, den Manager und Firmenverantwortliche verwenden können, um retrospektiv die Effektivität einer Trainingsmaßnahme zu beurteilen. Der Vorteil des ROI ist, dass sich mit ihm die langfristige Rentabilität verschiedener Maßnahmen besser vergleichen lässt als mit simpleren Kennzahlen, die nur die absoluten Zahlen für Nutzen und Kosten in Verbindung setzen oder gar nur den Nutzen betrachten. Der ROI ist eine feste Zahl, welche den finanziellen Return jedes einzelnen investierten Euros angibt. Der ROI ist eine sinnvolle Kennzahl, wenn ein Training mehr als einmal durchgeführt wird und die Effekte des Trainings eindeutig identifiziert sowie ohne allzu großen Aufwand in Geld ausgedrückt werden können.

Dennoch ist die kalkulatorische Nutzenberechnung auch umstritten (vgl. z. B. Bergmann & Meurer, 2003). Einige Kritikpunkte sind im Folgenden genannt:

- Geeignete mitarbeiter- oder gruppenbezogene Leistungskennwerte liegen für die meisten Trainingsprogramme nicht vor.
- Inhaltlicher Zusammenhang zwischen Leistungskennwerten und Trainingsinhalten ist fraglich und wird nur über die Berücksichtigung weiterer Ebenen des Transfererfolgs plausibel.
- Anwendung von Trainingsinhalten ist von Rahmenbedingungen abhängig (z. B. Vorgesetzter; vgl. ▶ Kap 6).
- Verhaltensänderungen und Veränderungen der Unternehmenskultur brauchen Zeit, die Messintervalle sind dabei oft zu kurz angesetzt.
- Kosten sind nicht uneingeschränkt übertragbar. Einem anderen Unternehmen können andere Kosten im Rahmen des Trainings entstehen.
- Kosten sind nicht immer klar im Vorfeld berechenbar.

Beispiel: Return on Investment (ROI) – Beispiel einer Kosten-Nutzen-Analyse

Ein großer Baumarkt möchte die Umsatzzahlen erhöhen. Um dies zu erreichen, wird für die Mitarbeiter eine Trainingsmaßnahme für Verkaufsgespräche, inkl. Warenpräsentation und Unfallverhütung, durchgeführt. Nach einem Jahr möchte die Geschäftsleitung ermitteln, ob das Training effektiv war und sich in höheren Verkaufszahlen niederschlägt (◘ Tab. 5.3 und ◘ Tab. 5.4).

Berechnung des ROI ROI = Return / Invest = Gesamtersparnis / Gesamtkosten = 530.477 € / 24.448 € = 21,70 €

◘ Tab. 5.3. Berechnung der Gesamtkosten des Trainings

	Betrag in €
Direkte Kosten	
Trainer	4.327
Material	1.619
Raummiete	2.860
Reisekosten	6.977
Erfrischungen	582
Indirekte Kosten	
Administrative Kosten	84
Gehälter	6.644
Sonstiges	1.355
Gesamtkosten des Trainings	24.448

◘ Tab. 5.4. Berechnung des Nutzens des Trainings

Ersparnisbereiche	Messmethode	Vor dem Training	Nach dem Training	Differenz	Gewinn in €
Verkauf pro Jahr	Umsatzzahlen	108.145	131.420	23.275	
		2.347.540 €	2.901.760 €		554.220
Kundenzufriedenheit	Fragebogen (Skala 1–10)	3	7	4	Nicht messbar
Unfallverhütung pro Jahr	Unfallrate	11	8	3	
		2.570 €	1.865 €		705
Gewinn					554.925 €
Gewinn - Trainingskosten = Gesamtersparnis				554.925 € - 24.448 € = 530.477 €	

Darüber hinaus werden **ökonomische und nicht-ökonomische Faktoren** benannt, die in der ROI-Berechnung nicht berücksichtigt werden:
- Effekte variabler Kosten und Steuern,
- Inflation (bei mehreren Jahren),
- Verrechnung ist nur auf eine Kohorte bezogen, ein effektives Training sollte aber in mehreren Kohorten stattfinden,
- evtl. Verlust trainierter Mitarbeiter (Fluktuation).

Eine genaue Berechnung des monetären Gewinns wird es kaum geben können. Dennoch sind Annäherungen möglich, die eine bessere Abschätzung des Erfolgs erlauben als anekdotenhafte Erzählungen einzelner Anbieter. Darüber hinaus ermöglicht es dem HR-Bereich seinen Beitrag zum Unternehmenserfolg in verständlicher Sprache darzustellen. Personalentwickler müssen den Vergleich nicht scheuen. Cascio und Aguinis (2005) weisen in ihrer Analyse von 18 Trainingsprogrammen eine durchschnittliche Leistungsverbesserung der Mitarbeiter um 17% aus. Den mittleren ROI geben sie bei Mangement-Trainings mit 45%, bei Verkaufs- und technischen Schulungen mit 418% und bei Zeitmanagement-Trainings mit 2000% an.

5.3 Trainingsevaluation und Mikropolitik

Überzeugen Evaluationen Entscheider? Studien zeigen, dass Führungskräfte Informationen über finanzielle Ergebnisse der Trainings gegenüber anekdotenhaften bevorzugen und zwar unabhängig von den berichteten Effekten des Programms (Mattson, 2003). Nichtsdestotrotz müssen Impulse für die Steuerung des Geschehens gewollt sein. Nicht selten laufen groß angelegte Evaluationen ins Leere, weil mikropolitisch längst andere Entscheidungen getroffen wurden.

Neben den beiden Hauptfunktionen Qualitätsmessung und Optimierung haben Evaluationen oft auf den ersten Blick verdeckte weitere Funktionen. Damit befinden sich Trainingsevaluationen in guter Gesellschaft mit anderen Beratungsdienstleistungen (vgl. Jonas, Kauffeld & Frey, 2007). So können Evaluationen zweckentfremdet werden:

Personen kontrollieren und disziplinieren Evaluationen kontrollieren und disziplinieren Abteilungen, Dozenten und Kursteilnehmer (aus der Schulzeit kennt man die Proben mit Strafcharakter). Auch machen Evaluationen oft Machtverhältnisse deutlich.

Dokumentation und Rechtfertigung Mit »glänzenden« Ergebnissen einer Evaluation lässt sich die Arbeit eines Trainingsprogramms öffentlich besonders gut herausstellen. Das hilft, bisherigen oder künftigen Aufwand besser zu legitimieren. Bei dieser Evaluationsfunktion kommt der Formulierung und Gestaltung sowie der Präsentation der Befunde besondere Bedeutung zu (»Hochglanz- und Festschriftcharakter«).

Didaktische Verstärkung Indem im Abschlussfeedback bzw. im Umsetzungsfeedback noch bestimmte inhaltliche Aspekte des Trainings abgefragt werden, wird das Erinnern unterstützt und der Transfer gestärkt.

Von »heißen Eisen« ablenken (Cooling-out) Gelegentlich erfüllt eine groß und langfristig angelegte Evaluation den Zweck, Zeit zu gewinnen. Anstehende, aber unerwünschte Entscheidungen lassen sich leichter aufschieben, wenn man auf »fundierte« Ergebnisse wartet. Bis dahin verliert das heikle Thema (hoffentlich) an Brisanz. Evaluationsbefunde werden vieldeutig interpretiert, da man vermieden hat, sich auf eindeutige Zielgrößen und Cut-off-Werte festzulegen. Fast jede Entscheidung ist zu rechtfertigen. Diese Strategie hofft auf den »**Cooling-out-Effekt**«.

Aus systemischer Sicht stößt die Evaluation im Unternehmen einen Prozess an Diesen gilt es über die Befragung und die Rückspiegelung von Ergebnissen zu nutzen. Die Evaluation kann eine Diskussion darüber anstoßen, durch welche Art und Weise sich der Austausch über die Umsetzung der Trainingsinhalte im Unternehmen maximal fördern lässt. Für den direkten Nutzen ist es interessant zu überlegen, wie die Art der Fragen das Nachdenken der Teilnehmer über sich selbst und damit den Selbsterkenntnisprozess unterstützen kann. Fragen sollten offen angelegt sein, um den Austausch mit den Teilnehmern im Training sowie den Kollegen und Vorgesetzten in der Arbeit anzuregen. Optimal angelegte Evaluationen können dies miteinander verbinden und einen hohen Nutzen stiften.

Zusammenfassung

Die Überprüfung der Wirksamkeit von Trainingsmaßnahmen in der Aus- und Weiterbildung wird zwar von allen Seiten befürwortet, bei genauerer Beobachtung sind systematische Evaluationen in der Praxis jedoch selten. Schnell und einfach erhobene Zufriedenheitsurteile mit begrenzter Genauigkeit dominieren. Methodisch saubere Evaluationen, die wissenschaftlichen Qualitätsansprüchen genügen und den Transfer berücksichtigen, sind oft aufwendig. Dies könnte u. a. daran liegen, dass ökonomisch einsetzbare, standardisierte und psychometrisch überprüfte Instrumente bislang nicht vorlagen. Mit dem **Maßnahmen-Erfolgs-Inventar (MEI)** und dem **aes4training**®) stehen 2 Instrumente zur ergebnisbezogenen Evaluation zur Verfügung, die diese Lücke schließen können. Darüber hinaus müssen Evaluationen gewollt sein, um einen Nutzen stiften zu können. Die prozessbezogene Sicht (▶ Kap. 6) unterstützt dabei die tatsächliche Optimierung von Trainingsprogrammen.

6 Prozessbezogene Evaluation: Erfolgsfaktoren für den Transfer

6.1　Das Lerntransfer-System-Inventar　– 131

6.2　Potenzielle Ansatzpunkte für Optimierungen　– 138

6.3　Integration ergebnis- und prozessbezogener Evaluation　– 148

Das Vier-Ebenen-Modell von Kirkpatrick (1967, 1994) und in Anlehnung daran das Maßnahmen-Erfolgs-Inventar ist ausschließlich auf Ergebnisse ausgerichtet. Prozessvariablen werden nicht berücksichtigt. Bei der so vorgenommenen ergebnisbezogenen Evaluation wird übersehen, dass das Ergebnis nur Aussagen darüber zulässt, ob das Training nutzt oder nicht. Doch was passiert, wenn die Ergebnisse nicht optimal ausfallen? Informationen über Ursachen für den mangelnden Transfer werden nicht geliefert. Welche Faktoren den Lerntransfer behindern und wo **Stellschrauben im Prozess** sind, bleibt im Dunkeln. Wenn gewünschte Ergebnisse nicht erzielt wurden, ist jedoch die Suche nach Ursachen nicht nur eine interessante Forschungsfrage, sondern auch ein existenzieller Schritt, um Trainingsprogramme zu verbessern und strategische Entscheidungen zu treffen (Tab. 6.1). Daher ist es eine wichtige Frage, welche Faktoren den Erfolg einer Maßnahme beeinflussen.

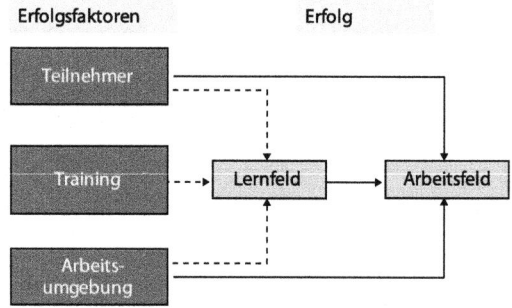

Abb. 6.1. Rahmenmodell des Transferprozesses, in Anlehnung an Baldwin & Ford, 1988. (Aus Kauffeld, Grote & Frieling, 2009 © 2009 Schäffer·Poeschel Verlag für Wirtschaft·Steuern·Recht GmbH & Co. KG in Stuttgart mit freundlicher Genehmigung.)

> Organisationen, die eine Leistungssteigerung und einen erhöhten Rückfluss ihrer Investitionen anstreben, müssen die Faktoren kennen, welche den Lerntransfer beeinflussen. Erst dann können sie adäquat intervenieren und **transferfördernde Faktoren (Katalysatoren)** nutzen und **transferhemmende Faktoren (Barrieren)** beseitigen.

Im Rahmenmodell des Transferprozesses von Baldwin und Ford (1988), das anhand der Sichtung der wichtigsten Studien der organisationalen Trainingsliteratur entwickelt wurde, wird auf 3 Gruppen von Einflussvariablen hingewiesen (Abb. 6.1), nämlich Merkmale

- der Teilnehmer (z. B. Persönlichkeitsfaktoren, Fähigkeiten und Fertigkeiten, Motivation),
- des Trainings (z. B. Lernprinzipien, Übereinstimmung der Trainingsaufgaben mit den Anforderungen im Job) und
- der Arbeitsumgebung (z. B. Unterstützung durch Vorgesetzte und Kollegen, Möglichkeiten der Anwendung).

Neben mangelnden motivationalen oder kognitiven Voraussetzungen der Teilnehmer sind Transferprobleme zu berücksichtigen, die im Training selbst begründet liegen, wie z. B. die mangelnde Übereinstimmung zwischen Trainingsinhalten und den Anforderungen der Praxis. Darüber hinaus geraten v. a. Merkmale der Arbeitsumgebung in den Fokus. **Transferprobleme** können im Vorfeld der eigentlichen Trainingsmaßnahmen auftreten, wenn z. B. die Trainingsteilnehmer nur unzureichende Infor-

Tab. 6.1. Unterschied ergebnisbezogene und prozessbezogene Evaluation

Ergebnisbezogene Evaluation	Prozessbezogene Evaluation
Die Überprüfung der **Wirksamkeit** einer Maßnahme.	Die Identifikation und Überprüfung von **Einflussfaktoren auf die Wirksamkeit** einer Maßnahme.
Die Ergebnisse dienen dazu, den Einsatz eines bestimmten Trainings zu rechtfertigen. Sie bieten eine Entscheidungsgrundlage, um die Ausweitung oder Einstellung eines Programms zu begründen oder die Überlegenheit gegenüber Konkurrenzprogrammen darzustellen.	Die Kenntnis von Katalysatoren und Barrieren für den Lerntransfer erlaubt es, Trainingsmaßnahmen zu optimieren und so deren Wirksamkeit zu erhöhen.

mationen über Sinn und Zweck des Trainings erhalten haben. **Barrieren des Transfers** können sich nach erfolgter Trainingsmaßnahme im Arbeitsumfeld manifestieren, beispielsweise aufgrund der mangelnden Verstärkung und Bestätigung des Teilnehmers bei der Ausübung seines neu erlernten Wissens am Arbeitsplatz. Häufig sind sich Vorgesetzte oder Kollegen von Trainingsteilnehmern nicht bewusst, wie wichtig ihre Unterstützung für den Trainingsteilnehmer ist. Ferner wird übersehen, dass die Anwendung neuen Wissens und neuer Fähigkeiten zu Beginn der Umsetzung zusätzlichen Zeitaufwand und Mühe kostet. Eine hohe Arbeitsbelastung kann den Transfer der Trainingsinhalte in die Arbeit behindern. Kommt der Teilnehmer von einem Seminar zurück, sollte er nicht die nächsten Tage mit Unmengen von E-Mails und Notizzetteln zu kämpfen haben und weiter im Akkord arbeiten müssen. Denn die Gefahr wäre aufgrund der mangelnden Transferkapazität groß, dass er weitermacht wie gehabt. Bei E-Learning-gestützten oder -unterstützten Trainingsprogrammen muss darüber hinaus die Technik berücksichtigt werden. Wie geübt ist ein Teilnehmer beim Technikeinsatz? Wie ist seine Einstellung zur IT-Nutzung? Das zugrunde liegende Modell ist in ◘ Abb. 6.1 dargestellt.

6.1 Das Lerntransfer-System-Inventar

Bislang gab es kaum Versuche, die **transferrelevanten Faktoren** in ihrer Gesamtheit bzw. in ihrem komplexen Beziehungsgefüge zu erfassen. Somit existiert eine Vielzahl verschiedener Maße unterschiedlichster und teils fragwürdiger psychometrischer Qualität, die eine Verallgemeinerung der Ergebnisse verschiedener Studien fraglich machen und Schlussfolgerungen über zugrunde liegende Konstrukte uneinheitlich und schwierig gestalten (Ruona, Leimbach, Holton & Bates, 2002). Zusammenfassend fehlte es bisher an Erklärungsansätzen, Optimierungskonzepten und standardisierten, psychometrisch überprüften Messinstrumenten.

Um diese Lücke zu schließen und so eine Untersuchung der angenommenen, den Lerntransfer beeinflussenden Faktoren zu ermöglichen, wurde das **Lerntransfer-System-Inventar (LTSI)** entwickelt (vgl. Holton, Bates & Ruona, 2000; Bates et al., 2007; Kauffeld, Bates, Holton & Müller., 2008).

> Das Lerntransfer-System-Inventar liefert Informationen, wie Bedingungen zu gestalten sind, um Trainingsmaßnahmen wirkungsvoller und nutzbarer zu machen (Holton, 1996).

Angelehnt an das Modell von Baldwin und Ford (1988) werden im Lerntransfer-System-Inventar (LTSI) neben Merkmalen der Teilnehmer und des Trainings v. a. Merkmale der Arbeitsumgebung fokussiert (◘ Tab. 6.2). Es werden Faktoren identifiziert, die den Lerntransfer beeinflussen können: Neben **11 spezifischen Faktoren**, die sich direkt auf eine speziell zu evaluierende Kompetenzentwicklungsmaßnahme beziehen, sind dies **5 generelle Faktoren**, die für verschiedene Veranstaltungen gelten. Die spezifischen Faktoren sind in ◘ Abb. 6.2 (▶ Beispiel »Automobilzulieferunternehmen«) grau hinterlegt, während die generellen Faktoren ocker hinterlegt sind. Die 16 Skalen sind auch in der deutschen Variante psychometrisch überprüft (Bates, Kauffeld, Holton & Müller, 2009, Kauffeld, Brennecke & Altmann, 2009). Neben der deutschen Variante und dem englischen Original liegen mittlerweile 16 überprüfte Versionen in 14 verschiedenen Sprachen vor. Untersuchungen zur kulturübergreifenden Anwendung erfolgten in China, Taiwan, Malaysia, Griechenland, der Türkei, Jordanien, den Niederlanden, Island, Irland, England, Südafrika, Portugal, Belgien, Kanada und den USA. Mit dem LTSI liegt somit ein erstes **global validiertes Messinstrument zum Lerntransfer** vor.

Das LTSI besteht aus 67 Aussagen wie z. B. »Was in der Fortbildung vermittelt wurde, entspricht weitgehend meinen Arbeitsanforderungen.« Die Fortbildungsteilnehmer werden gebeten, ihre Zustimmung zu diesen Aussagen auf einer 5-stufigen Skala von 1 (stimme überhaupt nicht zu) bis 5 (stimme völlig zu) anzugeben. Schließlich können die Aussagen zu den in ◘ Tab. 6.2 beschriebenen Skalen zusammengefasst werden.

Durch den Einsatz des LTSI können potenzielle Barrieren für den Transfer der Trainingsinhalte in die Arbeit erkannt werden. Das LTSI dient
- der frühzeitigen Identifizierung von Problemen mit Transferfaktoren, bevor groß angelegte Kompetenzentwicklungsmaßnahmen durchgeführt

Tab. 6.2. Aufbau und Skalen des Lerntransfer-System-Inventars (LTSI)

Merkmale	Spezifische Erfolgsfaktoren	Generelle Erfolgsfaktoren
Teilnehmer	**Motivation zum Lerntransfer:** Richtung, Intensität und Dauer der Anstrengung, um im Training gelernte Fertigkeiten und Wissen im Arbeitsumfeld nutzbar zu machen.	**Generelle Selbstwirksamkeitsüberzeugung:** Die Überzeugung, dass man generell in der Lage ist, seine Leistung zu ändern, wenn man es will. **Leistungsverbesserung durch Anstrengung:** Die Erwartung, dass Anstrengungen im Transfer-Lernen zu Änderungen in der Arbeitsleistung führen. **Ergebniserwartung:** Die Erwartung, dass Änderungen in der Arbeitsleistung zu erstrebenswerten Ergebnissen für den Teilnehmenden führen.
Training	**Transferdesign:** Das Ausmaß, in dem das Trainingsdesign Möglichkeiten zum Transfer bietet und in dem die Übungen des Trainings auf die tatsächlichen Arbeitsanforderungen vorbereiten. **Trainings-Arbeits-Übereinstimmung:** Das Ausmaß, in dem die Trainingsinhalte mit den Anforderungen im Job übereinstimmen.	
Arbeitsumgebung	**Erwartungsklarheit:** Das Ausmaß, in dem der Trainingsteilnehmer weiß, was auf ihn zukommt. **Persönliche Transferkapazität:** Das Ausmaß, in dem der Trainingsteilnehmer zeitliche und Belastungskapazitäten zur Verfügung hat, um neu Gelerntes anzuwenden. **Möglichkeit der Wissensanwendung:** Grad, in dem Materialien, Werkzeuge, Budgets etc. bereitstehen, um das Gelernte anwenden zu können. **Positive Folgen bei Anwendung:** Der Grad, in dem die Anwendung des Trainings in der Arbeit zu positiven Auswirkungen führt. **Negative Folgen bei Nichtanwendung:** Der Grad, in dem die Nichtanwendung der Trainingsinhalte in der Arbeit zu negativen Auswirkungen führt. **Sanktionen durch den Vorgesetzten:** Das Ausmaß, in dem Teilnehmende negative Reaktionen von ihren Vorgesetzten wahrnehmen, wenn sie Gelerntes anwenden. **Unterstützung durch Vorgesetzte:** Der Grad, in dem Vorgesetzte das Lernen »on-the-job« unterstützen und verstärken. **Unterstützung durch Kollegen:** Das Ausmaß, in dem gleichgestellte Kollegen das Lernen »on-the-job« unterstützen und verstärken.	**Offenheit für Änderungen in der Arbeitsgruppe:** Das Ausmaß, in dem vorherrschende Normen in der Gruppe die Anwendung von Fertigkeiten und Wissen ermutigen. **Feedback:** Formelle und informelle Rückmeldung über eine individuelle Arbeitsleistung.

6.1 · Das Lerntransfer-System-Inventar

werden, z. B. **als Frühwarnsystem** vor umfassenden Trainingsreihen,
- der prozessbezogenen Evaluation existierender Trainingsprogramme,
- der **Diagnose von Ursachen für bekannte Transferprobleme**, z. B. wenn bekannt ist, dass ein Training nicht den gewünschten Transfererfolg bringt.
- der Entwicklung von **Maßnahmen, die den Transfer erhöhen** (vgl. ▶ Abschn. 6.2),
- der **Sensibilisierung von Trainern und Vorgesetzten** für Transferprobleme.

In Kombination mit der Erhebung des Erfolgs der Maßnahmen (vgl. MEI, ▶ Kap. 5) können konkrete Aussagen getroffen werden, welche Faktoren welche Stufe des Erfolgs (z. B. Zufriedenheit, Lernen, Verhalten, Organisationale Ergebnisse) begünstigen oder behindern. Die Ergebnisse können genutzt werden, um die Trainingsmaßnahme und ihre Umsetzung in die Praxis zu verbessern. Die Verbesserung des Lerntransfers anhand des LTSI ist in der ▶ Checkliste »Schritte zur Verbesserung des Lerntransfers« als mehrstufiger Prozess dargestellt.

Für die Ergebnisdarstellung werden die einzelnen Faktoren des LTSI anhand ihrer Ausprägung in (starke) Barrieren und (starke) Katalysatoren für den Lerntransfer unterteilt (▶ Beispiel »Automobilzulieferunternehmen«).

Die Durchführung des LTSI kann recht zeitintensiv sein. Wenn die Zeit für eine komplette Durchführung fehlt, bietet sich eine rasche Überprüfung des Lerntransfer-Systems anhand der **LTSI-Audit-Checkliste** mit einzelnen Personen an. Die Fragen der Checkliste sind direkt aus dem LTSI abgeleitet. Sie eignen sich z. B., um vorab zu überprüfen, ob Bedarf für die ausführliche Analyse mit dem LTSI besteht. Auch wenn es Widerstände gegen die

---

Checkliste: Schritte zur Verbesserung des Lerntransfers

Planung
Bei der Planung sind sowohl organisatorische als auch organisationspolitische Gesichtspunkte zu bedenken. Es muss genau festgelegt werden, welche Gruppe von Mitarbeitern wann, wie und wo untersucht werden soll. Ferner sollten die Unterstützung und das Wohlwollen der betroffenen Mitarbeiter gesichert werden. Dazu sollten auch die Themen Vertraulichkeit und Anonymität angesprochen werden. Weil das LTSI auch Verhalten von Führungspersonen bewertet, ist es besonders wichtig, auch auf der Ebene des Managements Allianzen zu schließen.

Diagnose
Ziel der Diagnosephase ist die Identifikation der wichtigsten Barrieren des Transfersystems. Dazu werden mit dem LTSI Daten erhoben. Ihre Auswertung und Interpretation gibt Hinweise, an welcher Stelle weitere, tiefer gehende Analysen notwendig sind.

Feedback an Teilnehmer
Um die Teilnehmer der Untersuchung über die Ergebnisse aufzuklären und ein genaueres Bild der Barrieren zu gewinnen, können Feedback-Workshops abgehalten werden. Schuldzuweisungen und negative Kritik sollten dabei unbedingt vermieden werden.

Planung von Veränderungen
Veränderungen sollten gemeinsam mit den beteiligten Mitarbeitern geplant werden, denn sie können wertvolle Veränderungsvorschläge beitragen. Auch auf die Unterstützung der Führungsetagen ist man in diesem Schritt wieder ganz besonders angewiesen. Gemeinsam mit einem »Transfer-Agenten« können realistische Entscheidungen getroffen werden.

Implementierung von Verbesserungen
Verbesserungen überdauern eher, wenn sie auch von den betroffenen Mitarbeitern mitgetragen werden. Dazu müssen bei diesen vorhandene Widerstände überwunden werden. Die Mitarbeiter sollten sich für den Veränderungsprozess mitverantwortlich fühlen. Wichtig ist es dabei, den langfristigen Veränderungsprozess zu beobachten und zu kontrollieren.

Beispiel: Automobilzulieferunternehmen
Die Johann Winklhofer & Söhne GmbH & Co. KG, weltweit führender Hersteller von Motorsteuerketten, führte zur Evaluation des Transfererfolgs eines Trainings eine Befragung mit dem LTSI durch. Zudem erhoffte die Firma sich von der Befragung **Vorteile im Auditierungsprozess**.

Von den 339 zufällig ausgewählten Mitarbeitern, an die der LTSI-Fragebogen ausgegeben wurde, füllten 270 diesen aus. Die evaluierten Trainings dauerten 1–44 Stunden und lagen durchschnittlich 175 Tage zurück. Die Themenbreite erstreckte sich von fachlichen Trainings wie »Nitrieren und Nitrocarburieren von Stählen« bis zu überfachlichen Trainings zu Methoden- und Schlüsselkompetenzen wie »Verhandlungen zielorientiert und erfolgreich führen« oder »Angst und Stress als Quelle der Kraft« (vgl. ▶ Kap 5 zur ergebnisbezogenen Evaluation).

Die LTSI-Faktoren wurden je nach Ausprägung in dem Lerntransfer **förderliche Katalysatoren** (hohe Werte von 3,51 bis 5) oder diesen **hemmende Barrieren** (niedrige Werte von 1 bis 3,5) eingeteilt. Zudem ist eine weitere Differenzierung in starke und schwache Katalysatoren oder Barrieren möglich. Bei der Rückmeldung wurden zur besseren Einordnung der Ergebnisse Vergleichsdaten deutscher und amerikanischer Stichproben mitgeliefert.

Als Katalysatoren stellten sich nur 2 Faktoren heraus (◘ Abb. 6.2): die positive Einstellung des Vorgesetzten gegenüber den Trainingsinhalten und die generelle Selbstwirksamkeitserwartung der Teilnehmer, d. h. deren Gefühl, durch eigenes Handeln etwas in ihrer Firma bewirken zu können.

Insgesamt fanden sich 14 Barrieren für den Lerntransfer (◘ Abb. 6.3). Zusammengefasst lässt sich Folgendes sagen:
- Weder die Anwendung noch die Nichtanwendung der Trainingsinhalte hatten laut der Befragten große Konsequenzen im Sinne von Belohnungen oder Bestrafungen. Dieses stellt die beiden stärksten Barrieren dar.
- Eine Unterstützung des Lerntransfers durch Kollegen und Vorgesetzte wurde vermisst.
- Die Trainingsteilnehmer sahen nicht ausreichend Möglichkeiten zur Anwendung der Trainingsinhalte, u. a. durch eigene begrenzte Zeitkapazitäten.
- Den Befragten waren vorab die Inhalte des Trainings nicht ausreichend klar und es mangelte ihnen an Motivation, diese umzusetzen.
- Sie waren mit der Gestaltung des Trainings nicht besonders zufrieden, z. B. bezüglich der Übereinstimmung zwischen Trainingsinhalten und Arbeitsplatz.
- Die Befragten waren generell wenig davon überzeugt, durch Anstrengung eine höhere Leistung zu erzielen oder für eine hohe Leistung angemessen belohnt zu werden.
- Zudem schätzten sie die Offenheit ihrer Gruppe gegenüber Veränderungen und die Feedbackkultur ihres Unternehmens nicht allzu positiv ein.

		Automobilzulieferuntern. (N=270)	D (N=600)	USA (N=432)
Spezifische Erfolgsfaktoren				
Arbeitsumgebung	Positive Einstellung des Vorgesetzten (Sanktionen durch Vorgesetzte, invers)	3,92	4,44	3,69
Generelle Erfolgsfaktoren				
Teilnehmer	Generelle Selbstwirksamkeitsüberzeugung	3,96	3,85	3,75

◘ **Abb. 6.2.** Katalysatoren des Lerntransfers. (Aus Kauffeld, Grote & Frieling, 2009. (Aus Kauffeld, Grote & Frieling 2009 © 2009 Schäffer-Poeschel Verlag für Wirtschaft·Steuern·Recht GmbH & Co. KG in Stuttgart mit freundlicher Genehmigung.)
▼

		Automobil-zuliefer-untern. (N=270)	D (N=600)	USA (N=432)
Spezifische Erfolgsfaktoren				
Arbeits-umgebung	Negative Folgen bei Nichtanwendung	1,71	1,81	2,21
	Positive Folgen bei Anwendung	1,87	2,26	2,39
	Unterstützung durch Vorgesetzte	2,56	2,72	2,84
Arbeits-umgebung	Unterstützung durch Kollegen	2,80	3,27	3,35
	Möglichkeit der Wissensanwendung	3,41	3,53	3,68
	Persönliche Transferkapazität	3,15	3,31	3,28
Teilnehmer	Motivation zum Lerntransfer	2,93	3,67	3,92
	Erwartungsklarheit	2,85	3,09	3,16
Training	Training-Arbeits-Übereinstimmung	2,96	3,37	3,40
	Transfer-Design	3,24	3,73	3,97

◘ Abb. 6.3. Barrieren des Lerntransfers. (Aus Kauffeld, Grote & Frieling, 2009 © 2009 Schäffer-Poeschel Verlag für Wirtschaft·Steuern·Recht GmbH & Co. KG in Stuttgart mit freundlicher Genehmigung.)

Aus diesen Ergebnissen leitete der Automobilzulieferer mehrere Maßnahmen zur Verbesserung des Lerntransfers ab:

Transfergespräche
Etwa 6 Wochen nach dem Training führen die Vorgesetzten ein Transfergespräch. Bisher umgesetzte Verhaltensweisen sowie Schwierigkeiten und Hindernisse bei der Umsetzung werden dabei besprochen. Der Vorgesetzte bietet Unterstützung an, besonders wenn bisher noch keine Verhaltensweisen umgesetzt wurden. Durch das Transfergespräch sollen die Mitarbeiter eine Würdigung der Transferleistung und motivierendes Feedback erhalten. Außerdem verdeutlicht es, wie wichtig dem Vorgesetzten die Umsetzung der Trainingsinhalte ist, sowie seine Bereitschaft zur aktiven Unterstützung.

Unterstützung für und Vorabgespräche mit Trainern
Interne Trainer sind oft sehr fachkompetent, aber wenig didaktisch bewandert. In Train-the-Trainer-Seminaren erlernen sie, das Transferdesign ihrer Schulungen zu verbessern. Externe Trainer können durch Vorabgespräche das Arbeitsumfeld der Teilnehmer besser kennen lernen. So lässt sich die Trainings-Arbeits-Übereinstimmung erhöhen. Zu den Vorabgesprächen wurde eine Checkliste als Leitfaden erstellt.

Erfahrungsaustausch unter Kollegen
Auch bei Abteilungs- oder Teambesprechungen wird der Transfer thematisiert. Die Mitarbeiter tauschen Wissen aus und unterstützen sich bei der Anwendung. Sie stehen Veränderungen offener gegenüber, wenn sie miteinander den Nutzen des Trainings für den Teilnehmer und das Team besprechen können. Dieser Erfahrungsaustausch sorgt zudem für mehr Erwartungsklarheit bei Mitarbeitern, die am Training zu einem späteren Zeitpunkt teilnehmen (vgl. Wirth & Kauffeld, 2009).

Durchführung des LTSI gibt, kann Managern mit der Checkliste das Konzept des Lerntransfer-Systems nahe gebracht werden, das sie zum Nachdenken anregt. Die Fragen sind besonders gut geeignet für Diskussionen, in denen begonnen werden soll, sich mit der Lösung von Transferproblemen auseinander zu setzen. Für eine tiefer gehende Analyse wird dann im Anschluss an die Checkliste der psychometrisch validierte LTSI eingesetzt. ◘ Tab. 6.3 zeigt eine Version der Audit-Checkliste für das LTSI (adaptiert nach Swanson & Holton, 1999).

Tab. 6.3. LTSI Audit-Checkliste (adaptiert nach Swanson & Holton, 1999)

Sind Teilnehmer fähig, das Gelernte anzuwenden?	
Trainings-Arbeits-Übereinstimmung	– Entsprechen die vermittelten Fähigkeiten und Fertigkeiten den erwarteten Leistungsanforderungen bei der Arbeit? – Entspricht das Gelehrte dem, was die Mitarbeiter brauchen, um effektiver zu arbeiten? – Werden ähnliche Lehrmethoden, Hilfen und Materialien eingesetzt wie im Arbeitsumfeld?
Transferdesign	– Sind die Themen so aufgebaut, dass man sie direkt mit der Arbeit in Verbindung bringen kann? – Demonstrieren Beispiele, Aktivitäten und Übungen deutlich, wie neues Wissen und neue Fähigkeiten anzuwenden sind? – Ähneln die Lehrmethoden dem Arbeitsumfeld?
Möglichkeit der Wissensanwendung	– Haben die Trainingsteilnehmer während der Arbeit die Möglichkeit, ihr Wissen und ihre Kenntnisse anzuwenden? – Haben die Trainingsteilnehmer die nötigen Ressourcen, um Gelerntes anzuwenden (Ausrüstung, Informationen, Materialien und Zubehör)? – Stehen ausreichend finanzielle Mittel zur Verfügung, um Gelerntes anzuwenden? – Gibt es genug Kollegen, die Unterstützung bei der Umsetzung der neuen Fähigkeiten leisten?
Persönliche Transferkapazität	– Ist die Arbeitsbelastung so angepasst, dass die Trainingsteilnehmer neue Fachkenntnisse anwenden können? – Haben Trainingsteilnehmer die persönliche Energie, um sich neuen Methoden zu widmen? – Ist das Stresslevel der Mitarbeiter schon so hoch, dass sie eine Veränderung nicht bewältigen könnten?
Sind die Teilnehmer motiviert, das Gelernte anzuwenden?	
Motivation zum Lerntransfer	– Sind die Trainingsteilnehmer davon überzeugt, dass das Lernen zu einer erhöhten Effektivität am Arbeitsplatz führt? – Planen die Trainingsteilnehmer, ihr Wissen und ihre Erfahrung einzusetzen? – Fühlen sich Lernende nach dem Training eher dazu in der Lage, effektiver zu arbeiten?
Leistungsverbesserung durch Anstrengung	– Sind die Trainingsteilnehmer davon überzeugt, dass das Anwenden ihres Wissens und ihrer Fachkenntnisse ihre Leistung verbessern wird? – Sind die Trainingsteilnehmer davon überzeugt, dass es in der Vergangenheit einen Effekt hatte, Bemühungen in die Anwendung von neu erlernten Fähigkeiten zu investieren? – Sind die Trainingsteilnehmer davon überzeugt, dass ihr Bemühen um die Anwendung neu erlernter Fähigkeiten einen Einfluss auf ihre zukünftige Produktivität und Effektivität hat?
Ergebniserwartungen	– Sind die Trainingsteilnehmer davon überzeugt, dass die Anwendung von erlerntem Wissen und Fachkenntnissen zu persönlicher Anerkennung führt? – Demonstriert das Unternehmen die Verbindung zwischen Entwicklung, Leistung und Anerkennung? – Formuliert das Unternehmen Leistungserwartungen deutlich und erkennt es gute Leistungen an? – Ist das Unternehmen bemüht, eine Arbeitsatmosphäre zu schaffen, in der sich Individuen wohl fühlen, wenn sie gute Leistung bringen?

▼

Tab. 6.3 (Fortsetzung)

Erwartungsklarheit	– Hatten die Teilnehmer die Gelegenheit, sich die Trainingsunterlagen vor dem Training zu besorgen? – Wussten die Teilnehmer vor dem Training, was sie zu erwarten haben? – Konnten sie nachvollziehen, wie das Training mit der arbeitsorientierten Entwicklung und Arbeitsleistung zusammenhängt?
Generelle Selbstwirksamkeitsüberzeugung	– Sind Arbeitnehmer zuversichtlich und voller Vertrauen, ihre Fähigkeiten bei der Arbeit anwenden zu können? – Können sie Hindernisse überwinden, die der Anwendung ihres Wissens und ihrer Fähigkeiten im Weg stehen?
Ist das Arbeitsumfeld ein Katalysator für Lerntransfer?	
Unterstützung durch Vorgesetzte	– Formulieren Vorgesetzte nach Trainingsprogrammen konkrete Leistungserwartungen an die Teilnehmer? – Zeigen sie Gelegenheiten auf, Wissen und Fähigkeiten anzuwenden? – Setzen Vorgesetzte, basierend auf gelernten Fähigkeiten, realistische Ziele? – Arbeiten die Vorgesetzten mit ihren Mitarbeitern an Problemen, auf die diese beim Einsatz der neuen Fähigkeiten stoßen? – Zeigen Vorgesetzte Anerkennung, wenn Individuen ihre neu gelernten Fähigkeiten erfolgreich einsetzen?
Sanktionen durch Vorgesetzte	– Stellen sich Vorgesetzte gegen die Anwendung des neu gelernten Wissens und der neu gelernten Fähigkeiten? – Wenden Vorgesetzte andere Techniken an als die, die Teilnehmer erlernen? – Geben sie negatives Feedback, wenn Individuen ihr neu erlangtes Wissen bei der Arbeit anwenden?
Unterstützung durch Kollegen	– Ermitteln und realisieren gleichgestellte Kollegen gemeinsam Möglichkeiten, neues Wissen und neue Fähigkeiten anzuwenden? – Ermutigen oder erwarten gleichgestellte Kollegen die Anwendung der gelernten Fähigkeiten? – Sind gleichgestellte Kollegen geduldig, wenn Schwierigkeiten bei der Anwendung der neuen Fähigkeiten auftreten? – Zeigen Kollegen Anerkennung für den Einsatz neuer Fähigkeiten?
Offenheit gegenüber Veränderung	– Leistet das Team aktiven Widerstand gegen Veränderungen? – Ist die Arbeitsgruppe bereit, Energie in Veränderungen zu investieren? – Unterstützt das Team die Teammitglieder, die neuen Techniken anzuwenden?
Positive Folgen bei Anwendung	– Führt die Anwendung von neu gelernten Fähigkeiten zu Belohnungen wie erhöhte Produktivität und Leistungsfähigkeit bei der Arbeit, erhöhte persönliche Zufriedenheit, mehr Respekt, eine Gehaltserhöhung, die Möglichkeit, die Karriere voranzutreiben oder sich im Unternehmen weiterzuentwickeln?
Negative Folgen bei Nichtanwendung	– Führt die Nichtanwendung von neu gelernten Fähigkeiten zu negativen Ergebnissen wie Maßregelungen, Sanktionen, Missgunst der Kollegen, zu viel neue Arbeit oder der Wahrscheinlichkeit keine Gehaltserhöhung zu bekommen?
Feedback	– Erhalten Mitarbeiter konstruktive Unterstützung bei der Anwendung neuer Fähigkeiten oder dem Versuch, ihre Arbeitsleistung zu verbessern? – Erhalten Mitarbeiter formelles und informelles Feedback von Menschen in ihrem Arbeitsumfeld (Gleichgestellte, Mitarbeiter, Kollegen)?

6.2 Potenzielle Ansatzpunkte für Optimierungen

Auf den ersten Blick mag es so wirken, als gelte für alle Faktoren des LTSI: »je höhere Werte, desto besser«. Die Praxis zeigt aber, dass es vermutlich nicht auf das Gesamtniveau der Werte der einzelnen Faktoren ankommt, sondern auf die **Kombination von Werten**. Hohe Werte eines Faktors können z. B. niedrige Werte eines anderen Faktors ausgleichen. Darüber hinaus hängt es von der einzelnen Organisation und ihrer Kultur ab, welchen Faktoren besondere Bedeutung zukommt. So ist z. B. in bürokratisch strukturierten Organisationen die Unterstützung des Vorgesetzten beim Transfer unerlässlich, die Unterstützung durch gleichgestellte Kollegen aber weniger bedeutend. In einer teambasierten Organisationsform ist möglicherweise die Unterstützung durch Kollegen und ihre Offenheit zentral für den Transfererfolg. Es ist also von der individuellen Organisation abhängig, wie das ideale Transfersystem aussieht.

Das Lerntransfer-System-Inventar (LTSI) ist ein Instrument, um **potenzielle Ansatzpunkte** für Veränderungen aufzuspüren. Niedrige Werte eines Faktors des LTSI sollten daher nicht zu vorschnellem Aktionismus führen. Zuerst sollte in einem zusätzlichen Schritt analysiert werden, welche Bedeutung der Faktor im Zusammenspiel mit den anderen Faktoren in der speziellen Organisationskultur hat. Erst wenn klar ist, dass der betreffende Faktor für das Transfersystem der speziellen Organisation von großer Bedeutung ist, kann mit der Planung von Veränderungen vorangeschritten werden. Hilfreich können dabei regressionsanalytische Auswertungen sein, die aufzeigen, welche Faktoren in besonderem Ausmaß für ein spezifisches Trainingsprogramm oder auch generell für Trainingsprogramme in der Organisation zum Transfererfolg beitragen.

Was kann getan werden, wenn einzelne Faktoren als bedeutsam identifiziert wurden? Auch wenn die einzelnen Optimierungen in der Regel mehr als einen der Erfolgsfaktoren für den Transfer beeinflussen, sind in ◘ Tab. 6.4 und ◘ Tab. 6.5 Optimie-

◘ Tab. 6.4. Trainingsspezifische Ideen zur Optimierung des Transfers

Teilnehmer	
Erwartungsklarheit	– Konkretisierung von Zielen, Inhalten und Ablauf des Trainings und schriftliches Informieren der Teilnehmer vorab – Teilnehmer müssen sich um das Training bewerben. Sie müssen argumentieren, warum Sie die Richtigen für die Teilnahme an dem Training sind [▶ Beispiel »Teilnehmer(aus)wahl«] – Treffen der Teilnehmer mit dem Trainer vor Beginn der Maßnahmen
Motivation zum Lerntransfer	– Planung von konkreten Schritten zur Umsetzung im Training – Selbstverpflichtungsbriefe der Teilnehmer an sich selbst, die nach einigen Wochen zugestellt werden – Transfertag nach einigen Wochen – Transfercoaching im Job im Anschluss an die Maßnahme – Telefoncoaching durch Trainer – Lernpaten als »Sparringpartner« zur Reflexion – Kommunikation von Evaluationsergebnissen zum Transfererfolg an zukünftige Trainingsteilnehmer – Kommunikation von Erfolgsgeschichten – Lernjournale: Formulierung von SMARTen Aktionen (**s**pezifisch, **m**essbar, **a**ttraktiv, **r**ealistisch, **t**erminiert), die nach dem Training umgesetzt werden sollen, Priorisierung der Aktionen nach ihrem Beitrag zum Unternehmens- und Umsetzungserfolg – Transferprojekt – Termine für die Umsetzung der Trainingsinhalte direkt in den Kalender eintragen – Umsetzungsbeispiele als Selbstverpflichtung anderen Teilnehmern nennen

6.2 · Potenzielle Ansatzpunkte für Optimierungen

Tab. 6.4 (Fortsetzung)

Training	
Transferdesign	– Realitätsnahe Übungen: Fallbeispiele der Teilnehmer – Widerstände antizipieren und Lösungsmöglichkeiten im Training erarbeiten und durchspielen – Intervalltrainings: abwechselnd Lern- und Anwendungsphasen (▶ Kap. 3 und ▶ Beispiel »Intervalltrainings im Vertrieb«) – Follow-up-Module, um Erfahrungen auszutauschen, Transfererfolge aufzuzeigen, Transferhindernisse zu benennen und durch den kollegialen Austausch Ansätze zur Beseitigung zu finden – Telefoncoaching durch Trainer oder Paten im Anschluss – Zuordnung von Lernpaten für die Umsetzungsphase
Training-Arbeits-Übereinstimmung	– Training mit »echten« Themen – Training im »echtem« Team – Analyse der Organisation und Aufgaben der Mitarbeiter – Fragebogen über gewünschte Fortbildung(sinhalte) – Aufzeigen der Relevanz der Trainingsinhalte für die Arbeit durch Trainer oder – noch besser – Exteilnehmer
Arbeitsumgebung	
Positive Folgen bei Anwendung	– Entwickeln eines Rücklaufsystems (»Was hat die Fortbildung gebracht? Was nicht?«) – Aufzeigen von Erfolgen – Belohnung (Lob, finanziell) – Prämiensystem
Negative Folgen bei Nichtanwendung	– Vergleich zwischen Trainingsgruppe und Kontrollgruppe – Beurteilung des Vorgesetzten nach erfolgreicher Umsetzung der Trainingsinhalte
Unterstützung durch Kollegen	– Erzeugen eines gemeinsamen Lerninteresses – Treffen mit Teilnehmern und Kollegen (Informationsaustausch, Umsetzungsvereinbarungen) – Auftrag des Teams an den Trainingsteilnehmer – Bericht des Trainingsteilnehmers über das Training
Unterstützung durch den Vorgesetzten	– Identifikation des Fortbildungsbedarfs individuell für Mitarbeiter durch Vorgesetzten – Definition von Lernzielen vor der Maßnahme mit dem Mitarbeiter – Definition von Voraussetzungen für die Umsetzung des Gelernten – Treffen von Umsetzungsvereinbarungen – Zuweisen einer aktiven Rolle an die Führungskräfte für die Umsetzung der Trainingsinhalte der Mitarbeiter – Transfergespräche
Positive Einstellung des Vorgesetzten	– Kompetenzentwicklung der Mitarbeiter als Führungsaufgabe – Einbeziehung der Vorgesetzten bei der Bildungsbedarfsanalyse – Kenntnis der Trainingsinhalte – Möglichkeit für Führungskräfte, selbst am Training teilzunehmen
Persönliche Transferkapazität	– Schaffung von Freiräumen durch Vorgesetzen – Reflexionszeit im Unternehmen
Möglichkeit der Wissensanwendung	– Zur-Verfügung-Stellen von Arbeitsmitteln (z. B. Moderationsmaterial nach einem Moderationstraining)

Tab. 6.5. Generelle Ideen zur Optimierung des Transfers

Teilnehmer	
Generelle Selbstwirksamkeitsüberzeugung	– Aufzeigen von Erfolgen des Mitarbeiters – Anpassung der Lerninhalte an die Fähigkeiten der Teilnehmer
Leistungsverbesserung durch Anstrengung	– Teammitglieder mit erfolgreichen Trainingserfahrungen als Beispiel – Vergleich mit einer anderen Gruppe, die das Training bereits absolviert hat – Kontrolle der Ergebnisse
Ergebniserwartungen	– Signale vom Management, dass Gelerntes honoriert wird – Auswahl der richtigen Leute für das Training – Verpflichtung der Teilnehmer, Lernziele zu erarbeiten
Arbeitsumgebung	
Offenheit für Änderungen in der Arbeitsgruppe	– Training der ganzen Gruppe – Workshop zu Normen in der Gruppe
Feedback	– Regelmäßige Mitarbeitergespräche – 360°-Feedback – Kundenkontakt

rungsideen einzelnen Faktoren zugeordnet. Während in ◘ Tab. 6.4 trainingsspezifische Optimierungsideen aufgelistet sind, werden in ◘ Tab. 6.5 generelle, trainingsübergreifende Ideen dargestellt. Die Passung mit der Organisation muss dabei geprüft werden. Im Folgenden werden einige Maßnahmen detaillierter dargestellt.

Bewerbung für die Teilnahme am Training Wenn eine Bewerbung für die Teilnahme an dem Training nötig ist, werden die potenziellen Teilnehmer sich im Vorfeld mit der Maßnahme auseinander setzen. Lernen funktioniert besser, wenn jemand ein Ziel verfolgt und sich dafür Wissen und Fähigkeiten aneignet. Lernen auf Anordnung dagegen führt nicht weit. Seine Entwicklung kann jeder nur selbst verantworten. Die Bewerbung für ein Training sollte zum einen dazu führen, dass die Erwartungen der Trainingsteilnehmer klarer werden, zum anderen könnte dies aber auch die Transfermotivation steigern.

Intervalltrainings Durch den Einsatz von Intervalltrainings zur Förderung der beruflichen Handlungskompetenz von Mitarbeitenden lässt sich die Effektivität von Weiterbildungsmaßnahmen in Unternehmen steigern. Intervalltrainings werden nicht im Block, sondern aufgeteilt in mehrere Intervalle durchgeführt. Zwischen den einzelnen Trainingsintervallen haben die Teilnehmenden die Möglichkeit, das Gelernte unmittelbar in der Praxis anzuwenden. Zudem können in der Anwendungsphase aufgetretene Transferprobleme in der nächsten Trainingsveranstaltung besprochen werden. Intervalltrainings stellen eine transferförderliche Möglichkeit der Trainingsgestaltung (LTSI-Faktor Transferdesign) dar, können aber gleichzeitig die empfundene Trainings-Arbeits-Übereinstimmung erhöhen, indem Gelerntes direkt ausprobiert wird und Transferhemmnisse in die nächste Veranstaltung eingebracht werden können (► Beispiel »Intervalltrainings im Vertrieb«; ausführlich Kauffeld, Brennecke & Altmann, 2009; Kauffeld & Lehmann-Willenbrock, in Druck). Der häufige **Wechsel zwischen Training und Praxis** führt zu einer hohen Ähnlichkeit zwischen Trainings- und Anwendungssituation, die den Teilnehmenden den Transfer der gelernten Inhalte erleichtert. Übertragen auf das LTSI geht es in Intervalltrainings somit um den gezielten Einsatz des Faktors Trainings-Arbeits-Übereinstimmung als Katalysator im Transferprozess.

Beispiel: Teilnehmer(aus)wahl

In einem Filialbetrieb soll in die Qualifizierung der Mitarbeiter investiert werden. Die Mitarbeiter sollen eine größere Kundenorientierung an den Tag legen, um die Kundenzufriedenheit zu steigern und mehr Produkte zu verkaufen. Die Kundenzufriedenheit, die in unmittelbarem Zusammenhang mit den Verkaufszahlen steht, wird regelmäßig gemessen. Als Qualifizierungsstrategie steht im Raum, die Filialen mit der geringsten Kundenzufriedenheit auszuwählen. In der Filiale sollen wiederum die Mitarbeiter identifiziert werden, die die schlechtesten Verkaufszahlen aufweisen. Als alternative Qualifizierungsstrategie steht zu Wahl, dass allen Filialen das Angebot gemacht wird, sich um eine Qualifizierung zu bewerben. Die Filialen mit dem überzeugendsten Motivationsschreiben bekommen die Möglichkeit, als Team an der Qualifizierung teilzunehmen und sich gemeinsam zu verbessern. Wie motiviert werden die Teilnehmer sein, wenn sie an der Qualifizierung teilnehmen dürften? Welche Qualifizierung wird erfolgreicher sein?

Beispiel: Intervalltrainings im Vertrieb

Ein großer deutscher Finanzdienstleister hat die Wirksamkeit von Intervalltrainings im Vergleich zu Blocktrainings in einem verhaltensorientierten Vertriebstraining gegenübergestellt. Übergreifendes Ziel der Trainings war es, die **Vertriebskompetenz der Mitarbeitenden** zu steigern. Die Trainingsteilnehmenden kamen aus verschiedenen Filialen des Unternehmens. Für die Hälfte dieser Filialen wurde das Training gegliedert in Intervalle durchgeführt, während die andere Hälfte ein Blocktraining erhielt. Die Trainingsbedingungen wurden den einzelnen Filialen zufällig zugewiesen. Insgesamt nahmen 32 Personen am Intervalltraining und 32 Personen am Blocktraining teil. Die vermittelten Inhalte sowie die verwendeten Lehrmethoden und Beispiele waren in beiden Trainingsbedingungen identisch. Das Training dauerte jeweils 6 Tage; diese lagen beim Blocktraining direkt hintereinander. Beim Intervalltraining waren zwischen jedem der 6 Trainingstage 4–7 Tage Arbeitspraxis eingeplant. Die Inhalte des Trainings orientierten sich an den 6 Phasen der Beratung im Vertriebsgespräch (◘ Abb. 6.4).

Trainingsmethoden, die in den verschiedenen Phasen zur Anwendung kamen, umfassten neben der inputorientierten Vermittlung der Grundlagen seitens der Trainerinnen und Trainer auch Rollenspiele und Gruppenarbeiten. Zum Abschluss jeder Trainingseinheit wurden in den Gruppen **potenzielle Transferbarrieren** angesprochen und ggf. ausführlicher thematisiert. Hierbei konnten im Blocktraining lediglich vermutete Transferbarrieren herangezogen werden, während im Intervalltraining zu Beginn der nächsten Veranstaltung auf konkrete Erfahrungen aus der Arbeitspraxis der Teilnehmenden eingegangen werden konnte.

Zur Evaluation des Trainingserfolgs wurden von den Teilnehmenden unmittelbar vor und 8 Wochen nach dem Training Fragebögen ausgefüllt. Die Teilnehmenden wurden gebeten, ihre Vertriebskompetenz anhand mehrerer Fragen zu beiden Erhebungszeitpunkten einzuschätzen. Um zudem zu überprüfen, ob und wie die Trainings sich auf den organisa-

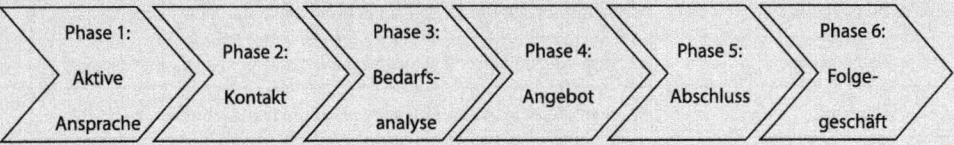

◘ Abb. 6.4. Trainingsphasen von Block- und Intervalltraining. (Aus Kauffeld, Grote & Frieling, 2009 © 2009 Schäffer-Poeschel Verlag für Wirtschaft·Steuern·Recht GmbH & Co. KG in Stuttgart mit freundlicher Genehmigung.)

▼

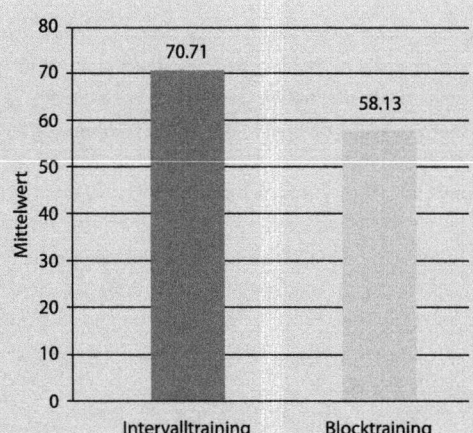

Abb. 6.5. Trainings-Arbeits-Übereinstimmung von Intervall- und Blocktraining. (Aus Kauffeld, Grote & Frieling, 2009 © 2009 Schäffer-Poeschel Verlag für Wirtschaft·Steuern·Recht GmbH & Co. KG in Stuttgart mit freundlicher Genehmigung.)

tionalen Erfolg auswirken, wurden 4 Monate nach Trainingsabschluss **objektive Kennzahlen** erhoben, für die Vergleichswerte aus dem gleichen Monat des Vorjahrs vorlagen.

Die Teilnehmenden im Intervalltraining nahmen eine signifikant höhere Ähnlichkeit zwischen Trainingsinhalten und Arbeitspraxis wahr als jene im Training en bloc (thom(58) = 2,31, p < 0,05; ◘ Abb. 6.5). Dies macht deutlich, dass sich der für den Transfererfolg als zentral erachtete Faktor zwischen den beiden Trainingsbedingungen unterscheidet.

Die Kompetenzentwicklung der Vertriebsmitarbeitenden wurde differenziert nach verschiedenen Aspekten der Vertriebstätigkeit bewertet. Diese Aspekte spiegeln die Phasen des Vertriebsgesprächs und damit den Trainingsablauf wider (◘ Tab. 6.6). Um zunächst einen Überblick über die Entwicklung der Vertriebskompetenz der Trainingsteilnehmenden zu bekommen, wurde zudem aus den einzelnen Skalen ein Kompetenzgesamtwert gebildet.

Der Kompetenzgesamtwert der Teilnehmenden konnte in beiden Bedingungen durch das Training signifikant gesteigert werden ($F(1, 61) = 82,60$, $p < 0,001$, $\eta^2 = 0,58$; ◘ Abb. 6.6). Das heißt, beide Trainings können als erfolgreich hinsichtlich der Steigerung der Vertriebskompetenz eingeschätzt werden. Hervorzuheben ist hierbei, dass der Kompetenzzuwachs für die Teilnehmenden des Intervalltrainings signifikant größer war als für die Teilnehmenden des Blocktrainings ($F(1, 61) = 11,31$, $p < 0,01$, $\eta^2 = 0,17$). Dieses Muster setzt sich bei Betrachtung der einzel-

◘ **Tab. 6.6.** Skalen zur Erfassung der Vertriebskompetenz

Skala (Anzahl der Items)	Beispielitem
Aktive Kontaktaufnahme (9)	»Es fällt mir leicht, Kunden aktiv anzusprechen.«
Bedarfsanalyse (6)	»Es gelingt mir gut, Ziele und Wünsche des Kunden zu erfragen.«
Wissen über Produkte und Dienstleistungen (8)	»Ich verfüge über ein umfangreiches Produktwissen.«
Nutzenargumentation (4)	»Wenn ich mit dem Kunden über Produkte spreche, zeige ich ihm immer seinen individuellen Nutzen auf.«
Einwandbehandlung (6)	»Einwände auszuräumen, ist eine meiner Stärken.«
Abschlussorientierung (2)	»Eine meiner Stärken ist es, zum direkten Abschluss zu kommen.«
Cross-Selling (6)	»Es gelingt mir gut, Bedarf für weitere Produkte beim Kunden zu wecken.«

α = Cronbachs Alpha, t1 = Erfassung der Vertriebskompetenz direkt vor dem Training, t2 = Erfassung der Vertriebskompetenz 8 Wochen nach Trainingsabschluss.

▼

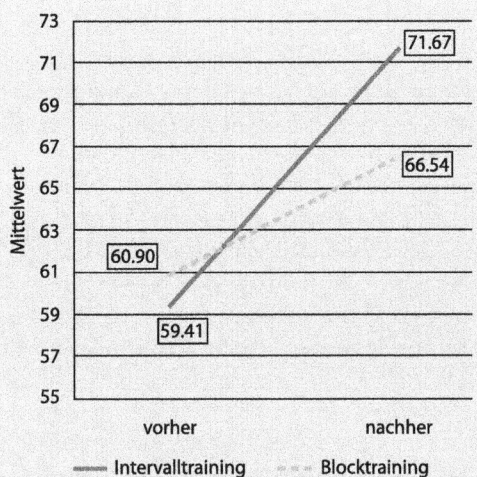

◘ Abb. 6.6. Steigerung des Kompetenzgesamtwerts durch Intervall- und Blocktraining. (Aus Kauffeld, Grote & Frieling, 2009 © 2009 Schäffer-Poeschel Verlag für Wirtschaft·Steuern·Recht GmbH & Co. KG in Stuttgart mit freundlicher Genehmigung.)

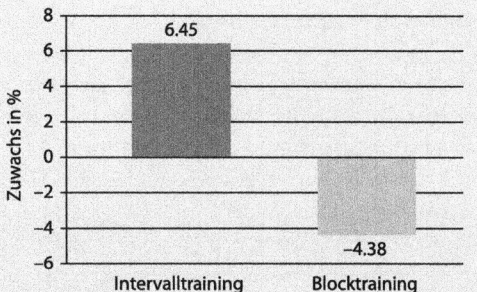

◘ Abb. 6.7. Einfluss von Intervall- und Blocktraining auf den Bruttoertrag der Filialen. (Aus Kauffeld, Grote & Frieling, 2009 © 2009 Schäffer-Poeschel Verlag für Wirtschaft·Steuern·Recht GmbH & Co. KG in Stuttgart mit freundlicher Genehmigung.)

nen Kompetenzaspekte fort: Alle abgefragten Vertriebskompetenzen konnten sowohl durch das Intervalltraining als auch durch das Blocktraining gesteigert werden. Der erzielte Kompetenzzuwachs ist dabei in allen Bereichen für die Teilnehmenden des Intervalltrainings signifikant größer als für die Teilnehmenden des Blocktrainings. Der Einsatz von Intervalltrainings hat sich also für das betrachtete Unternehmen im Hinblick auf die Vertriebskompetenz seiner Mitarbeitenden bereits ausgezahlt.

Neben dem Einfluss auf das Verhalten der Mitarbeitenden war für das Unternehmen von zentralem Interesse, ob Intervalltrainings traditionellen Blocktrainings auch hinsichtlich ihrer Wirkung auf die organisationalen Ergebnisse überlegen sind. Um dies zu überprüfen, wurde der Einfluss der Trainings auf den Bruttoertrag der Filialen betrachtet. In allen Filialen, unabhängig von der Trainingsbedingung, trat 4 Monate nach dem Training eine signifikante Veränderung des Bruttoertrags im Vergleich zum Vorjahresmonat ein ($F(2, 21) = 7{,}43$, $p < 0{,}01$, $\eta^2 = 0{,}42$). Filialen, in denen die Mitarbeitenden am Intervalltraining teilnahmen, hatten dabei einen signifikant größeren prozentualen Zuwachs des Bruttoertrags zu verzeichnen als Filialen, in denen die Trainings im Block durchgeführt wurden. In Letzteren ging der Bruttoertrag im betrachteten Zeitraum sogar zurück, was dem generellen Rückgang im betrachteten Unternehmen zu diesem Zeitpunkt entsprach ($F(1, 22) = 10{,}32$, $p < 0{,}01$, $\eta^2 = 0{,}32$; ◘ Abb. 6.7). Dieses Ergebnis ist ein eindeutiger Hinweis darauf, dass Teilnehmende von Intervalltrainings im Vergleich zu Teilnehmenden von Blocktrainings besser gewappnet sind, um im Wettbewerb zu bestehen.

Alles in allem war der Einsatz des Intervalltrainings im betrachteten Unternehmen ein voller Erfolg. Das Intervalldesign ist dem Blockdesign sowohl in seinem Einfluss auf die Selbsteinschätzung der beruflichen Kompetenz als auch auf die organisationalen Resultate überlegen. Dieses Ergebnis wird der höheren Trainings-Arbeits-Übereinstimmung im Intervalltraining zugeschrieben. Der Trainingstransfer kann optimiert werden, indem Teilnehmenden die Möglichkeit gegeben wird, die Trainingsinhalte in der Arbeitspraxis anzuwenden und hierbei empfundene Transferbarrieren im anschließenden Trainingsintervall anzusprechen. Für Organisationen sind Intervalltrainings somit eine gute Möglichkeit, Investitionen in die Personalentwicklung gezielter und effizienter einzusetzen. Es soll allerdings nicht verschwiegen werden, dass Intervalltrainings im Vergleich zu Blocktrainings einen höheren organisationalen Aufwand mit sich bringen und bis zu ihrem Abschluss mehr Zeit vergeht. Ob der erhöhte Aufwand gerechtfertigt ist, muss daher von Fall zu Fall entschieden werden.

> **Beispiel: Transferprojekt**
> Zur Vorbereitung auf das Projekt ist es sinnvoll, die Teilnehmer noch einmal die einzelnen Stationen des Trainings durchlaufen zu lassen. In Form von **Partnerarbeit und Austausch im Plenum** soll die Verwirklichung des persönlichen Vorhabens unterstützt werden.
>
> Die beiden Projektpaten ziehen sich zurück mit dem Ziel, die essenziellen Erfahrungen, die sie im Seminar gemacht haben, herauszuarbeiten und sich über diese auszutauschen. Falls ein **Transferbuch** existiert, bietet es sich an, dieses einzusetzen. Ziel ist es, ein persönliches Projekt mit konkreten Vorstellungen hinsichtlich der Umsetzung entstehen zu lassen. Das Projekt sollte dabei selbstständig und zeitnah umgesetzt und das Umfeld klar beschrieben werden können.
>
> Für potenzielle Transferbarrieren gilt es Lösungen zu finden. Die Paten prüfen ihr Projekt gegenseitig und vereinbaren Termine, an denen sie sich über ihren Projektstand informieren. Die ausgearbeiteten Projekte werden dann im Plenum vorgestellt. Dort erfahren die Teilnehmer gleichzeitig **von den anderen Teilnehmern emotionale Unterstützung** bei ihrem Projekt. Durch den weiteren Kontakt mit den Projektpaten können diese sich gegenseitig auf das Erreichen des Ziels aufmerksam machen.
>
> Das Erreichen des Ziels sollte vom Projektpaten mit einem kleinen Geschenk belohnt werden, welches im Zusammenhang mit dem Projekt steht.

Transferprojekt Bei der Entwicklung eines Projekts am Ende des Seminars geht es primär darum, die Transfermotivation zu steigern (▶ Beispiel »Transferprojekt«).

Transfercoaching Über das Training hinaus gehen ebenfalls Vorschläge zur Praxisbegleitung. Beispielsweise kann der Trainer sich nach Beendigung des Seminars am Arbeitsplatz der Teilnehmer von der Art und Weise der Umsetzung des persönlichen Projekts überzeugen. Wann und in welcher Form dies geschieht, sollte schon am ersten Trainingstag besprochen werden. Voraussetzung dafür ist, dass der Auftraggeber diese Form der Rückmeldung wünscht. Als Beispiel kann das **Transfercoaching** angeführt werden (▶ Beispiel »Transfercoaching bei der SICK AG«; vgl. aber auch Neininger & Kauffeld, 2009): Der Teilnehmer wird durch den Trainer an seinem Arbeitsplatz beobachtet. Der Seminarteilnehmer bekommt im Anschluss eine Rückmeldung vom Trainer. Daraufhin werden die persönlichen Ziele verändert, erweitert oder erneuert. Eine Alternative wäre ein **Transfertag**, bei dem sich die Seminarteilnehmer in der Gruppe vor Ort treffen und ihre Transfererfolge resümieren.

> Zu jedem nachhaltigen Training gehört ein Transfertag.

Eine Variante zu diesem Vorgehen besteht in der Konfrontation der »alten Hasen«, die das Training schon durchlaufen und entsprechend umgesetzt haben, mit den »neuen Hasen«, verbunden mit der Fragestellung, wer von wem was lernen kann.

Interview Aktionsplan Wenn eine Begleitung über das Training hinaus nicht möglich ist, können die Teilnehmer am Ende des Trainings zu ihrem antizipierten erfolgreichen Transfer interviewt werden. Ziel dieser Aufgabe ist es, bei den Teilnehmern das **Gefühl nach dem Transfer** herzustellen, als wäre das Vorhaben schon abgeschlossen. Das gesamte Plenum wird in Interviewer und Befragte aufgeteilt, so dass die Interviews spontan in Paaren durchgeführt werden können. Möglich ist dabei der symbolische Einsatz von Mikrofonen, die nach 10 Minuten beim Rollentausch an den Partner übergeben werden. In den Interviews können Fragen bezüglich der Zeit nach dem Seminar, der Umsetzung des Gelernten, des Umgangs mit der Arbeit sowie Problemen und Veränderungen gestellt werden. Die gemachten Erfahrungen der Teilnehmer werden nach den Interviews im Plenum besprochen. Der Austausch kann auch als Pressekonferenz organisiert werden, in der die Teilnehmer nach ihren Transfererfahrungen befragt werden und darlegen sollen, wie sie zum besten Mitarbeiter oder bei Teament-

6.2 · Potenzielle Ansatzpunkte für Optimierungen

> **Beispiel: Transfercoaching bei der SICK AG: Weiterbildung effektiv in den Arbeitsalltag integrieren**
>
> Die SICK AG, Hersteller von Sensoren, setzt die Methode des Transfercoachings ein, um sicherzustellen, dass Seminarinhalte auch in den Arbeitsalltag integriert werden. Dazu wird das klassische Seminar um die Komponente des Transfercoachings erweitert. **Transfercoaching** bedeutet eine individuelle Beratung der Seminarteilnehmer im Arbeitsalltag. Das Transfercoaching beginnt schon vor dem Seminar. In einem sog. **Einstiegscoaching** werden gemeinsam mit dem persönlichen Coach der Veränderungsbedarf analysiert und konkrete Veränderungsziele festgelegt. 2 Wochen nach dem Seminar startet das **Veränderungscoaching**. In maximal 4, über mehrere Monate verteilten Sitzungen unterstützt der Coach bei der Anwendung von Seminarinhalten, der Konkretisierung des Gelernten, der Überwindung von Hindernissen und Rückschlägen bei der Anwendung und der Abgleichung des Erreichten mit den vorher festgelegten Zielen.
>
> Ohne Transfercoaching werden diese Aufgaben alleine und oft eher nebenbei erledigt. Durch die Beratung werden sie dagegen in den Mittelpunkt gerückt und die Teilnehmer erhalten individuell die Unterstützung, die sie benötigen. Die SICK AG bietet das Transfercoaching ihren Mitarbeitern gratis und auf freiwilliger Basis an.
>
> Worauf könnte die Wirksamkeit des Transfercoachings zurückzuführen sein? Vermutlich spielen diverse Faktoren eine Rolle:
> - Die Teilnehmer entkommen ihrer Rolle als passive »Stoffdurchkauer«. Sie bekommen die Gelegenheit, selbst aktiv mit dem Lernstoff umzugehen.
> - Die Teilnehmer bekommen intensive Beratung und Feedback zum Anwendungserfolg und sind nicht mehr auf sich alleine gestellt.
> - Die Unterstützung ist ganz auf die individuelle Situation zugeschnitten. Abstraktes kann so konkret umgesetzt werden.
> - Die langfristige Betreuung führt dazu, dass die Teilnehmer über einen langen Zeitraum lernen und üben, statt nur in wenigen Tagen komprimiert etwas einzupauken.
> - Das Lernen geschieht anhand praktischer Probleme, die für die Teilnehmer von Bedeutung sind.
> - Die Bedeutung des Lernens und der Anwendung von Inhalten wird den Teilnehmern immer wieder ins Bewusstsein gerufen.
> - Durch die Unterstützung des Transfercoachings seitens der Firmenleitung wird eine veränderungs- und lernunterstützende Atmosphäre geschaffen (Behrendt, Pritschow & Rüdesheim, 2007).

wicklungsmaßnahmen zum besten Team im Unternehmen geworden sind. Bei der Umsetzung dieser Aufgabe muss darauf geachtet werden, dass die Teilnehmer nicht in die Gegenwartssprache zurückfallen oder die Aufgabe ausschließlich für humorvolle Einlagen nutzen. Hilfreich kann dabei der Einsatz eines Flipchartbogens als Kalenderblatt mit dem entsprechenden Zukunftsdatum sein.

Lernpartnerschaft Alternativ können im Training Lernpartnerschaften initiiert werden, die den Transfer anlegen. Zentral ist dabei die Formulierung von Aktionen nach dem Training. Der Trainer führt den Aktionsplan ein, in dem er Beispiele vorstellt: Wie müssen Aktionen SMART (s. ◘ Tab. 6.4) formuliert sein, um den gewünschten Erfolg zu erreichen? Welche Aktionen sind zu priorisieren? Wie sieht der Zeithorizont aus? Daraufhin reflektieren die Teilnehmer ihre Entwicklungsfelder. Die Teilnehmer priorisieren ihre Aktionen nach dem Beitrag zum Geschäftserfolg sowie dem Aufwand für die Umsetzung. Sie wählen geeignete Aktionen, die sie bis zum nächsten Modul bzw. dem Transfertag umsetzen möchten. Die Teilnehmer unterstützen sich, indem sie konkrete Schlüsselaktionen, die sie angehen möchten, einem Lernpartner (Kollegen im Training) erzählen. Fragen können dabei sein: »Was habe ich vor? Woran werde ich den Erfolg sehen? Wo bin ich noch unsicher? Wie kann ich Transferbarrieren überwinden? Der Lernpartner macht sich

Notizen und fragt nach: Warum hast du diese Aktionen gewählt? Was ist der Beitrag zum Geschäftserfolg? Was wird sich verändern? Wie wirst du wissen, dass du das Ziel erreicht hast? Wie werden es andere (Kollegen, Vorgesetzte, Kunden) merken?« Die Lernpartner notieren sich die Antworten und organisieren das nächste Treffen zum Nachhalten. Damit jeder Teilnehmer seine Maßnahmen schildern kann, erfolgt ein Rollentausch.

Führungskraft als Lern- und Transferberater Darüber hinaus wurde die Führungskraft in verschiedenen Studien immer wieder als wesentlicher Erfolgsfaktor identifiziert. In ◘ Tab. 6.7 sind verschiedene Handlungsempfehlungen für Führungskräfte zusammengetragen, die förderlich auf den Lerntransfer wirken (vgl. auch Machin, 2002). Es werden **Empfehlungen für die Zeiträume vor, während und nach dem Training** gegeben. Besonders vor und nach dem Training hat die Führungskraft Ansatzpunkte, um zum Lerntransfer ihrer Mitarbeiter beizutragen. Die Empfehlungen während des Trainings kommen v. a. dann zum Tragen, wenn die Führungskraft selbst als Trainer seiner Mitarbeiter fungiert (vgl. Johannes & Kauffeld, 2009). Darüber hinaus kann die Führungskraft optimalerweise bei

◘ **Tab. 6.7.** Möglichkeiten zur Förderung des Lerntransfers durch die Führungskraft vor, während und nach dem Training. (Aus Kauffeld, Grote & Frieling, 2009 © 2009 Schäffer-Poeschel Verlag für Wirtschaft•Steuern•Recht GmbH & Co. KG in Stuttgart mit freundlicher Genehmigung.)

Vor dem Training	Während des Trainings	Nach dem Training
▬ Beteiligung der Teilnehmer an der Entscheidung, wann wo welches Training besucht wird ▬ Information der Teilnehmer über den Grund und erwartete Ergebnisse des Trainings ▬ Reduzierung von Ängsten gegenüber dem Training ▬ Setzen von Lernzielen ▬ Berücksichtigung von Lernzielen, die der Arbeitsgruppe zugute kommen. Der Teilnehmer ist Abgesandter der Gruppe ▬ Unterstützung der Trainingsteilnehmer bei der Entwicklung von Lernstrategien ▬ Entwicklung eines konkreten Plans, wie die Teilnehmer die Trainingsergebnisse anwenden können ▬ Bereits im Vorfeld Identifikation von Faktoren, die den Lerntransfer behindern können ▬ Unterstützung des Trainingsteilnehmers beim Erkennen von Vorteilen des Trainings für das Unternehmen. Inbezugsetzen der Trainingsinhalte zu organisationalen Zielen und Entwicklungen ▬ Training aller Mitglieder einer Arbeitseinheit zur gleichen Zeit, um gegenseitige Unterstützung zu ermöglichen	▬ Nutzung von Vorgehensweisen, die denen am Arbeitsplatz ähnlich sind ▬ Anwendung von Fällen aus dem echten Leben, die die Teilnehmer kennen ▬ Beschreibung einer Vielzahl an unterschiedlichen Beispielen ▬ Unterstützung der Trainingsteilnehmer bei der Entwicklung von detaillierten und gut ausgearbeiteten Wissensstrukturen sowie Selbstregulationstechniken (z. B. Planung, Überwachung und Überprüfung des Lernprozesses) ▬ Setzen von kurzfristigen Transferzielen für das sofortige Anwenden der Trainingsinhalte ▬ Setzen von längerfristigen Zielen, die eine exzellente Beherrschung der Trainingsinhalte darstellen ▬ Unterstützung der Trainingsteilnehmer bei der Entwicklung von spezifischen Aktionsplänen ▬ Sammlung von möglichen Hindernissen bei der Umsetzung der Trainingsinhalte sowie Erarbeitung von Reaktionsmöglichkeiten, wenn diese Hindernisse auftreten ▬ Schaffung einer positiven Trainingsatmosphäre	▬ Setzen von spezifischen Leistungszielen resultierend aus der Anwendung der Trainingsinhalte ▬ Sicherstellen, dass Vorgesetzte und Kollegen den Trainingsteilnehmer bei seinen Versuchen, das Gelernte am Arbeitsplatz anzuwenden, bestärken ▬ Sicherstellen, dass nötige Materialien und Ressourcen für die Anwendung des Wissens vorhanden sind ▬ Positive Verstärkung von besserer Leistung ▬ Reduzierung von Barrieren beim Lerntransfer wie Zeitmangel oder mangelnde Anwendungsgelegenheiten ▬ Überwachung und Rückmeldung relevanter Leistungskriterien nach dem Training ▬ Initiierung von Lernen unter Kollegen. Der Teilnehmer erhält Gelegenheit, sein Wissen darzustellen und anderen zu vermitteln. Dies dient nicht nur der Multiplikation der Trainingsinhalte und des Bekanntmachens von Wissensträgern, sondern signalisiert auch Wertschätzung gegenüber den Teilnehmenden

der Bedarfsanalyse Einfluss auf Inhalte und Form des Trainings nehmen (▶ Kap. 2). Dies ist auch bei Orientierungsgesprächen, in die sie bei größeren Trainings- oder Teamentwicklungsmaßnahmen eingebunden sein sollte, möglich (vgl. z. B. Kauffeld Tiscar-Lorenzo, Montasem & Lehmann-Willenbrock, 2009).

Die **Rolle von Führungskräften** wird an dieser Stelle erweitert. Neben der Personalentwicklung ist es die Aufgabe von Führungskräften, ihren Mitarbeitern **als Lernberater** zur Verfügung zu stehen.

Mitarbeiter brauchen jemanden, der mit ihnen diskutiert, wie sie am besten vorgehen. Für die Führungskraft bedeutet dies, Fragen zu stellen und dem Mitarbeiter zu helfen, sich eigener Lernmethoden bewusst zu werden. Die Führungskraft muss davon überzeugt sein, dass ihr Mitarbeiter entwicklungsfähig ist und ihm dies signalisieren. Vor allem gilt dies auch für ältere Mitarbeiter (▶ Kap. 1). Wer häufig hört, dass er kaum entwicklungsfähig sei, hört auf, sich anzustrengen. Anstrengung ist jedoch der Schlüssel zum erfolgreichen Lernen. Der Spruch

---

Methodenüberblick: Transfergespräche

Vor dem Training
Ziel: eine Grundlage schaffen, in welche die in der Veranstaltung erworbenen Kenntnisse und Erfahrungen in die Praxis integriert werden können
— Welche Motivation habe ich für die Teilnahme am Training? Welches der Ziele (aus einer gegebenen Auswahl) stellt für mich das wichtigste Lernziel dar, d. h. was möchte ich im Trainingsprogramm hauptsächlich lernen bzw. welchen Nutzen daraus ziehen?
— Das definierte Lernziel ist für unser Business wichtig, weil ...
— Was soll sich nach dem Training in der Arbeit ändern?
— Woran werde ich erkennen, dass ich die Ziele erreicht habe? 9 Monate nach dem Training werden wir in der Lage sein, den Erfolg bzw. die erzielten Fortschritte in Bezug auf das definierte Lernziel in folgender Form zu messen ...
— Welche Probleme können in der Umsetzungsphase auftreten und wie können sie im Vorfeld beseitigt werden?
— Als Linienvorgesetzter werde ich den Teilnehmer beim Erreichen seines Lernziels folgendermaßen unterstützen ... (z. B. Diskussion oder Coaching, Beobachtung, Support durch andere usw.)

Kurz nach dem Training
Ziel: Seminarerfolg überprüfen und Transfer unterstützen

Überprüfen Sie mit Ihrem Vorgesetzten Ihre aktuelle Situation in einem »**Follow-up-Meeting**« innerhalb einer Woche nach dem Training.
— Wie würde ich das Training beurteilen (Inhalte, Methoden, Passung der Gruppe, Praxistauglichkeit)?
— Ist mein Lernziel immer noch relevant? Müsste ich etwas hinzufügen oder spezifizieren? Was möchte ich konkret umsetzen?
— Welche Hilfe benötige ich bei der Umsetzung meiner Ziele (von der Führungskraft, von Kollegen, Ausstattung)?
— Gibt es wichtige Punkte/Erkenntnisse, die dem gesamten Arbeitsbereich zugänglich gemacht werden sollten (z. B. mittels interner Multiplikation durch Präsenzveranstaltung oder schriftlicher Dokumentation)?

3–4 Monate nach dem Training
Ziel: mittelfristigen Seminarerfolg überprüfen und Anwendung des Erlernten im Arbeitsalltag verankern
— Was konnte ich bisher erreichen? Was hat sich durch die Umsetzung des Gelernten verändert? Welche Veränderungen hat die Führungskraft wahrgenommen (konkrete Verhaltensbeschreibungen)?
— Welche Schwierigkeiten sind beim Transfer aufgetreten? Was kann noch besser oder anders gemacht werden?
— Wie kann der Transfererfolg langfristig gesichert werden?
— War das Training in der Rückschau sinnvoll konzipiert oder ausgewählt?

»Was Hänschen nicht lernt, lernt Hans nimmermehr« darf nicht gelten. Vielmehr muss es heißen: »Was Hänschen nicht gelernt hat, kann Hans allemal aufholen.« Darüber hinaus ist die Führungskraft verpflichtet, mit dem Mitarbeitern Standortbestimmungen vorzunehmen, Lernfortschritte zu bewerten und Unterstützung beim Transfer zu leisten.

Transfergespräche Eine konkrete Möglichkeit der Transfersicherung mit Unterstützung der Führungskraft stellen **Transfergespräche oder schriftliche Lernvereinbarungen** dar (▶ Methodenüberblick »Transfergespräche«). Diese Vereinbarung ist vom Teilnehmer gemeinsam mit seinem Linienvorgesetzten auszufüllen und spätestens 2 Wochen vor Beginn des Seminars an den Trainer zu senden. Um die Nutzung sicherzustellen, gilt es zu beachten, dass dies eine zwingende Voraussetzung für die Teilnahme am Programm ist. Die Angaben müssen dabei vertraulich behandelt werden und dürfen ausschließlich zur Ausrichtung des Programms auf die individuellen Bedürfnisse verwendet werden. Nach dem Training wird ein Aktionsplan vom Teilnehmer erstellt und mit dem Linienvorgesetzten besprochen. 3–4 Monate nach Trainingsbeginn werden zudem sowohl der Kursteilnehmer also auch die Führungskraft gebeten, den Erfolg hinsichtlich des Erreichens der Lernziele zu bewerten. Bei den Transfergesprächen empfiehlt es sich, einen Fragenkatalog zu nutzen und sich auf das Gespräch vorzubereiten. Kosten und Nutzen gilt es bei dieser transferförderlichen Maßnahme trainingsspezifisch abzuwägen.

6.3 Integration ergebnis- und prozessbezogener Evaluation

Ergebnis- und prozessbezogene Evaluationsansätze können gekoppelt genutzt werden. Dabei ist es möglich, nicht nur Aussagen über den Erfolg und über Katalysatoren und Barrieren zu machen. Bei einer ausreichend großen Stichprobe kann darüber hinaus identifiziert werden, welchen Einfluss ein Erfolgsfaktor auf die verschiedenen Trainingsergebnisse hat (◘ Abb. 6.8). Für eine Kundenschulung konnten wir zeigen, dass der Trainer sehr wichtig für den Zufriedenheitserfolg und den Lernerfolg ist. Sein Einfluss geht jedoch gegen Null, wenn es um den Transfer der Trainingsinhalte in die Arbeit geht. Hier sind vielmehr Faktoren wie die empfundene Arbeits-Trainings-Übereinstimmung oder die Unterstützung durch den Vorgesetzten wichtig.

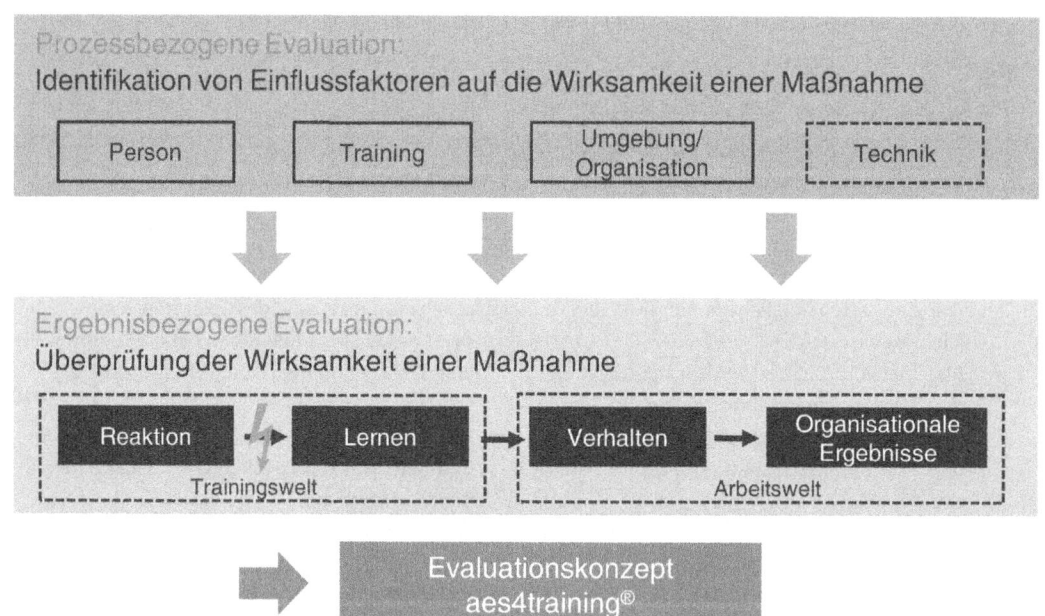

◘ Abb. 6.8. Integration ergebnis- und prozessbezogener Evaluation

6.3 · Integration ergebnis- und prozessbezogener Evaluation

Der Einsatz von ergebnis- und prozessbezogener Evaluation bietet die Möglichkeit, Ansätze zur Erklärung des Zusammenspiels von Katalysatoren und Barrieren sowie Erfolgsmaßen zu entwickeln und Konzepte zur Optimierung des Transfers abzuleiten. Ein kosten- und zeitaufwändiges Vorgehen nach Versuch und Irrtum kann vermieden werden. Die Integration beider Ansätze kann der Personalentwicklung helfen, die Erfolgswahrscheinlichkeit von Trainings zu erhöhen und Entscheidungen zu treffen.

Wie könnte ein Evaluationsdesign aussehen, welches neben ergebnisbezogenen auch prozessbezogene Aspekte berücksichtigt? Dies wird anhand des ▶ Beispiels »Filialleiterqualifizierung on top« beschrieben.

Abschließend sei darauf hingewiesen, dass die Katalysatoren und Barrieren des Transfers oft schon vor einem Training auf die Transfermotivation wirken werden. Je mehr ich davon überzeugt bin, dass mein Vorgesetzter von den Trainingsinhalten und damit auch ihrer Anwendung nichts hält, umso geringer

Beispiel: Filialleiterqualifizierung on top

Ausgangssituation

Mit dem Projekt »Filialleiterqualifizierung on top« einer Bank liegt ein auf Basis einer fundierten Bedarfsanalyse entwickeltes, elaboriertes Konzept zur Qualifizierung von Filialleitern (FL) vor. Die Qualifizierung besteht aus den **3 Modulen** »**Vertriebsmanagement**«, »**Vertriebstraining**« und »**Führungstraining**«. Bevor der Roll-out der Maßnahme stattfindet, wird das Training in 4 Regionalfilialen aus 2 Gebietsfilialen pilotiert. Das Training soll evaluiert werden, um Optimierungspotenziale für den Roll-out aufzuzeigen. In den Trainings wird u. a. der Einsatz der neuen Vertriebsinstrumente trainiert. Den Einsatz und die Anwendung gilt es ebenfalls zu überprüfen.

Ziel der Evaluation

Aus der skizzierten Ausgangssituation wird das Ziel der Evaluation deutlich: Es wird die Optimierung des Trainings fokussiert. Darüber hinaus soll ein Erfolgsnachweis der neuen Vertriebsinstrumente erbracht werden.

Zielgruppe

Die Zielgruppe der Befragung zur Trainingsoptimierung bilden sowohl die 60 Filialleiter als auch die 4 Trainer, davon 2 interne Vertriebstrainer und 2 externe Trainer. Beide erhalten unterschiedliche Fragebögen im Rahmen der Evaluation. In einer abschließenden Online-Evaluation der Vertriebsinstrumente werden neben den 60 FL ebenso die 4 RFL und 300 Mitarbeiter befragt.

▼

Evaluationsdesign

Die Elemente Befragung und **Transferreflexion** sind in die Trainingsmodule integriert. Sowohl die Befragung als auch die Transferreflexion sind so angelegt, dass über das Training bzw. seine Umsetzung reflektiert wird. Dies sollte sich transferförderlich auswirken und damit den Erfolg des Trainings steigern. Die Telefoninterviews werden im Anschluss an die einzelnen Module durchgeführt. Die abschließende Online-Befragung zur Einschätzung der neuen Vertriebselemente findet nach Modul 3 statt.

Fragebogen

Der Fragebogen zur Trainingsoptimierung sollte u. a. die **Einschätzung des Trainingsdesigns** (auch einzelner Übungen), der **Trainingsinhalte** (z. B. Nützlichkeit) sowie des **Trainingsumfelds** (z. B. Hotel) erfassen. Es soll eine qualitative Befragung in Form eines Papier-Fragebogens mit zusätzlich offenen Fragen durchgeführt werden. Die Endversion des Fragebogens wird zusätzlich zu den geschlossenen maximal 10 offene Fragen enthalten, um die relevanten Inhalte möglichst ökonomisch erfassen zu können.

Telefoninterviews

Um spezifische Aspekte der Befragung zu konkretisieren, werden Telefoninterviews mit einzelnen FL realisiert. Dazu werden von den FL freiwillig am Ende des Trainings Kontaktdaten und mögliche Termine für ein Telefoninterview erfragt.

Transferreflexion
Für die Optimierung des Trainings wird eine Transferreflexion in das Trainingskonzept integriert. Sie wird in Form einer Gruppendiskussion **zu Beginn der Module 2 und 3** von den Evaluatoren in Kooperation mit den Trainern durchgeführt. Auf diese Weise können die Umsetzung der Trainingsinhalte eruiert, Optimierungspotenziale der Vertriebsinstrumente und des Trainings analysiert sowie Katalysatoren und Barrieren des Lerntransfers ermittelt werden.

Online-Evaluation der neuen Vertriebselemente
In einer abschließenden Befragung der höheren Führungskräfte (als Interview), der Filialleiter und Mitarbeiter (als Online-Befragung) sollen die neuen Vertriebselemente bewertet werden. Damit erfolgt eine spezifische Erfassung, inwiefern Trainingsziele auf Verhaltensebene erreicht werden: Wird z. B. statt der alleinigen Vorgabe von Leistungszielen eine konkrete Maßnahmenplanung in den Einzel-Vertriebsgesprächen durchgeführt?

Auswertung von Unternehmenskennzahlen
Mit dem Bereitstellen der Unternehmenskennzahlen – entweder für die Filialen des Pilotbereichs und vergleichbare Filialen oder für die Gesamtbank – ist es möglich, im Vorher-Nachher-, Pilot-Kontrollgruppen-Design zu überprüfen, ob ein nachhaltiger, finanzieller Nutzen durch die Filialleiterqualifizierung über einen bestimmten Zeitraum (z. B. von 6–8 Monaten) erzielt wurde. Da neben dem Nutzen die Kosten der Qualifizierung identifiziert werden können, kann zusätzlich der ROI berechnet werden (▶ Kap. 5).

Nutzen der Evaluation
- Die prozessbezogene Evaluation deckt auf, wie das Training verbessert werden kann (beispielsweise hinsichtlich des Trainingsdesigns, der Erwartungsklarheit der Teilnehmer oder der Unterstützung durch die Führungskraft).
- Die Transferreflexion zu Beginn der Module 2 und 3 ist ein Mittel, um den Transfer der Trainingsinhalte zu erhöhen.
- Die Evaluation liefert eine Nutzenargumentation gegenüber Vorstand und Betriebsrat.
- Die Evaluation kann als Nutzenargumentation für die Durchführung der Trainings gegenüber zukünftigen Teilnehmern am Projekt »FL-Qualifizierung on top« dienen.
- Durch die Trainings und die Evaluation kann den Teilnehmern der Pilotregion eine hohe Wertschätzung vermittelt und die Motivation zur Umsetzung der Trainingsinhalte erhöht werden.
- Die Evaluation liefert einen Nachweis darüber, wie die neuen Vertriebsinstrumente in der Praxis verstanden, akzeptiert und gelebt werden. Dies kann als Argumentationsgrundlage für den weiteren Einsatz der Instrumente in allen Filialen der Gesamtbank dienen.
- Die externe Evaluation sowie die Aggregation der Daten gewährleisten die vollständige Anonymität der Mitarbeiterdaten. Mit einer Antwortverfälschung in positive Richtung ist daher nicht zu rechnen.

Neben Expertise bei der Konzeption und Durchführung von aussagekräftigen **qualitativen und quantitativen Evaluationen** wird ein IT-Support zur Umsetzung von Onlinebefragungen benötigt, um eine Gesamtlösung für das Evaluationskonzept anbieten zu können. Gleichzeitig müssen die Externen ein Verständnis der Inhalte aufweisen, um z. B. die Clusterung der qualitativen Teilnehmerbeiträge vornehmen, die Ergebnisse interpretieren und Handlungsempfehlungen ableiten zu können. Die praxisrelevante sowie handlungsorientierte Aufbereitung der Ergebnisse sowie die Ressourcen zur zeitnahen und flexiblen Umsetzung des geplanten Evaluationsprojekts sind zentral. Die Verbindung von Theorie und Praxis wird konsequent umgesetzt, wenn überprüfte Skalen eingesetzt werden. Die Evaluationsergebnisse sind dadurch nicht nur praxisrelevant, sondern genügen ebenso aktuellen wissenschaftlichen Standards.

wird meine Motivation schon zu Beginn des Trainings sein, die Inhalte in die Praxis zu transferieren. Je mehr ich mir bewusst bin, dass ich als Experte an dem Training teilnehme und meine Kollegen erwarten, dass ich das neu Gelernte in die Arbeitsgruppe einbringe, umso eher werde ich motiviert sein, das Gelernte zu zeigen und anzuwenden. Im **Adaptive Evaluation System for Training (aes4training®)** werden daher prozess- und ergebnisorientierte Evaluation miteinander verbunden. Neben der Evaluation eines spezifischen Trainings können mit dem **aes4training®** Katalysatoren und Barrieren für die gesamte Weiterbildung im Unternehmen identifiziert werden. Die Nachhaltigkeit der Trainingsprogramme im Unternehmen wird auf den Prüfstand gestellt. Hinweise für Optimierungen werden gefunden.

Zusammenfassung

Mit dem **Lern-Transfer-System-Inventar (LTSI)** und dem **Adaptive Evaluation System for Training (aes4training®**, ▶ Kap. 5) stehen Instrumente zur prozessbezogenen Evaluation zur Verfügung. Ansätze zur Erklärung des Zusammenspiels der Erfolgsmaße und der Transfererfolgsfaktoren können entwickelt, Konzepte zur Optimierung des Transfers abgeleitet und hinsichtlich ihrer Wirksamkeit überprüft werden. Zielführend ist es, sich schon bei der Planung von Trainings **Gedanken über Transfer und Evaluation zu machen**. Denn wer zu spät ans Evaluieren denkt, wird kaum eine methodisch saubere Evaluation leisten können (▶ Kap. 2). Nur über die prozessbezogene Evaluation können tatsächliche Ansatzpunkte zur Verbesserung von Trainings gefunden werden. Es können Transferlösungen erarbeitet werden, die abseits vom Trainingsprogramm selbst das Arbeitsumfeld in den Blick nehmen und Transferlösungen erarbeiten.

7 Die Zukunft von Trainings in Organisationen

Wie sehen die Trends in den nächsten Jahren aus? Was wird den Weiterbildungsmarkt beherrschen? Wie werden Trainings nachhaltiger? In den vorangegangenen Kapiteln konnten einige Ansätze aufgezeigt werden. Mit den folgenden 7 Thesen wird resümiert: Nachhaltigkeit versprechen Trainings, die strategisch angebunden, wichtige Zielgruppen umfassend, individuell passend, ressourcenorientiert, fachlich fundiert, arbeitsintegriert und transferorientiert entwickelt werden.

> **7 Thesen zur Zukunft von Trainings**
>
> **These 1**: Trainings werden strategisch bedeutsamer. Sie werden in Unternehmen systematisch aufgesetzt und genutzt.
> **These 2**: Trainingsbedarf entsteht für neue Zielgruppen. Dazu gehören neben den High Potentials und gering Qualifizierten ältere Mitarbeiter in Unternehmen, weltweit tätige Mitarbeiter und Kunden.
> **These 3**: Trainings werden individueller. Spezifische Lösungen für Mitarbeiter und für Teams sind gefragt.
> **These 4**: Neue Trainingsangebote entstehen aus innovativen Partnerschaften zwischen Wirtschaft und Universität.
> **These 5**: Trainings in Organisationen werden »blended«. E-Learning und Präsenzseminare ergänzen sich erfolgreich.
> **These 6**: Trainings werden arbeitsintegrierter. Der Trainingserfolg wird zur Teamaufgabe.
> **These 7**: Trainings werden nachhaltiger. Der Transfer wird von Beginn an in den Blick genommen.

These 1: Trainings werden strategisch bedeutsamer. Sie werden in Unternehmen systematisch aufgesetzt und genutzt

Mit der Implementierung von Kompetenzmanagementsystemen in Unternehmen werden Trainingsprogramme systematischer aufgesetzt und genutzt. Mit **Kompetenzmanagementsystemen** werden Mitarbeiterkompetenzen beschrieben und transparent gemacht (Grote, Kauffeld & Frieling, 2006). Die Entwicklung und Nutzung der Kompetenzen orientiert sich an den persönlichen Zielen des Mitarbeiters sowie den Zielen der Unternehmung. Über Ansätze zum Talent Management erfolgt darüber hinaus die Konzentration auf Positionen, die für den Unternehmenserfolg wichtig sind und deren Besetzung langfristig sichergestellt werden muss. Dies sind in der Regel hoch qualifizierte Arbeitnehmer, für die es einen vergleichsweise hohen Personalbedarf im Unternehmen gibt (von der Oelsnitz, Stein & Hahmann, 2007). Um die Besetzung kritischer Rollen und Funktionen langfristig sicherzustellen, haben Unternehmen 2 Möglichkeiten: Zum einen können sie versuchen, durch aktive, wettbewerbsorientierte Methoden der Personalgewinnung und -bindung externe Arbeitnehmer zu gewinnen. Dafür investieren viele Unternehmen in den Aufbau einer Marke als Arbeitgeber (Employer Branding). Zum anderen können sie eigene Mitarbeiter systematisch entwickeln, um den langfristigen Bedarf intern decken zu können. Beide Strategien schließen sich nicht aus. Mit effektiven Kompetenzentwicklungsmaßnahmen werden Unternehmen nicht nur die Besetzung sicherstellen, sondern sich auch als attraktive Arbeitgeber positionieren können.

> »Wahre Schönheit kommt von innen«, zeigen Personalexperten in Anlehnung an den Werbeslogan eines Kosmetikprodukts aus den 80er Jahren auf (Hauser, 2008).

Um »innere Schönheit« herzustellen, müssen Unternehmen in die Kompetenzentwicklung ihrer Mitarbeiter investieren. Ein Employer Branding zur Gewinnung der High Potentials läuft ohne Substanz in der systematischen Kompetenzentwicklung der gewonnenen Mitarbeiter ins Leere. Dies gilt besonders in einer Zeit, in der das Internet die Transparenz der Arbeitsmärkte erhöht und die Bindung qualifizierter Mitarbeiter gegenüber ihrem Arbeitgeber sinkt (▶ Kap. 6).

Die Systematisierung des Kompetenzmanagements wird unterstützt durch den Trend zu immer umfassenderen Softwaresystemen (vgl. Grote, Kauffeld & Frieling, 2006). Integrierte Softwaresyteme, die Kompatibilitätsproblemen und einem zähflüssigen Informationsaustausch vorbeugen, schaffen zum einen Überblick über die Vorgänge in den verschiedenen Unternehmensbereichen und zum anderen eine Ausrichtung des Personalmanagements an der Unternehmensstrategie. Ihre volle Wirkung entfalten die Systeme, wenn sie Informationen aus verschiedenen Bereichen kombinieren können. Beispielsweise können aufbauend auf Testergebnissen E-Learning-Tools für Mitarbeiter angeboten werden. Aufgrund von Qualifikationsprofilen und Leistungsbeurteilungen, die im System hinterlegt sind, können geeignete Kandidaten für eine frei werdende Stelle identifiziert werden. Für Trainingsprogramme kann der Return of Investments (ROI) berechnet werden, wenn entsprechende Kennzahlen hinterlegt sind (▶ Kap. 3).

These 2: Trainingsbedarf entsteht für neue Zielgruppen. Dazu gehören neben den High Potentials und gering Qualifizierten ältere Mitarbeiter in Unternehmen, weltweit tätige Mitarbeiter und Kunden

Unternehmen müssen sich darauf einstellen, mehr in die Kompetenzentwicklung zu investieren, um neue Zielgruppen für Trainingsmaßnahmen zu bedienen. Dies sind nicht nur die in These 1 erwähnten jungen Talente, die im Unternehmen gehalten und weiterentwickelt werden sollten, und die in ▶ Kap. 1 hervorgehobenen gering Qualifizierten, sondern auch ältere Mitarbeiter, Mitarbeiter weltweit und Kunden.

Ältere Mitarbeiter, die bislang eher als weiterbildungsfern oder -resistent galten, werden in Zeiten des demographischen Wandels und des absehbaren Fachkräftemangels als Ressource entdeckt (▶ Kap. 1). Sie müssen gefordert und gefördert werden, um möglichst lang effektiv im Arbeitsprozess eingesetzt werden zu können. Auf Seiten der Mitarbeiter ist lebenslanges Lernen notwendig, um den sich ändernden Anforderungen gerecht werden zu können und sich beschäftigungsfähig zu halten. Für Ältere gilt es neue Konzepte zu erarbeiten, die eher auf Erfahrungen aufbauen (▶ Kap. 3).

Unternehmen erschließen sich den Weltmarkt, indem sie weltweit Vertriebsstandorte aufbauen oder die Auslagerung von z. B. EDV-Arbeitsplätzen oder Arbeitsplätzen in der Produktion ins Ausland vorantreiben, um dort u. a. vom billigen Lohnniveau oder der Verfügbarkeit gut ausgebildeter Fachkräfte zu profitieren. Die Zusammenarbeit räumlich entfernter, ausschließlich elektronisch miteinander kommunizierender Mitarbeiter stellt neue Herausforderungen. Strukturen, Ziele und Regeln der Zusammenarbeit sind über die Entfernung oft schwierig zu vereinbaren. Kulturelle Besonderheiten und uneinheitliche technische Fertigkeiten müssen bewältigt werden. Zudem müssen **weltweit agierende Mitarbeiter** lernen, ihr Wissen so zu speichern und so miteinander zu teilen, dass es für andere virtuelle Teammitglieder zugänglich wird. So genannte Verbindungsteams können die Koordination zwischen verschiedenen Angestellten in verschiedenen Unternehmen in verschiedenen Ländern, die alle an der Gestaltung eines Endprodukts mitwirken, übernehmen. Das bedeutet, dass Unternehmen sich nicht nur Gedanken über die Ausbildung ihrer eigenen Mitarbeiter machen müssen, sondern auch ihrer **Mitarbeiter weltweit**. Neben der Berücksichtigung kultureller Besonderheiten müssen sich Trainer darauf einstellen, dass die Kommunikation von Angesicht zu Angesicht zur Ausnahme wird. Anstelle von Seminaren und langwierigen Trainingsprogrammen wird elektronisch übermittelter, aufgabenspezifischer »**Just-in-Time«-Performance Support** an Bedeutung gewinnen. Performance-Support-Anwendungen sind weniger auf das langfristige Lernen ausgerichtet als auf die Unterstützung und Bereitstellung notwendiger Information in dem Moment und an dem Ort, an dem sie gebraucht wird. Unternehmen wollen nur noch ungern hohe Trainingskosten in Mitarbeiter investieren, die womöglich bald schon weitergezogen sind. Gerade in boomenden Regionen und Kulturen, in denen die Bindung an das Unternehmen nur wenig ausgeprägt ist, taucht die Frage auf: Lohnt es sich, in Mitarbeiter zu investieren, bei denen man nicht sicher sein kann, ob sie in 1 Woche noch für das Unternehmen arbeiten werden? Performance-Support-Ansätze sollen unmittelbar die Leistung erhöhen. Dadurch verringert sich auch das Problem des Transfers; die Mitarbeiter müssen nur noch wissen, wo eine bestimmte Information zu finden ist. An Prozessen orientiert können kleine Filme veranschaulichen, wie bestimmte Prozessschritte am besten ausgeführt werden können. Für den verhaltensorientierten Bereich werden diese Ansätze nicht reichen (▶ Kap. 3), so dass sich Unternehmen überlegen müssen, wie sie das begleitende Lernen mit intelligenten Anreizsystemen für das Verbleiben im Unternehmen koppeln können.

Vor allem im Dienstleistungsbereich werden aus Kostengründen Funktionen auf die Kundschaft ausgelagert. Was vor vielen Jahren mit Selbstbedienung in der Gastronomie oder der Endmontage von Möbeln einzelner Anbieter von Verbrauchsgütern begann, setzt sich fort im Direct Banking, Internet Shopping, dem Selbstbuchen von Flug- und Bahntickets über das Internet, in der Selbstkonfiguration von Produkten wie Handys, PCs, den für den Betrieb erforderlichen Updates und Softwareergänzungen, dem automatisierten Einchecken an Flughäfen und Hotels etc. Softwareprodukte werden teilweise nur unzureichend »durchprogrammiert« – die Qualitätskontrolle und -optimierung übernimmt der Nutzer (Voß & Rieder, 2005). Die **Kunden** übernehmen Funktionen, die vormals von Mitarbeitern übernommen wurden. Sie sind Automaten ausgeliefert, müssen Bedienungsanleitungen studieren oder sich navigieren lassen. Kunden werden zu »Dienstleistern für die Dienstleister«, zum »partiellen Mitarbeiter« (Grün & Brunner, 2002) oder zum »arbeitenden Kunden« (Voß & Rieder, 2005). Damit der Kunde arbeiten kann, muss er vorher lernen, wie Telefonanschlüsse verlegt werden, Fahrkartenautomaten funktionieren, Regale zusammengebaut werden und notwendige medizinische Hilfsmittel zu bedienen sind. Er muss eine hinreichende Kompetenz entwickeln, um mit fortgeschrittenen Formen der Selbstbedienung klarzukommen. Dafür muss er geschult werden. Dazu gehört z. B., dass Unternehmen ihre Trainingsprogramme auch ihren Kunden anbieten. Das zahlt sich durch weniger Beschwerden, Reklamationen und höhere Kundenzufriedenheit aus. In einigen Fällen werden unternehmenseigene Trainingsprogramme sogar kostenpflichtig der Öffentlichkeit zugänglich gemacht. Wer hätte nicht gern den IKEA Heimwerkerkurs besucht, um das neu erstandene Billy Regal aufgebaut zu bekommen?

These 3: Trainings werden individueller. Spezifische Lösungen für Mitarbeiter und für Teams sind gefragt

Unternehmen sind daran interessiert, das Wissen ihrer Mitarbeiter als »intellektuelles Kapital« zu nutzen. Trainer sind dafür verantwortlich, Wissen und Information zu bewerten, zu speichern und den Mitarbeitern zugänglich zu machen. Die Entwicklung von Seminaren lohnt sich nicht, wenn nur wenige Mitarbeiter sehr spezielle Kompetenzen aufbauen müssen. Darüber hinaus sind die Entwicklung von Seminarkonzepten und ihre Umsetzung möglicherweise zu langsam. Die Frage ist, wie kommt das Wissen schnell dahin, wo es gebraucht wird? Es geht dabei nicht nur darum, festzuhalten, wo das Wissen ist und wer es hat, sondern um die Entwicklung von Konzepten, die den **Wissenstransfer fördern**. Es gilt den Wechsel von Wissensträgern in den Ruhestand oder in andere Arbeitsbereiche, den Aktivitätstransfer zwischen organisatorischen Einheiten oder den Erfahrungstransfer zwischen unterschiedlichen Gruppen zu gestalten. Individuell anpassbare Konzepte zur Gestaltung des Wissenstransfers werden für verschiedene Szenarien benötigt (Abb. 7.1):

- One to One (Ruheständler, Jobwechsler mit konkretem Nachfolger),
- One to Many (Ruheständler, Jobwechsler ohne Nachfolger) sowie
- Many to Many (Aktivitätstransfer zwischen organisatorischen Einheiten, Erfahrungstransfer zwischen unterschiedlichen Gruppen, Bildung neuer Wissensstrukturen in einer Gruppe; ▶ Kap. 4).

Gleichermaßen wird die Kompetenzentwicklung individualisierter, da in Abhängigkeit von Stärken und Schwächen einzelner Mitarbeiter oder ganzer Teams sehr viel mehr auf eine **selbstorganisierte Kompetenzentwicklung** gesetzt wird. Mitarbeiter und Teams werden Lernvorhaben zur eigenverantwortlichen und selbstorganisierten Aneignung ausgewählter berufsbezogener Kompetenzen nutzen, die sich durch klar definierte Zielsetzungen, einen

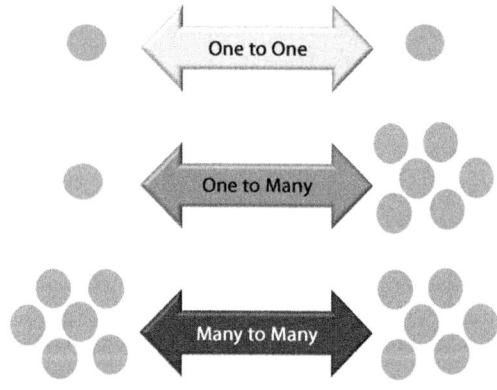

Abb. 7.1. Gestaltung des Wissenstransfers

Lernplan sowie systematische Schritte zur Umsetzung und Überprüfung des Lernvorhabens auszeichnen (▶ Kap. 2 und ▶ Kap. 3). Um die eigenverantwortliche Durchführung eines Lernprojekts zu unterstützen, werden zum einen Materialien zur Anleitung und Unterstützung des individuellen Entwicklungsprozesses erarbeitet und zum anderen Hilfestellung in Form einer Beratung zu den einzelnen Lernschritten und möglichen Problemen angeboten werden müssen.

Der Trainer wird so zum Lernbegleiter oder Coach. Kurzfristige Ad-hoc-Maßnahmen werden mittel- und langfristigen Entwicklungsplänen weichen. Für den Trainer bedeutet dies, dass er nicht mehr den alleinigen »Wissenden« und den »Alleskönner« im Trainingsprozess darstellt, der die vermeintlich unwissenden Trainingsteilnehmer belehrt und aufklärt. Stattdessen hat der Trainer eine begleitende und unterstützende Funktion. Seine Aufgabe ist es, den Teilnehmenden mit Rat und Tat zur Seite zu stehen, ihnen dabei zu helfen, ihren eigenen Kompetenzentwicklungsbedarf zu erkennen und bewusst zu machen. Auf dieser Grundlage vermögen Mitarbeiter oder auch Teams mit Unterstützung des Trainers angemessene Kompetenzentwicklungswege zu planen und zu organisieren. Sie können geeignete Lernaufgaben auswählen und die Reflexion und Verarbeitung der dargebotenen Informationen zur Kompetenzentwicklung nutzen. Die eigentlichen Akteure in diesem Prozess sind die Lernenden selbst. Die im Rahmen des selbstorganisierten Lernens geforderte Selbstverantwortung wird unterstützt (▶ Kap. 3).

These 4: Neue Trainingsangebote entstehen aus innovativen Partnerschaften zwischen Wirtschaft und Universität
Vorausschauende **Universitäten** bieten sich zunehmend **als Kompetenzpartner** für die praxisorientierte Personalentwicklung, Weiterbildung und Qualifizierung auf universitärem Niveau an. Durch die Umstellung auf Bachelor- und Master-Programme an den Universitäten werden die Studierenden schneller einen berufsqualifizierenden Abschluss bekommen. Es ist anzunehmen, dass es eher die guten Studierenden sein werden, die es nach dem Bachelor in die Unternehmen ziehen wird. Dies bietet die Möglichkeit, Arbeiten und Lernen besser zu verzahnen. Die Universitäten sollten es nicht versäumen, Master of Advanced Studies **(MAS)** Programme aufzusetzen, die Berufstätige zurück an die Universitäten holen. Wissenschaftliche Weiterbildung wird den Hochschulen neben Forschung und Lehre als Kernaufgabe zugewiesen. Die Teilnehmenden erwerben berufliche Handlungskompetenz und einen qualifizierteren universitären Abschluss durch wissenschaftliche Weiterbildung mit konsequentem Praxisbezug. Die Idee des lebenslangen Lernens wird verankert, die individuelle Beschäftigungsfähigkeit gesichert. Das berufsbegleitende Studium ermöglicht die Flexibilisierung des Studiums in Abhängigkeit vom vorhandenen Zeitbudget oder stellt eine Möglichkeit zur Vereinbarkeit von Familie und Studium dar. Den Teilnehmern erschließt sich ein Karrierenetzwerk mit anderen Studierenden, Dozenten und Unternehmen. Im Unternehmen gelten bestimmte Abschlüsse als notwendig für den Berufsein- oder Karriereaufstieg. Die punktgenaue Verzahnung von Lernen und Arbeiten wird durch **projektorientierte Studiengänge** erreicht (SIBE, 2009). Besonders attraktiv werden die Programme für Studierende durch die finanzielle Förderung durch das Unternehmen.

Neben Weiterbildungs-Master-Studiengängen werden **General Management Programme** oder berufsbegleitende 2- oder 3-semestrige, fachlich ausgerichtete, weiterbildende **Studienprogramme** (z. B. Finanzdienstleistungen, Supply Chain Management, Marketing, Personalmanagement, Kostenrechnung/Controlling) angeboten. Die Studienprogramme sind v. a. für Mitarbeiter interessant, die sich ohne Hochschulzugangsvoraussetzung weiterentwickeln wollen (www.kims.de). Die Studienprogramme zeichnen sich dadurch aus, dass sie wissenschaftliches Niveau, Forschungsorientierung und berufspraktische Erfahrung miteinander verbinden. Der Lehrstoff wird, wo immer möglich, problem- und fallbezogen erarbeitet. Dozenten sind Wissenschaftler der jeweiligen Universitäten oder Fachhochschulen sowie herausragende Praktiker in leitenden Positionen. In Gruppen mit maximal 15–20 Teilnehmerinnen und Teilnehmern wird berufsbegleitend – oft Freitagabend und samstags – 3 Semester mit insgesamt 300 Stunden gearbeitet.

Themenspezifische **Management-Kompaktprogramme** oder auch themenspezifische **Inhouse-**

Trainingsprogramme zu Themen wie Strategisches Management, Change, Controlling, Qualitäts- und Prozessmanagement, Personalführung, Komplexitätsmanagement runden das Angebot von Universitäten ab.

In **Netzwerken** können aktuelle Forschungsergebnisse, Lösungen und Instrumente aus der Wissenschaft in die Wirtschaft eingespeist und Erkenntnisse aus der Praxis für die Forschung (z. B. bei der Generierung von Forschungsfragestellungen oder Instrumentenentwicklung) nutzbar gemacht werden. Es werden Tagungen und Workshops organisiert, bei denen Studierende teilnehmen und mitwirken. Darüber hinaus können themenspezifische Vortragsreihen angeboten werden, bei denen neben Wissenschaftlern v. a. Unternehmensvertreter ihre Lösungen zum Thema präsentieren. Neben dem Wissenstransfer werden mit dem Forschungsnetzwerk Bedingungen für Langzeitforschung, ein Netzwerk für Forschungsanträge, praxisnahe Lehre (Vorlesungen, Projektarbeiten, Fallbeispiele) und eine Plattform für Projekt-, Bachelor- und Master-Arbeiten sowie Praktika geschaffen. Nebenbei haben die Studierenden die Möglichkeit, verschiedene potenzielle Arbeitgeber kennen zu lernen. Der Kontakt der Studierenden zur Universität wird über das Studium hinaus gehalten, wenn sie als Absolventen im Netzwerk partizipieren.

These 5: Trainings in Organisationen werden »blended«. E-Learning und Präsenzseminare ergänzen sich erfolgreich

Lernen bedeutet nicht mehr nur, dass eine Gruppe von Menschen gemeinsam im Seminarraum Aufgaben bearbeitet, die zuvor von einem Trainer zusammengetragen wurden. Stattdessen nutzen Lernende die zahlreichen Möglichkeiten, die **E-Learning-Programme, Internet** und **Performance-Support**-Ansätze zu bieten haben (vgl. auch These 2). Besonders bei einer großen, weltweit verstreuten Mitarbeiterschaft zahlt sich die Nutzung von Internet und Multimediaanwendungen im Vergleich zum klassischen Seminartraining aus. Bewährte Prinzipien wie Übung, Feedback und Verstärkung lassen sich in die Anwendungen einbauen. Nutzungsdaten können automatisch erfasst, verwaltet und zur Verbesserung des Trainings verwendet werden. Große Konzerne bieten schon heute auf Simulationsplattformen Trainings per »Avatar«, einem animierten virtuellen Trainer. Selbst futuristisch anmutende Anwendungen wie die Tele-Immersion, mit der man sich eine holographische Projektion des Trainers ins Büro holen kann, könnten Alltag werden. Die neue, ins Arbeitsleben strömende Generation der technikaffinen Millenials (▶ Exkurs »Millenials – eine neue Generation von Mitarbeitern«) wird ganz neue Lernformen für sich entdecken können. Diese müssen Komponenten des Edutainments besitzen, dürfen spielerische Komponenten haben und emotionalisierend sein. Die Möglichkeit des Lernens losgelöst von Ort und Zeit in Kombination mit Erfahrungsaustausch, Rollenspiel und persönlichen Begegnungen im klassischen Präsenztraining verspricht neue Lernerfahrungen. Das Lernen wird blended. Teilnehmer wollen mit allen Sinnen angesprochen werden. Doch nur die sinnvolle Abstimmung von Präsenz- und E-Learning-Phasen wird Trainingsprogramme erfolgreich machen (▶ Kap. 4).

Millenials – eine neue Generation von Mitarbeitern

Im Zeitalter innovativer Technologien und einer Vielzahl an Kommunikationsmedien läutet die junge Generation der Millenials nun auch einen Wandel in dem bisherigen Arbeitsverständnis ein. Doch was steckt hinter dieser neuen Generation? »Millenials« ist eine von vielen Bezeichnungen für die in den späten 70ern bis Mitte der 90er Geborenen. Durch den bereits frühen Umgang mit den multimedialen Errungenschaften unserer Gesellschaft ist mit ihnen die »Wired« (verkabelte) Generation herangewachsen, die es effektiv in die Arbeitswelt zu integrieren gilt (Meyers, 2007).

Zum Zeitpunkt des Eintritts der Millenials in das Arbeitsleben umfasst dieses 3 Generationen. Zu diesen Generationen zählen:

▼

- die Traditionalisten, welche um 1945 in Zeiten der Wirtschaftskrise und des Kriegs aufgewachsen sind,
- die Baby Boomers, welche zwischen 1946 und 1964 geboren wurden und v. a. von dem wirtschaftlichen Aufschwung und dem neuen Medium Fernsehen geprägt wurden, und
- die Generation X, welche unter einem Wandel traditioneller Familienformen und als unabhängige »Schlüsselkinder« in den Jahren zwischen 1965 und 1970 aufgewachsen sind (Meyers, 2007).

Der stärkste Kontakt wird hierbei zwischen den Baby Boomers (die gegenwärtigen Führungskräfte) und den Millenials (als ihre Mitarbeiter) bestehen. Die Hauptaufgabe besteht somit für die Baby Boomers darin, ein Team von Millenials zu führen und zu fördern. Zentral für diese große Führungsaufgabe wird eine effektive Kommunikation untereinander sein.

5 Eigenschaften zeichnen die Mitglieder der neuen Millenial Generation aus (Meyers, 2007):
1. Sie betrachten sich als etwas Besonderes.
2. Sie verfügen über ausgeprägte Technologie- und Multitasking-Fähigkeiten.
3. Sie fühlen sich in einer multikulturellen, heterogenen und globalen Welt zu Hause.
4. Sie sind teamorientiert.
5. Sie fokussieren das Erreichen ihrer Ziele sehr stark.

Wegweisend für diese Merkmale sind neue Wege in der Kindererziehung und frühe Berührungspunkte mit Kommunikations- und Erlebnismedien. Kindern wird zunehmend das Gefühl der Besonderheit und der Möglichkeit, alles zu erreichen, gegeben. Ferner tragen intensive Erfahrungen mit neuen technologischen Innovationen dazu bei, dass die Millenials diese effektiv für sich nutzen. So hat beispielsweise das Instant Messaging längst herkömmliche E-Mails und Face-to-Face-Kontakte abgelöst. Multi-User Virtual Environments (z. B. Second Life) sind vertraute Umgebungen zur Weiterbildung und dem Kennenlernen neuer Personen geworden. Die hohe kulturelle Varianz und die Vertrautheit mit pluralisierten Lebensformen gehen einher mit dem Wunsch nach ethischen Standards und Kollektivität. Der starke Wunsch der Millenials nach Kollektivität steht dabei keineswegs im Widerspruch zu einer hohen Leistungsmotivation (Meyers, 2007). Was bedeutet dies für die erfolgreiche Integration der Millenials in das Unternehmen? In ▶ Tab. 7.1 sind einige Antworten genannt. Aus diesen lassen sich Hinweise für die Gestaltung zukünftiger Trainingsprogramme ableiten (vgl. Meyers, 2007).

Tab. 7.1. Ansätze zur erfolgreichen Integration der Millenials in das Unternehmen

	Strategie	Umsetzungsbeispiel
1.	Ermutigung und angemessenes Feedback	Individuelle Belohnungen wie flexible Arbeitszeiten oder Zeit und Geld für Weiterbildung
2.	Fortbildung und Beratung von Mitarbeitern	Trainingsprogramme, die an Videospiele erinnern, oder die Bereitstellung von Mentoren zur informellen Beratung
3.	Zugang zu neuen Technologien	Anreize zur Teilnahme an Online-Kursen, präventive und proaktive Strategien der Führungskräfte (Erinnerungs-E-Mails senden und Bestätigungs-E-Mails fordern)
4.	Möglichkeiten zur Zusammenarbeit in heterogenen Teams	Flache Organisationsstrukturen, Bereitstellung von Informationssystemen zum gemeinsamen Wissensaustausch

These 6: Trainings werden arbeitsintegrierter.
Der Trainingserfolg wird zur Teamaufgabe
Neben klassischen Formen der Weiterbildung gewinnen arbeitsintegrierte Formen der Kompetenzentwicklung an Bedeutung. Beim arbeitsintegrierten Lernen wird in der Auseinandersetzung mit Aufgaben in der Arbeit gelernt. Kompetenzentwicklung in der Arbeit wurde seit Mitte der 90er zum neuen Schlagwort. Seminare wurden abgesetzt, da gewünschte Erfolge sich nicht von allein einstellten. Lernen als eine unmittelbare, praktische Auseinandersetzung mit einem Lerngegenstand, bei dem der Lernende agiert und konkrete Erfahrung außerhalb artifizieller Lernumgebungen macht, ermöglicht effektives und sinnhaftes Lernen. Es gibt mittlerweile viele Hinweise, dass das Lernen an echten Themen in der realen Arbeitsumgebung mit den echten Kollegen viele Vorteile bringt und die Transferproblematik abmildert (Kauffeld, Grote & Frieling, 2009). Arbeitsintegriertes Lernen geschieht dabei ebenso wenig von allein wie der Transfer relevanter Seminarinhalte in die Arbeit. Dies ist ein Missverständnis, dem viele Unternehmen unterliegen. Das Konzept der arbeitsnahen Kompetenzentwicklung darf nicht zum Vorwand dafür werden, dass Mitarbeiter und Führungskräfte sich bei ihrer Kompetenzentwicklung selbst überlassen werden. Damit Kompetenzen in der Arbeit entwickelt werden, müssen – genauso wie beim Transfer von Trainingsinhalten in die Praxis – Rahmenbedingungen geschaffen werden (▶ Kap. 6; Kauffeld, Bates, Holton & Müller, 2008). Es muss z. B. Zeit zur Verfügung gestellt werden, damit Mitarbeiter und Teams reflektieren und Optimierungen vornehmen können. Das Selbsttätigsein ist nur in Kombination mit der Reflexion ein Schlüssel zur Kompetenzentwicklung des Einzelnen, des Teams und der Organisation. Reflexion gekoppelt mit Video und Feedback echter Ereignisse ermöglicht eine Weiterentwicklung (vgl. act4teams®; Kauffeld, Lorenzo, Montasem & Lehman-Willenbrock, 2009; Kauffeld & Schneider, 2009; ▶ Kap. 4). Trainings werden in Intervallen entwickelt, so dass zwischendurch immer wieder das Ausprobieren in der Arbeit gegeben ist. Kleine Häppchen in Form von halb- bis eintägigen Interventionen werden vorgesehen, die direkt vor Ort umgesetzt werden können. Die ad hoc verordnete Teamentwicklung im Krisenfall wird zum begleitenden, ressourcenorientierten Team Coaching, um gute Teams noch besser zu machen (vgl. Kauffeld, Lorenzo, Montasem & Lehman-Willenbrock, 2009). Weiterbildung in Form angebotsorientierter Bildungskataloge mit offenen Seminaren weicht arbeitsintegrierten Formen der Kompetenzentwicklung, die Umsetzungsmöglichkeiten und damit die Entwicklung von Kompetenzen berücksichtigen, bei Kollegen und Vorgesetzten ein Umsetzungsinteresse erzeugen und Feedback für die Entwicklung ermöglichen. Neue Kompetenzen werden unmittelbar in die Arbeit eingebracht und dienen der Prozessoptimierung (Sonntag, 2009).

These 7: Trainings werden nachhaltiger.
Der Transfer wird von Beginn an in den Blick genommen
Die Forderung, Trainings zu evaluieren, ist nicht neu. Bereits zu Beginn der 50er Jahre des letzten Jahrhunderts wurden erste Stimmen laut, dass die tatsächliche Wirkung von Trainings und Seminaren, in die viel Geld investiert wird, überprüft werden sollte (Seeber, 2000). Zu viele Weiterbildungsmaßnahmen werden ohne die vorherige Abklärung des Bedarfs und – noch fataler – ohne Informationen zur Wirksamkeit durchgeführt. Auch wenn evaluiert wird, beschränkt sich dies häufig auf das Ausfüllen von »Happiness Sheets«, in denen nach Kursende die Reaktionen der Teilnehmer erfragt werden. Ansprechende Internetauftritte und attraktive Konzepte stehen im Vordergrund, so z. B. bei den oft außerordentlich teuren Managerseminaren. Ob Lach-Yoga-Seminare und Geländewagenrallye durch die marokkanische Wüste einem Unternehmen handfesten Nutzen bringen, steht in den Sternen.

Die Frage nach dem Nutzen von Weiterbildung wird ein beständiges Thema bleiben. Die Idee des Auditings, des Controllings und des Monitorings folgt einem gesellschaftlichen Trend, der immer mehr Bereiche des modernen Lebens umfasst (Kühl, 2008). Unter Begriffen wie Erfolgsermittlung, Erfolgsbewertung, Erfolgskontrolle, Trainingsevaluation, Trainingscontrolling, Lernfortschrittskontrolle, Effizienzforschung, Wirkungskontrolle, Qualitätskontrolle werden seit einigen Jahrzehnten eine Reihe von Konzepten vorgestellt, mit denen Erfolge oder Misserfolge von Trainings bewertet werden sollen. Es entsteht ein eigenes Human Resource Development und eine **Evaluation Industry** (Charlton & Osterweil, 2005). Der nicht unerhebliche Dokumentationsaufwand ist berechtigt, wenn relevante Aspekte abgefragt werden und aus den Analysen gelernt wird. Für den Trainingsbereich bedeutet dies, dass weniger gefragt werden sollte, was gelernt wurde, sondern welche Trainingsinhalte in welcher Qualität und Quantität in die Arbeit *transferiert* werden konnten.

Ohne Zweifel werden **handhabbare Instrumente**, wie das Adaptive Evaluation System for Training (aes4training®) oder Learning Management Systems, nötig sein, um den Aufwand für die Erhebung und Dokumentation nicht ins Unermessliche zu treiben. Mit diesen Systemen lässt sich die Wirksamkeit von Trainingsmaßnahmen in der Aus- und Weiterbildung zuverlässig überprüfen. Dafür sollten ausschließlich wissenschaftlich fundierte und in der Praxis bewährte Instrumente eingesetzt werden, die gleichzeitig auf das Ziel der Maßnahme und die Bedürfnisse des Unternehmens zugeschnitten werden. Angepasste Evaluationspakete, die im Unternehmen verlässlich darüber Auskunft geben, ob sich Investitionen ausgezahlt haben, sind gefordert (vgl. www.4a-side.com). Neben der ergebnisbezogen Evaluation wird die **prozessbezogene Evaluation** in den Fokus rücken (▶ Kap. 5 und ▶ Kap. 6). Mit der prozessbezogenen Evaluation können Trainingsprogramme optimiert werden, indem neben dem Training v. a. Rahmenbedingungen im Arbeitsumfeld in den Fokus rücken. Damit werden Training und Arbeit weiter miteinander verbunden. Neben der Entwicklung von Seminarkonzepten wird die Entwicklung von **Transferlösungen** zu einer anspruchsvollen Aufgabe. Neben Learning-Designern werden Transfer-Designer in Unternehmen gefragt sein. Experten, die alle Phasen der Trainingsimplementierung beherrschen und den Lerntransfer in allen Phasen der Trainingsentwicklung berücksichtigen, werden benötigt. Vor dem Training gilt es, Bedingung zu schaffen, welche den Transfer ermöglichen. Es muss alles getan werden, um die Transfermotivation zu steigern. Nur so kann aus Wissen Handeln werden, nur so können Kompetenzen dauerhaft entwickelt werden. Was kann ein Unternehmen konkret tun? Neben der Optimierung des Trainingsdesigns, sind Train-the-Trainer-Veranstaltungen zum Trainingstransfer auch für Führungskräfte nötig. Die Einbindung von Führungskräften und Kollegen bei der Anwendung von Trainingsinhalten ist unabdingbar, um den Trainingstransfer als Teil der Unternehmenskultur zu verankern. Trainings werden nachhaltiger, weil der Transfer schon bei der Trainingsentwicklung im Blick ist (▶ Kap. 2 und ▶ Kap. 5).

> **... zurück zum Eingangsbeispiel**
> Kommen wir abschließend zurück zu unserem Fallbeispiel, welches wir in ▶ Kap. 1 betrachtet haben. Herr M. hat eine neue Kollegin, Frau L., bekommen. Frau L. ist Mutter von 2 kleinen Kindern und seit 2 Jahren im Unternehmen. Bevor Frau L. die Stelle bekommen hat, konnte sie sich mit einem Game-based-Learning-Spiel mit dem Unternehmen vertraut machen. Sie konnte sich virtuell im Unternehmen bewegen, Fragen zum Unternehmen beantworten und anschließend kontrollieren, wie gut sie sich schon auskennt. Darüber hinaus wurde spielerisch klar vermittelt, dass v. a. Mitarbeiter willkommen seien, die sich kontinuierlich weiterentwickeln möchten. Dies wirkte auf Frau L. sehr ansprechend. Zu Beginn ihrer Tätigkeit wurde ihr ein Pate, Herr M., zur Seite gestellt, den sie auf alle arbeitsbezogen Themen ansprechen konnte. Er war selbst erst 1 Jahr in der Filiale und konnte sich noch gut an seinen Einstieg und die damit verbundenen Herausforderungen erinnern. Anhand eines Leitfadens und untermauert mit seinen eigenen Erfahrungen konnte er ihr den Einstieg leicht machen.
> Mit der Einführung eines neuen Vertriebsmanagementsystems darf Frau L. sich um die Teilnahme an einer entsprechenden Qualifizierung bewerben. Sie legt ihre Motivation dar. Die Unterstützung ihres Vorgesetzten, der zurzeit das Buch *Nachhaltige Weiterbildung* liest und an einem Pro-
> ▼

gramm zur Rolle der Führungskraft im Transferprozess teilgenommen hat, ist ihr gewiss.

Mit E-Learning-Elementen wurden alle Teilnehmer vorab auf den gleichen Wissensstand gebracht, so dass im Training selbst sehr verhaltensorientiert gearbeitet werden konnte. In Rollenspielen, die auf der Sammlung von echten Fällen beruhten, bekam sie von den anderen Teilnehmern Feedback. Ihre Transferaufgaben konnte sie mit ihrem Tandempartner aus dem Seminar, mit dem sie schon im Seminar 2 Telefontermine vereinbart hatte, besprechen. Im Anschluss an das Seminar gab es 6 Wochen später einen Transfertag, bei dem erste Erfolge gefeiert, Hindernisse bei der Anwendung besprochen und durch den Austausch der Erfahrungen mit Kollegen neue Ideen gesammelt werden konnten. Um das Gelernte vor Ort zu vertiefen, war es möglich, den Trainer als Coach zu einem Beratungsgespräch anzufragen und um sein Feedback zu bitten.

Mit Ihrem Team hat Frau L. an einem act-4teams®-Coaching teilgenommen. Mit der act-4teams-Analyse konnte im Coaching schwarz auf weiß aufgezeigt werden, auf welche Ressourcen im Team zurückgegriffen werden kann und an welchen Aspekten das Team arbeiten sollte. Das ganze Team war berührt. Die Analyse hat den entscheidenden Anstoß gegeben, um Themen noch selbstverantwortlicher anzugehen und den gegebenen Handlungsspielraum zu nutzen. Seitdem arbeitet Frau L. noch lieber in ihrem Team. Sie hat keinen Moment den Eindruck, dass die regelmäßigen Montagsrunden vergeudet sind. Wenn sie ein Unbehagen spürt, weiß sie, was zu tun ist.

Als nächstes freut sich Frau L. auf das Gespräch mit ihrem Vorgesetzten, in dem ein individuelles Lernprojekt vereinbart werden soll. Gemeinsam mit ihrer Personalentwicklerin hat Frau L. Möglichkeiten der individuellen Weiterbildung für sich erarbeitet. Sie möchte ein berufsbegleitendes Master of Advanced Studies (MAS) Programm an der TU Braunschweig besuchen, im Rahmen dessen sie ein Projekt aus dem Unternehmen bearbeitet. Frau L. hat mit einem Motivationsschreiben dargelegt, warum Sie an dem Programm teilnehmen möchte, und wurde dafür ausgewählt. Die Aufgabenstellung für das Projekt wird sie im Vorfeld mit ihrem Vorgesetzen konkretisieren. Das Unternehmen finanziert das Programm und stellt sie dafür 2 Tage pro Woche frei. Ihre Kollegen finden dies sehr spannend und überlegen, wie Frau L. ihr neu gewonnenes Wissen an sie weitergeben kann.

Frau L. hat den Eindruck, im Unternehmen gut angekommen zu sein. Mit ihrer Mentorin konnte sie für sich Visionen entwickeln. Der Unterstützung im Unternehmen ist sie sich gewiss.

Zusammenfassung

Die Zeiten einseitiger, praxisferner, langatmiger, trainerbezogener, konsumorientierter, wenig fordernder, erlebnisarmer Trainings sind vorbei. Die Praxis dürstet nach Entwicklungsmaßnahmen, die begleitend, in kleinen Häppchen, medial unterstützt, systematisch, wissenschaftlich fundiert und arbeitsintegriert gezielt für die Besten angeboten werden können. Neue ressourcenorientierte Instrumente und Kompetenzentwicklungsmaßnahmen, die den Human-Resource-Markt nach dem 360-Grad-Feedback beleben können, sind in Sicht. Nachhaltige, spannende Formen der Kompetenzentwicklung, die Arbeit und Training verknüpfen, sind möglich.

Literatur

Adams, J. S. (1987). Inequity in social exchange. In L. Berkowitz (Ed.), *Advances in experimental social psychology* (Vol. 2, pp. 267–299). New York: Academic Press.

Alliger, G. M. & Janak, E. A. (1989). Kirkpatrick´s levels of training criteria: Thirty years later. *Personnel Psychology, 42* (2), 331–342.

Alliger, G. M., Tannebaum, S. I., Bennett, W. Jr. & Traver, H. (1997). A meta-analysis of the relations among training criteria. *Personnel Psychology, 50* (2), 341–358.

Allmendinger, J. & Ebner, C. (2006). Arbeitsmarkt und demografischer Wandel. Die Zukunft der Beschäftigung in Deutschland. *Zeitschrift für Arbeits- und Organisationspsychologie, 50* (4), 227–239.

Arthur, W. J., Bennett, W. J., Edens, P. S. & Bell, S. T. (2003). Effectiveness of training in organizations: A meta-analysis of design and evaluation features. *Journal of Applied Psychology, 88,* 234–245.

Baldwin, T. T. & Ford, J. K. (1988). Transfer of training: A review and directions for future research. *Personnel Psychology, 41* (1), 63–105.

Bandura, A. (1977). *Social Learning Theory.* New York: General Learning Press.

Bates, R., Kauffeld, S. & Holton, E. F. III (2007). Examining the factor structure and predictive ability of the German-version of the Learning Transfer Systems Inventory. *Journal of European Industrial Training, 31,* 195–211.

Bates, R., Kauffeld, S. & Holton, E. F. (in Druck). Das deutsche Lerntransfer-System-Inventar (GLTSI): psychometrische Überprüfung der deutschsprachigen Version. *Zeitschrift für Personalpsychologie.*

BBF-Bundesministerium für Bildung und Forschung (2005). Berufsbildungsgesetz (BBiG) vom 23. März 2005. Verfügbar unter http://www.bmbf.de/pub/bbig_20050323.pdf [12.11.09].

Behrendt, P., Pritschow, K. & Rüdesheim, B. (2007). Transfercoaching. Vom Seminar zur erfolgreichen Umsetzung im Berufsalltag. *Zeitschrift Führung und Organisation, 76* (1), 49–56.

Behringer, F., Moraal, D. & Schönfeld, G. (2008). Betriebliche Weiterbildung in Europa: Deutschland weiterhin nur im Mittelfeld. Aktuelle Ergebnisse aus CVTS3. *BWP, 37 1,* 9–14.

Bellmann, L. (2002). Das IAB-Betriebspanel. Konzeption und Anwendungsbereiche. *Allgemeines Statistisches Archiv, 86,* 177–188.

Bellmann, L. & Leber, U. (2005). Berufliche Weiterbildungsforschung – Datenlage, Forschungsfragen und ausgewählte Ergebnisse. *Report, 2,* 29–40.

Bergmann, G. & Meurer, G. (2003). *Best Patterns Marketing, Erfolgsmuster für Innovations-, Kommunikations- und Markenmanagement.* München: Luchterhand.

Bersin, J. (2008). Cornerstone On Demand: A growing player in the evolving market for talent management software. *Research Bulletin, 3* (17).

Besser, R. (2004). Transfer: *Damit Seminare Früchte tragen.* Weinheim und Basel: Beltz.

BIBB – Bundesinstitut für Berufsbildung (2005). *Kosten und Nutzen beruflicher Weiterbildung für Individuen.* Verfügbar unter http://www2.bibb.de/tools/fodb/pdf/eb_23005.pdf [23.11.09].

BIBB – Bundesinstitut für Berufsbildung (2008). *Betriebliche Weiterbildung in Deutschland. Erste ausgewählte Ergebnisse der CVTS3-Zusatzerhebung.* Verfügbar unter http://www.bibb.de/dokumente/pdf/CVTS3__30_09_2008_.pdf [03.10.08].

Biech, E. (2008). ASTD *Handbook for Workplace Learning Professionals.* Alexandria, VA: American Society for Training and Development Press.

Biermann, K. & Steinke, I. (2005). Team-Coaching II. Reflecting Team. Die kollegiale Fallberatung macht Schluss damit, Probleme zwischen Tür und Angel lösen zu wollen. *Forum Sozialisation, 136,* 42–44.

Bittelmeyer, A. (2008). *Was lernt der Boss vom Ross?* Verfügbar unter http://www.managerseminare.de/managerSeminare/Archiv/Artikel?urlID=150866 [02.10.08].

Blickle, G. & Schneider, P. B. (2007). Mentoring. In H. Schuler & K. Sonntag (Hrsg.), *Handbuch der Psychologie,* Band Arbeits- und Organisationspsychologie. Göttingen: Hogrefe.

BMBF – Bundesministerium für Bildung und Forschung (Hrsg.) (2005). *Berichtssystem Weiterbildung IX – Integrierter Gesamtbericht zur Weiterbildungssituation in Deutschland.* Berlin: Eigenverlag.

Boehle, S. (2007). Ipod corporation. *Training Magazine,* September, 17–19.

Börker, M. (2006). *Kraft Kompetenz – erfahrene Fachkräfte.* Verfügbar unter http://www.capital.de/unternehmen/management/100004529.html [12.11.09].

Brown, J. S., Collins, A., & Duguid, P. (1989). Situated cognition and the culture of learning. *Educational Researcher, 18* (1), 32–42.

Bürg, O. & Mandl, H. (2004). *Akzeptanz von E-Learning in Unternehmen.* (Forschungsbericht Nr. 167). München: Ludwigs-Maximilians-Universität, Department Psychologie, Institut für Pädagogische Psychologie.

Burke, M. J. & Day, R. R. (1986). A cumulative study of the effectiveness of managerial training. *Journal of Applied Psychology, 71* (2), 232–245.

Burow, I. (2008). Führungstraining mit Pferdestärken. Verfügbar unter http://www.eq-consulting.de/Bilder/HAZ-klein.pdf [02.10.08].

Cannon-Bowers, J. A., Rhodenizer, L., Salas, E. & Bowers, C. A. (1998). A framework for understanding prepractice conditions and their impact on learning. *Personnel Psychology,* 51 (2), 291–320.

Carroll, S. J., Paine, F. T., & Ivancevich, J. J. (1972). The relative efectiveness of training methods – Expert opinion and research. *Personnel Psychology,* 25 (3), 495–509.

Cascio, W. F. & Aguinis, H. (2005). *Applied Psychology in Human Resource Managemen* (6th ed.). Upper Saddle River, NJ: Prentice Hall.

Charlton, K. & Osterweil, C. (2005). Measuring return on investment in executive education: a quest to meet client needs or pursuit of the Holy Grail, *360° The Ashridge Journal, 8,* 6–13.

Collins, A., Brown, J. S., & Newman, S. E. (1989). Cognitive apprenticeship: Teaching the craft of reading, writing and mathe-

Literatur

matics. *Technical Report,. 403.* Cambridge, Massachusetts: Illinois University, Urbana-Center for the Study of Reading.

Csíkszentmihályi, M. (2004). *Flow im Beruf. Das Geheimnis des Glücks am Arbeitsplatz.* Stuttgart: Klett-Cotta.

DeMarco, M., Lesser, E. & O'Driscoll, T. (2005). Leadership in a distributed world. Lessons from online gaming. IBM Institute for Business Value. Verfügbar unter http://www-935.ibm.com/services/uk/bcs/pdf/report3g510-6611-00_leadership-online_gaming.pdf [03.09.08].

Deutscher Bildungsrat (1970). Empfehlungen der Bildungskommission, Strukturplan für das Bildungswesen. Bad Godesberg, Deutscher Bildungsrat.

Eckardstein, D. von. (2005). *Konzepte und Gestaltungsinstrumente des Personalmanagements.* Verfügbar unter http://www.wu.ac.at/inst/pw/Arbeitsunterlagen.html [12.11.09].

Erpenbeck, J. & Rosenstiel, Lutz von (Hrsg.) (2007). *Handbuch zur Kompetenzmessung.* Stuttgart: Schäffer-Poeschel.

Fantuzzo, J. W., Riggio, R. E., Connelly, S., & Dimeff, L. A. (1989). Effects of reciprocal peer tutoring on academic achievement and psychological adjustment: A component analysis. *Journal of Educational Psychology, 81* (2), 173–177.

Freese, M. (2005). Fehlermanagement: Konzeptionelle Überlegungen. In M. Frese, & D. Zapf (Hrsg.), *Fehler bei der Arbeit mit dem Computer* (S. 139–150). Bern: Huber.

Frieling, E., Grote, S. & Kauffeld, S. (2000). Fachlaufbahnen für Ingenieure – Ein Vorgehen zur systematischen Kompetenzentwicklung. *Zeitschrift für Arbeitswissenschaft, 5,* 165–174.

Gillies, J. M. (2008). *So planen Sie den Ruhestand.* Verfügbar unter http://www.welt.de/welt_print/article2372718/So-planen-Sie-den-Ruhestand.html [01.10.08].

Goldstein, I. L. & Ford, J. K. (2002). *Training in organizations. Needs assessment, development, and evaluation* (4th ed.) (pp 179–186). Belmont, CA: Wadsworth.

Goldstein, M. (2002). *Managed Floating Plus.* Institut für International Economics. Washington, D.C.

Graf, J. (2009). *Weiterbildungsszene Deutschland 2009.* Bonn: ManagerSeminare.

Gräsel, C., Bruhn, J., Mandl, H. & Fischer, F. (1997). Lernen mit Computernetzwerken aus konstruktivistischer Perspektive. In Unterrichtswissenschaft. *Zeitschrift für Lernforschung, 25* (1), 4–18.

Grohmann, A. & Kauffeld, S. (subm.) *Further development and psychometric examination of an instrument for assessing subjective. Training success: A confirmatory factor analysis.* Manuscript submitted for publication.

Gropengießer, H. (2007). Theorie des erfahrungsbasierten Verstehens. In D. Krüger & H. Vogt (Hrsg.), *Theorien in der Biologiedidaktischen Forschung. Ein Handbuch für Lehramtsstudenten und Doktoranden* (S. 105–116). Berlin: Springer.

Gris, R. & Gutbrod, A. (2009). Weiter bilden, weiter lügen? Warum entgegen aller Erkenntnisse ein Großteil der Beratungs- und Trainingsarbeit immer noch Verschwendung ist. *OrganisationsEntwicklung, 28* (3), 52–57.

Gris, R. (2008). *Die Weiterbildungslüge.* Frankfurt: Campus.

Große Boes, S. & Kaseric, T. (2006). *Trainer-Kit. Die wichtigsten Trainings-Theorien, ihre Anwendung im Seminar und Übungen für den Praxistransfer.* Bonn: ManagerSeminare.

Grote, S., Kauffeld, S. & Frieling, E. (Hrsg.). (2006). *Kompetenzmanagement in Organisationen.* Stuttgart: Schäffer-Poeschel.

Grün, O. & Brunner, J.-C. (2002). *Der Kunde als Dienstleister.* Wiesbaden: Gabler.

Gutschmidt, F. & Laur-Ernst, U. (2006). *Handlungslernen verstehen und umsetzen.* Gütersloh: Bertelsmann.

Hacker, W. (1986). Arbeitspsychologie – Psychische Regulation von Arbeitstätigkeiten. *Schriften zur Arbeitspsychologie,* Band 41, Bern: Huber.

Hager, W., Patry, J.-L. & Brezing, H. (2000). *Evaluation psychologischer Interventionsmaßnahmen: Standards und Kriterien: ein Handbuch.* Bern: Hans Huber.

Hauser, F. (2008). *Wahre Schönheit kommt von innen. Internes Employer Branding als Erfolgsfaktor.* HR-Symposium 2008 – attracting, engaging and retaining people. Verfügbar unter http://www.psychonomics.de/article/articleview/168/1/58 [24.09.08].

Heckhausen, H. (1989). *Motivation und Handeln* (2. Aufl.). Berlin: Springer.

Heckhausen, H. & Gollwitzer, P. M. (1986). Information processing before and after the formation of an intent. In F. Klix und H. Hagendorf (Hrsg.), *Human memory and cognitive capabilities: Mechanisms and performances* (pp 1071–1082). Amsterdam: Elsevier/North Holland.

Heyse, V. & Erpenbeck, J. (2009). *Kompetenztraining.* Stuttgart: Schäffer-Poeschel.

Hien, W. (2008). *Irgendwann geht es nicht mehr. Älterwerden und Gesundheit im IT Beruf.* Hamburg: VSA.

Hochholdinger, J. & Schaper, N. (2009). *Evaluation und Transfersicherung betrieblicher Trainings.* Göttingen: Hogrefe.

Holton, E. F., (1996). The flawed four-level evaluation model. *Human Recource Development Quarterly, 7* (1), 5–21.

Holton, E. F. III, Bates, R. A. & Ruona, W. E. A. (2000). Development of a generalized learning transfer system inventory. *Human Resource Development Quarterly, 11* (4), 333–360

Hron, J., Lauche, K. & Schultz-Gambard, J. (2000). Training im Qualitätsmanagement: Eine Interventionsstudie zur Vermittlung von Qualitätswissen und handlungsleitenden Kognitionen. *Zeitschrift für Arbeits- und Organisationspsychologie, 44* (4), 4, 192–201.

Ilmarinen, J. & Tempel, J. (2002). *Arbeitsfähigkeit 2010 – Was können wir tun, damit Sie gesund bleiben?* Hamburg: VSA.

Johannes, C. & Kauffeld, S. (2009). Führung als Hebel zur Steigerung der Vertriebsleistung: Das Cohen Brown Vertriebstraining – Ziele vereinbaren und Feedback geben: Struktur und Evaluation eines Führungskräftetrainings. In S. Kauffeld, S. Grote & E. Frieling (Hrsg.), *Handbuch Kompetenzentwicklung* (S. 124–158). Stuttgart: Schäffer-Pöschel.

Jonas, E., Kauffeld, S., & Frey, D. (2007). Psychologie der Beratung. In L. von Rosenstiel & D. Frey (Hrsg.), *Enzyklopädie der Psychologie. Wirtschaftspsychologie* (S. 312–353). Göttingen: Hogrefe.

Jülicher, P. (2005). *Strategien zur Verbesserung der Beschäftigungsfähigkeit Älterer. Länderbeispiel.* Bundesministerium für Wirtschaft und Arbeit. Verfügbar unter http://pdf.mutual-learning-employment.net/pdf/thematic%

20reviews%2005/april%2005/thematic%20apr05%20GER%20de.pdf [21.02.09].

Kanuith, T.(2006). *Lernen durch und von der Kunst-Impulse der Kunst für die Organisationsentwicklung.* Verfügbar unter http://www.sowi-online.de/journal/2006-2/pdf [02.10.09].

Kaplan, R. S. & Norton, D. P. (1997). *Balanced Scorecard: Strategien erfolgreich umsetzen.* Stuttgart: Schäffer-Poeschel.

Kauffeld, S. (2006). *Kompetenzen messen, bewerten, entwickeln.* Stuttgart: Schäffer-Poeschel.

Kauffeld, S., & Lehmann-Willenbrock, N. (in Druck). Sales training: Effects of spaced practice on training transfer. *Journal of European Industrial Training.*

Kauffeld, S. & Montasem, K. (2009). Ein Kompetenzmodell als Basis. Professionelle Video-Analyse im Coaching. *Coaching-Magazin.*

Kauffeld, S. & Schneider, H. (2009). Trainingsfilme als Reflexionsgrundlage: Kompetenzentwicklung in der Bankfiliale. In S. Kauffeld, S. Grote & E. Frieling (Hrsg.), *Handbuch Kompetenzentwicklung* (S. 268–286). Stuttgart: Schäffer-Poeschel.

Kauffeld, S., Bates, R., Holton, E.F. III & Müller, A. (2008). Das deutsche Lerntransfer-System-Inventar (GLTSI): psychometrische Überprüfung der deutschsprachigen Version. *Zeitschrift für Personalpsychologie, 7* (2), 50–69.

Kauffeld, S., Brennecke, J. & Altmann, C. (2009). Mit Intervallen zum Transfer – Experten und Novizen im Vertrieb. In S. Kauffeld, S. Grote & E. Frieling (Hrsg.), *Handbuch Kompetenzentwicklung* (S. 319–337). Stuttgart: Schäffer-Pöschel.

Kauffeld, S., Brennecke, J. & Strack, M. (2009). Erfolge sichtbar machen: Das Maßnahmen-Erfolgs-Inventar (MEI) zur Bewertung von Trainings. In S. Kauffeld, S. Grote & E. Frieling (Hrsg.) *Handbuch Kompetenzentwicklung* (S. 55–78). Stuttgart: Schäffer-Poeschel.

Kauffeld, S., Grote, S., Dörr, K., Selke, A. & Frieling, E. (2002). Die ganz normale Andersartigkeit: Einblicke in schnell wachsende Unternehmen am Standort Deutschland. *Wirtschaftspsychologie, 3,* 18–28.

Kauffeld, S., Grote, S. & Frieling, E. (2003). Das Kasseler-Kompetenz-Raster (KKR). In L. von Rosenstiel & J. Erpenbeck (Hrsg.), *Kompetenzmessung* (S. 261–281). Göttingen: Hogrefe.

Kauffeld, S., Grote, S. & Frieling, E. (Hrsg.). (2009). *Handbuch Kompetenzentwicklung.* Stuttgart: Schäffer-Poeschel.

Kauffeld, S., Grote, S. & Henschel, A. (2007). Das Kompetenz-Reflexions-Inventar (KRI). In L. von Rosenstiel & J. Erpenbeck (Hrsg.), *Handbuch Kompetenzmessung* (2. Aufl.) (S. 337–347). Stuttgart: Schäffer-Poeschel.

Kauffeld, S., Honert, M. & Siers, C. (2009). Leadership-Studie 2009. Unveröffentlichte Studie des Institutes für Psychologie der TU Braunschweig und der Axantos Sales Consultancy, Braunschweig und Düsseldorf.

Kauffeld, S., Tiscar-Lorenzo, G., Montasem, K. & Lehmann-Willenbrock, N. (2009). act4teams® Die nächste Generation der Teamentwicklung. In S. Kauffeld, S. Grote & E. Frieling (Hrsg.), *Handbuch Kompetenzentwicklung* (S. 191–215). Stuttgart: Schäffer-Poeschel.

Kieser, A. (1999). Einarbeitung neuer Mitarbeiter. In L. von Rosenstiel, E. Regnet & M. Domsch (Hrsg.), *Führung von Mitarbeitern. Schriften für Führungskräfte* (Band 20, S. 161–171). Stuttgart: Schäffer-Poeschel.

Kießling-Sonntag, J. (2003). *Trainings- und Seminarpraxis.* Berlin: Cornelsen-Scriptor.

Kirkpatrick, D. L. (1967). Evaluation of training. In R. L. Craig (Ed.), *Training and development handbook: A guide to human resources development* (pp. 18.1–18.27). New York, NY: McGraw-Hill.

Kirkpatrick, D. L. (1994). *Evaluating training programs.* San Francisco: Berrett-Koehler Publishers.

Kocher, E. (2004). Instrumente einer Europäisierung des Prozessrechts. Zu den Anforderungen an den kollektiven Rechtsschutz im Antidiskriminierungsrecht. *Zeitschrift für Europäisches Privatrecht 2,* 260–275.

Kolb, A. Y. & Kolb, D. A. (2005). Learning styles and learning spaces: Enhancing experiential learning in higher education. *Academy of Management Learning & Education, 4* (2), 193–212.

Kolb, D. A. (1984). *Experiential learning. Experiences as the source of learning and development.* Englewood Cliffs, NJ.: Prentice Hall.

Koppen, B. van (2008). Redressing inequities from the past from a historical perspective: The case of the Olifants basin, South Africa. *Water SA, 34* (4), 432–438.

Kozlowski, S.W.J. & Salas, E. (2009). *Learning, Training and Development in Organizations.* New York: Routledge, Taylor & Francis Group.

Kühl, S. (2008). *Coaching und Supervision. Zur personenorientierten Beratung in Organisationen.* Wiesbaden: VS

Kühntopf, S. & Tivig, T. (2008). Vorausberechnung der Anzahl und Struktur privater Haushalte in Deutschland, Hamburg und Mecklenburg-Vorpommern bis 2030. *Thuenen-Series of Applied Economic Theory, 92.*

Kuwan, H., Thebis, F., Gnahs, D., Sandau, E. & Seidel, S. (2003). *Berichtssystem Weiterbildung VIII. Integrierter Gesamtbericht zur Weiterbildungssituation in Deutschland.* Verfügbar unter http://www.bmbf.de/pub/berichtssystem_weiterbildung_viii-gesamtbericht.pdf [12.11.09]

Lakoff, G. & Johnson, M. (1980). *Metaphors we live by.* Chicago: University of Chicago Press.

Landmann, M., Pöhnl, A., & Schmitz, B. (2005). Ein Selbstregulationstraining zur Steigerung der Zielerreichung bei Frauen in Situationen beruflicher Neuorientierung und Berufsrückkehr. *Zeitschrift für Arbeits- und Organisationspsychologie, 49*(1), 12–26.

Langer, J., Schulz von Thun, F. & Tausch, R. (2002). *Sich verständlich ausdrücken.* München: Ernst Reinhardt Verlag.

Latham, G. P. & Saari, L. M. (1979). The importance of supportive relationships in goal setting. *Journal of Applied Psychology, 64* (2), 151–156.

Learning Ware (o.J.). Verfügbar unter http://www.learningware.com/demos/freetrial.php?&menu_name=prodServices [12.11.09]

Lehmann-Willenbrock, N. & Kauffeld, S. (2008). Altersheterogene Arbeitsgruppen – Auswirkungen des demographi-

Literatur

schen Wandels auf die Gruppenarbeit. In I. Jöns (Hrsg.), *Erfolgreiche Gruppenarbeit* (S. 141–148). Wiesbaden: Gabler.

Lipp, U. & Will, H. (2008 unter:). *Das große Workshop-Buch. Konzeption, Inszenierung und Moderation von Klausuren* (8. Aufl.). Weinheim: Beltz.

Locke, E. A., & Latham, G. P. (1990). *A theory of goal setting and task performance.* Englewood Cliffs, NJ: Prentice Hall.

Machin, M. A. (2002). Planning, managing, and optimizing transfer of training. In K. Kraiger (Ed.), *Creating, implementing, and managing effective raining and development* (pp. 263–301). San Francisco: Jossey-Bass.

Maier-Gantenbein, K. F. & Späth, T. (2006). *Handbuch Bildung, Training und Beratung.* Weinheim: Beltz.

Martin G., Massy J. & Clarke T. (2003) When absorptive capacity meets institutions and (e)learners: adopting, diffusing and exploiting e-learning in organizations. *Industrial Journal of Training and Development, 7*(4), 228–244.

Martocchio, J. J. & Webster, J. (1992). Effects of feedback and cognitive playfulness on performance in microcomputer software training. *Personnell Psychology, 45* (3), 553–578.

Maslow, A. (1960). *Motivation and Personality.* New York: Harper.

Mattson, B. W. (2003). The effect of alternative reports of human resource development results on managerial support. *Human Resource Development Quarterly, 14* (2), 127–152.

Mayer, B. M. (2003). *Systemische Managementtrainings.* Heidelberg: Carl-Auer-Systeme.

Mayer, R. E., Mautone, P. & Prothero, W. (2002). *Pictorial aids for learning by doing in a multimedia geology simulation game. Journal of Educational Psychology, 49* (1), 171–185.

McGehee, W. & Thayer, P. W. (1961). *Training in business and industry.* New York: Wiley.

Meyers, R. (2007). Mitarbeiter im neuen Millennium: Kommunikationsaspekte zwischen den Generationen. Kongressband der GfA. In G. Richter (Hrsg.), *Generationen gemeinsam im Betrieb: Individuelle Flexibilität durch anspruchsvolle Regulierungen* (S. 202–221). Bielefeld: Bertelsmann.

Mittag, W. & Hager, W. (2000). Ein Rahmenkonzept zur Evaluation psychologischer Interventionsmaßnahmen. In W. Hager, J. L. Patry & H. Brezing (Eds.), *Evaluation psychologischer Interventionsmaßnahmen* (pp. 102–128). Bern: Huber.

Müntefering, F. (2006). *Prämierung »Deutschlands Beste Arbeitgeber 2006« am 31. Januar 2006.* Tagesschau vom 01.02.2006.

Neininger, A. & Kauffeld, S. (2009). Reflexion als Schlüssel zur Weiterentwicklung von Gruppenarbeit In S. Kauffeld, S. Grote & E. Frieling (Hrsg.), *Handbuch Kompetenzentwicklung* (S. 233–255).. Stuttgart: Schäffer-Pöschel.

Noe, R. (2003). Learning: Theories and program design. In R. Noe (Ed.), *Employee training and development* (3rd ed.). New York: McGrawHill.

Noe, R. A. & Schmitt, N. (1986). The influences of trainee attitudes on training effectiveness: test of a model. *Personnel Psychology, 39* (3), 497–523.

Noe, R. A. (2002). *Employee training and development.* Boston: McGraw-Hill Irwin.

North, K. & Reinhardt, K. (2005). *Kompetenzmanagement in der Praxis – Mitarbeiterkompetenzen systematisch identifizieren, nutzen und entwickeln.* Wiesbaden: Gabler.

Obermann, C. (2009). *Trainingspraxis III.* Stuttgart: Schäffer-Poeschel.

Obermann, C. & Schiel, F. (2004). *Trainingspraxil.* Herausgeberband. Stuttgart: Schäffer-Poeschel.

Philips, J. J. (1999). *HRD trends worldwide: Shared solutions to compete in a global economy.* Houston, TX: Gulf Publishing Company.

Reichenbach, H., Kamlah, A., Coffa, A., Reichenbach, M. (1983). Erfahrung und Prognose. In H. Reichenbach (Hrsg.), *Gesammelte Werke* (9. Bd.). Braunschweig: Vieweg.

Reinberg, A. & Hummel, M. (2003). Bildungspolitik: Steuert Deutschland langfristig auf einen Fachkräftemangel hin? *IAB-Kurzbericht, 09/2003,* Nürnberg.

Riggio, R. E. (2002). *Intruduction to industrial/organizational psychology.* Upper Saddle River, NJ: Prentice Hall.

Rohs, M. (2002). Arbeitsprozessorientierte Weiterbildung in der IT-Branche: Ein Gesamtkonzept zur Verbindung formeller und informellen Lernprozesse, In M. Rohs (Hrsg.), *Arbeitsprozessintegriertes Lernen: Neue Ansätze für die berufliche Bildung* (S. 75–94). Waxmann: Münster.

Rosenbladt, B. von & Bilger, F. (2008). *Weiterbildungsbeteiligung in Deutschland. Eckdaten zum BSW-AES 2007.* Verfügbar unter http://www.bmbf.de/pub/weiterbildungsbeteiligung_in_deutschland.pdf [02.10.08].

Rosenstiel, L. von & Erpenbeck, J. (2007). *Handbuch Kompetenzmessung* (2. Aufl.). Stuttgart: Schäffer-Poeschel.

Rösler, D. & Kauffeld, S. (2009). Outplacement – Perspektivenfindung leicht gemacht. In S. Kauffeld, S. Grote & E. Frieling (Hrsg.) *Handbuch Kompetenzentwicklung* (S. 459–480). Stuttgart: Schäffer-Pöschel.

Rowold, G. & Rowold, J. (Hrsg.) (2008). *Das Kollegiale Team Coachin®.* Köln: Kölner Studien.

Rozwell, C. & Lundy, J. (2008). Magic quadrant for corporate learning systems. *San Francisco: Business Wire.*

Ruona, W. E. A., Leimbach, M., Holton, E. F. & Bates R. (2002). The relationship between learner utility reactions and predicted learning transfer among trainees. *International Journal of Training and Development, 6* (4), 218–228.

Sauter, A.. & Sauter, W. (2002). *Blended Learning. Effiziente Integration von E-Learning und Präsenztraining.* Neuwied: Luchterhand.

Schaper, N. & Sonntag, K. (1998). Aufgabenanalysen und arbeitsplatzbezogene Lernprozesse. *Zeitschrift für Arbeitswissenschaft, 52* (3), 132–143.

Schaper, N. & Sonntag, K. (2007). Weiterbildungsverhalten. In D. Frey & L. von Rosenstiel (Hrsg.), *Wirtschaftspsychologie. Enzyklopädie der Psychologie* (Band 6, S. 573–648). Göttingen: Hogrefe.

Schaper, N., Mann, J. & Hochholdinger, S. (2009). Strategien und Methoden zur Begleitung von Lernprojekten für eine selbstorganisierte betriebliche Kompetenzentwicklung. In S. Kauffeld, S. Grote & E. Frieling (Hrsg.), *Handbuch Kompetenzentwicklung* (S. 366–387). Stuttgart: Schäffer-Pöschel.

Schaper, N., Zink, T., Spenke, H. & Sonntag, K. (2000). Diagnose-KIT – a computer-based training to improve using constructivist instructional design. In D. de Waard, C. Weikert, J. Hoonhout & J. Ramaekers (Eds.), *Human-System-Inter-*

action: Education, research and application in the 21st century (pp. 135–148). Maastricht: Shaker Publishing.
Schermer, F. (2006). *Lernen und Gedächtnis*, 4. Aufl. Stuttgart: Kohlhammer.
Schiff, S. (2007). Erfahrensbericht – Seminar für die Salzburger Verwaltungsakademie vom 10–12. April 2007. Verfügbar unter http://careconsulting.twoday.net/topics/CC-+%C3%9Cbergang+Ruhestand/ [01.10.08].
Schmidt, R. A., & Bjork, R. A. (1992). New conceptualizations of practice: Common principles in three paradigms suggest new concepts for training. *Psychological Science, 3*(4), 207–217.
Schneider, H. (2008). *Training handlungsbezogener Kompetenzen.* Verfügbar unter http://www.tu-bs.de/Medien-DB/psychologie/handout_doppelseitig_handlungsbezogenekompetenzen_090904.pdf [12.11.09]
Seeber, S. (2000). Stand und Perspektiven von Bildungscontrolling. In S. Seeber, E. M. Krekel & J. van Buer (Hrsg.), *Bildungscontrolling: Ansätze und kritische Diskussion zur Effizienzsteigerung von Bildungsarbeit* (S. 19–50). Frankfurt/Main: Peter Lang.
Serios Games Summit. Verfügbar unter http://www.gdconf.com/conference/sgs.html?cid=SGS06%20QPENX1 [12.11.09]
Skinner, B. F. (1982). *Jenseits von Freiheit und Würde*. Reinbek: Rowohlt.
Sonntag, H. (2009). Der Externe – Täter oder Opfer der Eiterbildungslüge. *OrganisationsEntwicklung, 28*(3), 58–62.
Sonntag, K., Schaper, N., Hochholdinger, S. & Zink, T. (2004). *Verbesserung des Transfers bei Computergestütztem Diagnosetraining durch konstruktivistische Instruktionsgestaltung. Arbeitsbericht zum DFG-Forschungsprojekt So 224/5-3.* Heidelberg: Psychologisches Institut der Ruprecht-Karls-Universität.
Sonntag, K. & Stegmaier, R. (2007). *Arbeitsorientiertes Lernen: Zur Psychologie der Integration von Lernen und Arbeit.* Stuttgart: Kohlhammer.
Spitzer, M. (2006) *Lernen: Die Entdeckung des Selbstverständlichen.* Weinheim: Beltz.
Staudt, E. & Kriegesmann, B. (1999). Weiterbildung: Ein Mythos zerbricht. In Arbeitsgemeinschaft Qualifikations-Entwicklungs-Management (Hrsg.), *Kompetenzentwicklung '99. Aspekte einer neuen Lernkultur* (S. 17–59). Münster: Waxmann.
Staudt, E. & Kriegesmann, B. (2001). Zusammenhang von Kompetenz, Kompetenzentwicklung und Innovation. In Arbeitsgemeinschaft Qualifikations-Entwicklungs-Management (Hrsg.), *Kompetenzentwicklung und Innovation – Die Rolle der Kompetenz bei Organisations-, Unternehmens- und Regionalentwicklung?* (S. 15–32). Münster: Waxmann.
Stocker, A. (2004). *Outplacement: Training für den Wiedereinstieg.* Verfügbar unter http://www.focus.de/karriere/perspektiven/jobwechsel/outplacement/outplacement_aid_7691.html [12.11.09].
Struck, O., Pfeifer, C. & Krause, A. (2008). Entlassungen: Gerechtigkeitsempfinden und Folgewirkungen. Theoretische Konzepte und empirische Ergebnisse. *Kölner Zeitschrift für Soziologie und Sozialpsychologie, 60* (1), 102–122.
Süßmair, A. (2007). Kosten-Nutzen-Analysen in der Praxis – Pilotierung der Evaluation einer Computerized-Numerical-Control-Trainingsmaßnahme. In A. Süßmair & J. Rowold (Hrsg.). *Kosten-Nutzen-Analysen und Human Resources* (S. 138–154). Weinheim und Basel: Beltz.
Swanson, R. A. & Holton, E. F. (1999). *Results: How to assess performance, learning and perceptions in organizations.* San Francisco: Berett-Koehler.
Terhalle, J. (1999). Kunst in der Unternehmensberatung und Personalentwicklung. In A. Grosz & D. Delhaes (Hrsg.), *Die Kultur AG. Neue Allianzen zwischen Wirtschaft und Kultur* (S. 121–127). Müchen: Hanser.
Thier, K. (2006). *Storytelling. Eine narrative Managementmethode.* Heidelberg: Springer.
Tietze, K.-O. (2009). *Wirkprozesse und personenbezogene Wirkungen von kollegialer Beratung. Theoretische Entwürfe und empirische Forschung.* Wiesbaden: VS.
Thom, N. & Zaugg, R. J. (2001). Excellence durch Personal- und Organisationskompetenz, In: N. Thom & R. J. Zaugg (Hrsg.), *Excellence durch Personal- und Organisationskompetenz* (S. 1–19). Bern: Haupt.
Tomaschek, A. (2005). *Commitment in virtuellen Teams.* Unpublished diploma thesis. Dresden University of Technology, Dresden.
Totty, M. (2005). Business solutions: Better training through gaming. *The Wall Street Journal Onlin, 25.4.2005.* Verfügbar unter http://qube.com/pdf/whitepaper/QBI 4-25-05 WSJ article with link.pdf [12.11.09].
Universität Köln. http://www.uni-koeln.de/hf/konstrukt/didaktik/reflecting/frameset_reflecting.html [12.11.09].
Van Buren, M. & Erskine, W. (2002). *ASTD State of the Industry Report.* Washington DC: ASTD.
Van der Houwen, C. (unbekannt). *Musik machen als Metapher in Seminaren (2). Transfer of Training.* Verfügbar unter http://www.uplift-entertrainment.de/downloads/Musik-als-Methaper.pdf [26.03.09].
Von der Oelsnitz, D., Stein, V. & Hahmann, M. (2007). *Der Talente-Krieg. Personalstrategie und Bildung im globalen Kampf um Hochqualifizierte.* Bern: Haupt.
Voß, G. G. & Rieder, K. (2005). *Der arbeitende Kunde. Wenn Konsumenten zu unbezahlten Mitarbeitern werden.* Frankfurt/Main: Campus.
Vroom, V. H. (1964). *Work and motivation.* New York: Wiley.
Weidenmann, B. (2006). *Erfolgreiche Kurse und Seminare: Professionelles Lernen mit Erwachsenen.* Weinheim: Beltz.
Weinstein, M. (2007a). Mobility movement. *Training Magazine*, 14–16.
Weinstein, M. (2007b). Training today. News, stats & business intel. *Training Magazine*, 8–10.
Weiß, R. (1999). Erfassung und Bewertung von Kompetenzen – empirische und konzeptionelle Probleme. In Arbeitsgemeinschaft QUEM (Hrsg.), *Kompetenzentwicklung '98* (S. 433–493). Münster: Waxmann.
Weisweiler, S. & Theurer, B. (2009). Konstruktivistisches Lernen im Kommunikationstraining – Moderne Lernformen im Test. In

Literatur

S. Kauffeld, S. Grote & E. Frieling (Hrsg.), *Handbuch Kompetenzentwicklung* (S. 309–318). Stuttgart: Schäffer-Pöschel.

Werner, D. (2006). Trends und Kosten der betrieblichen Weiterbildung. Ergebnisse der IW-Weiterbildungserhebung 2005. In IW-Trends. *Vierteljahresschrift zur empirischen Wirtschaftsforschung aus dem Institut der deutschen Wirtschaft,Köln, 33*(1). Verfügbar unter http://www.iwkoeln.de/Portals/0/pdf/trends01_06_2.pdf [18.09.08].

Wernerfelt, B. (1984). A resource based view of the firm. *Strategic Management Journal, 5 (2),* 171–180.

Wexley, K. & Latham, G. (1991). Developing and training human resources in organizations. *Journal of European Industrial Training,* 15 *(1),* 17–31.

Wirth, R. & Kauffeld, S., Bates, R. & Holton, E. (2009). Katalysatoren und Barrieren für den Transfererfolg: Das Lerntransfer-System-Inventar. In S. Kauffeld, S. Grote & E. Frieling (Hrsg.) *Handbuch Kompetenzentwicklung.* (S. 79–104). Stuttgart: Schäffer-Pöschel.

Wood, R. E., & Bandura, A. (1989). Social cognitive theory of organizational management. *Academy of Management Review, 14 (3)*, 361–384.

Zimmermann, B. J. (2000). Attaining self-regulation: A social cognitive perspective. In M. Boekaerts, P. R. Pintrich & M. Zeidner (Eds.), *Handbook of self-regulation* (pp. 13–39). San Diego, CA: Academic Press.

Sachverzeichnis

A

act4teams® 91
Advanced Organizers 80
aes4training® 161
Akteur 13
Aktionsplan 144
Aktivierung 60
Andragogik 69
Arbeit 107
Arbeitsanalyse 22
Arbeitsgruppe 132
Arbeitsumgebung 132
Artikulation 63
Aufmerksamkeit 41
Auftragsklärung 32
Ausbildungsdefizit 11
Authentizität 60
Automatisierung 79

B

Baby Boomer 159
Balanced Scorecard 28
Barriere 149
Bedarfsermittlung, Methoden der 24
Bedürfnispyramide 50
Bedürfniss 48
Behavior Modeling 43
Belohnung 39
Benchmarking 26
Beschäftigungsfähigkeit 8
Best Practice 26
Bildungscontrolling 114
Blended Learning 102

C

Coach 157
Coaching 62
coaching 92
Cognitive Apprenticeship 61
Computer 102
Computer-based Training 94
Controlling 160
Cooling-out-Effekt 127

D

demographische Analyse 23
demographische Entwicklung 10
Drill-and-Practice-Software 98

E

E-Learning 35, 40, 158
Employer Branding 154
Erfolg 67
Erfolgsmaß 110
Evaluation 29, 111
– ergebnisbezogene 29, 111
– formative 111
– prozessbezogene 29, 111
– summative 111
Evaluationsdesign 149
Experte 51, 106
Exploration 60, 63

F

Fachlaufbahn 76
Fading 62, 63
Fallstudie 85
Feedback 80, 87, 132
– kollegiales 87
Fehler 54
Film 43
Firmenphilosophie 85
Follow-through-Management 30
Fortbildung 3
Frühwarnsystem 29, 133
Führungskraft 146, 147

G

Game-based Learning 98
– Serious Games 101
Gedächtnis 41
Gehirn 67
Gruppendiskussion 91

H

Happy-Sheet 113
Hawthorne Effekt 115
High Potential 154
Hochschule 157

I

Incentive 110
Intervalltraining 79, 139, 140, 143

K

Karrierenetzwerk 157
Katalysator 149
Kollege 135
Kompetenz
– Management 154
– System 16
– Modell 17
Kontrollgruppe 115
Kosten 125
Kunst 58

L

Learning by Doing 56
Learning Management System 161
Lehrvortrag 81

Sachverzeichnis

Leistungsbeurteilungsmodul 35
Lernberater 147
Lernen 2, 5, 41, 44, 60, 61, 80, 112, 160
- arbeitsintegriertes 160
- in der Arbeitssituation 5
- ganzheitliches 80
- kooperatives 60
- lebenslanges 2
- am Modell 41
- selbstorganisiertes 61
- im Team 44
Lernort 75
Lernprojekt, selbstgesteuertes 8
Lernsoftware 98
Lerntransfer, Erfolgsfaktor für den 27
Lerntransfer-System-Inventar 131

M

Medien 101
Metapher 56
Millenial 158
Misserfolg 68
Mission 20
Modeling 62
Modell, mentales 106
Multiperspektivität 81
Murmelgruppe 83
Musik 57

N

Nachhaltigkeit 154
near-the-job 75
Netzwerk 158
Novize 51, 106
Nutzen 125

O

off-the-job 75
Off-the-job-Training 30
on-the-job 75
Outplacement 78
Overlearning 79

P

Performance-Support-Anwendung 155
Personalmanagement 154
Perspektive, multiple 60
Pilottraining 27
Post-Training 33
Problem-based Learning 61
Problemlösen 60
Projektdebriefing 85
Prozessbegleitung 92
Prozessoptimierung 160

R

Rechtfertigung 127
Reflecting Team 87, 94
Reflexion 30, 63, 89, 93
Resource-based Theory 6
Return on Investment (ROI) 4, 124
Rollenspiel 86
Rubikon-Modell 49
Ruhestandsvorbereitung 77

S

Scaffolding 62
Second Life 159
Selbstregulation 51, 52
Selbstverantwortung 33
Selbstverwirklichung 48
Selbstwirksamkeit 81

Selbstwirksamkeitserwartung 42
Seminar 3, 80
Sensibilisierung 133
Shaping 40
Situiertheit 60
SMARTen Aktion 138
Software 122
Softwaresystem 154
Soll-Ist-Vergleich 53
Sparringpartner 138
Stellschraube 124, 130
Stillarbeit 83
Storytelling 84
Strategie 21
SWOT-Analyse 20
Synergetik 65

T

Training 3, 18, 107
- Funktion von 18
- near-the-job 31
- off-the-job 107
- out-of-the-job 77
Trainings-Arbeits-Übereinstimmung 132
Transfer 38
- Barriere 30
- Buch 144
- Coaching 138, 144
- Design 132, 136
- Erfolg 112
- Gespräch 135, 148
- Lücke 30, 31, 106
- Projekt 144
- Pflicht 31
- Qualität 121

U

Universität 154

174 Sachverzeichnis

V

Validität, interne 115
Veränderungsprozess 13
Verhaltensmodifikation 39
Verhaltensziel 26
Verstärkungstheorie 38
Vertriebstraining 27
Video 89
Video-Feedback 88, 89
Volition 51
Vorgesetzter 132
Vortrag 82

W

War for Talents 7
Web-based Training 94
Weiterbildung 3
Weiterbildungslüge 13
Wert 20
Wertigkeit 46
Wirtschaftlichkeit 34
Wissen 106
Wissensgesellschaft 6
Wissensmanagement 84
Wissenstransfer 93, 156

Z

Zufriedenheit 114
Zukunftsvision 20

Printed by Printforce, the Netherlands